GAODENG SHUXUE

高等数学

（专业版）

主　编　贺海燕

副主编　巫中一　魏　齐

四川大学出版社

特邀编辑：唐　飞
责任编辑：毕　潜
责任校对：李思莹
封面设计：墨创文化
责任印制：王　炜

图书在版编目（CIP）数据

高等数学：专业版／贺海燕主编．—成都：四川大学出版社，2012.6
ISBN 978-7-5614-5958-4

Ⅰ.①高…　Ⅱ.①贺…　Ⅲ.①高等数学-高等学校-教材　Ⅳ.①O13

中国版本图书馆CIP数据核字（2012）第139670号

书名　**高等数学（专业版）**

主　编	贺海燕
出　版	四川大学出版社
地　址	成都市一环路南一段24号（610065）
发　行	四川大学出版社
书　号	ISBN 978-7-5614-5958-4
印　刷	郫县犀浦印刷厂
成品尺寸	185 mm×260 mm
印　张	11.75
字　数	267千字
版　次	2012年8月第1版
印　次	2019年7月第4次印刷
定　价	28.00元

◆读者邮购本书，请与本社发行科联系。
电话：(028)85408408/(028)85401670/(028)85408023　邮政编码：610065
◆本社图书如有印装质量问题，请寄回出版社调换。
◆网址：http://www.scupress.net

前　　言

数学是人类智慧的结晶. 高等数学是高等职业教育院校大学生的一门必修的基础课程. 在课程体系中，高等数学占有十分重要的地位；在现代科学技术、人文社会科学以及经济生活等领域中，应用也越来越广泛；它的知识和方法已成为学生知识、能力和素质目标培养中不可或缺的重要组成部分，是各个专业的主干基础课程. 对高等数学课程的系统设计研究，不仅是对基础理论系统设计的重要组成部分，而且也是对高职高专人才培养研究的重要组成部分. 此外，《教育部关于推进中等和高等职业教育协调发展的指导意见》（教职成〔2011〕9 号）和《教育部关于推进高等职业教育改革创新引领职业教育科学发展的若干意见》（教职成〔2011〕12 号），提出对高职课程改革的指导性意见，包括积极进行课程重组、改革等. 为此，需要形成适应新的人才培养模式的高等数学教材.

本教材遵循“立足专业，服务专业”的思想，按照突出应用性、实践性的原则，结合专业基础课与专业课重组课程内容和结构，将高等数学内容模块化，在有限的课时内极大地满足了专业对数学知识的需求，又尽可能地保证了数学知识的相对完整性. 根据理工类、财经类、管理类和农医类专业对高等数学知识的需求，我们将高等数学教材分成高等数学（基础版）和高等数学（专业版）. 本书为高等数学（专业版），主要内容有概率论基础、数理统计初步、矩阵与行列式、n 维向量及线性方程组和积分变换.

对本教材的使用，教师可根据不同专业对数学知识的需求，选择不同的知识模块. 同时，针对新的人才培养模式下理论课时数少的现状，教材力求深入浅出，淡化数学严密的证明，尽可能用图像直观地反映问题的本质. 为使学生能用数学的方法和思维理解、解决专业学习中的问题，教材编写了大量与专业、生活有关的例题和习题，希望有助于学生开阔视野、启迪思维，激发学生学数学、用数学的兴趣.

本教材由贺海燕担任主编，巫中一、魏齐担任副主编. 其中，第一、二章由贺海燕编写，第三、四章由魏齐编写，第五章由巫中一编写. 全书由贺海燕统稿. 曾晓兰、贾全、王智勇、廖光荣、黄开定参与了本教材的审稿，并在本教材的编写过程中，提出了许多宝贵意见.

在本教材的编写过程中，我们得到了内江职业技术学院有关领导和学院基础部的大力支持与帮助，在此表示衷心的感谢！

由于编者水平有限和时间仓促，错误和不足之处在所难免，恳请使用和阅读本教材的同仁和学生批评指正，以便我们修订时进行改正.

编　者

2012 年 6 月

目　　录

第一章　概率论基础

学习要求：

一、了解随机事件的概念，掌握随机事件间的关系和运算；

二、理解随机事件的频率、概率等概念，掌握概率的基本性质；

三、熟练掌握概率的加法公式、乘法公式；

四、理解随机变量的概念；

五、掌握离散型随机变量的分布列和连续型随机变量的分布密度函数，以及常用分布；

六、理解数字特征的含义，并掌握常用分布的数字特征.

现实世界中出现的一切现象，可以划分为确定性现象和非确定性现象. 所谓确定性现象，是指完成一定条件后必然会发生的现象. 例如，在标准大气压下，将纯净水加热到 100℃ 时必然沸腾；在地球上垂直上抛一重物，该重物会垂直下落等. 所谓非确定性现象，即通常称为偶然现象，是指在完成一定条件后，不能确定其结果的现象. 如明天的天气、医院候诊的人数、战士打靶的环数、掷一颗骰子可能出现的点数等. 我们把现实中数量规律的非确定性现象统称为随机现象. 把在大量随机现象观测中所呈现的规律性，称为随机现象的统计规律性. 概率论就是研究随机现象的统计规律性的数学学科，在生产管理、检验、经济等各个领域应用十分广泛.

§1－1　随机事件与随机事件的概率

一、随机试验与随机事件

对随机现象的一次观察，可以看做是在一定条件下的一次试验. 若某个试验满足下列三个特点，则称为**随机试验**：

(1) 试验可以在相同条件下重复进行；

(2) 每次试验结果不止一个，且所有结果事先是明确的；

(3) 试验前无法预知会发生什么结果，必须当试验完成后，方知其最终结果.

随机试验的任何一个结果称为一个**随机事件**. 例如，考察明天的天气，明天下雨是一个随机事件，不下雨也是一个随机事件等.

随机事件常简称为事件. 事件一般用大写的英文字母 A，B，C，… 表示.

在随机事件中，必然会发生的事件称为必然事件，记为 Ω. 必然不发生的事件称为不可能事件，记为 $\varnothing$.

此外，我们还常常用一个变量 ξ 取若干确定的值或取某范围的值来对应随机试验下的一个随机事件，我们把这个变量 ξ 称为随机变量.

例 1 彩票问题.

记 ξ 为你所投注的号码中奖的等级，即 $\xi = 1$ 表示号码中一等奖，$\xi = 2$ 表示号码中二等奖，$\xi = 0$ 表示号码未中奖等. 如果仅仅关心此号码是否中奖，可以设置一个简单的随机变量 X，它仅取两个值，即 $X = 1$ 表示此号码中奖，$X = 0$ 表示此号码未中奖.

例 2 产品检验问题.

在 100 台电视机质量检验中，我们可以用 A 表示"全为正品" 这个事件，B 表示"恰有一台电视机为次品" 这个事件等.

我们也可以设 ξ 为抽检出的次品数，则 $\xi = 0$ 就表示这 100 台电视机"全为正品"；"恰有一台电视机为次品" 可以表示为 $\xi = 1$.

那么，请思考当 $\xi < 1$，$\xi > 1$，$1 \leqslant \xi \leqslant 4$ 时，分别表示什么事件?

不能再分解的事件称为基本事件，一个指定试验的全部基本事件构成的集合，称为**样本空间**. 事实上，一个随机试验的全部基本事件构成必然事件. 因此，将一个试验的样本空间记为 Ω. 构成样本空间的基本事件称为**样本点**.

二、随机事件的关系和运算

1. 包含关系

若事件 A 发生必导致事件 B 发生，记为 $A \subset B$ 或 $B \supset A$，读作 "事件 A 包含于事件 B" 或 "事件 B 包含事件 A"，如图 1－1 所示.

对于任一事件 A，都有 $\varnothing \subset A \subset \Omega$.

2. 相等关系(相互包含关系)

$A = B \Leftrightarrow A \subset B$ 且 $B \subset A$.

3. 事件的和(并)

事件 A 与 B 至少有一个发生的事件，称为事件 A 与 B 的**和事件**，记为 $A \cup B$ 或 $A + B$，如图 1－2 所示.

对于任一事件 A，都有 $A + A = A$.

和事件的概念可以推广到有限个事件的和，即 n 个事件 $A_1, A_2, \cdots, A_n$ 至少有一个发生的事件，称为这 n 个事件的和事件，记为 $\bigcup\limits_{i=1}^{n} A_i$.

4. 事件的积(交)

事件 A 与 B 同时发生的事件，称为事件 A 与 B 的**积事件**，记为 $A \cap B$ 或 AB，如图

1 − 3 所示.

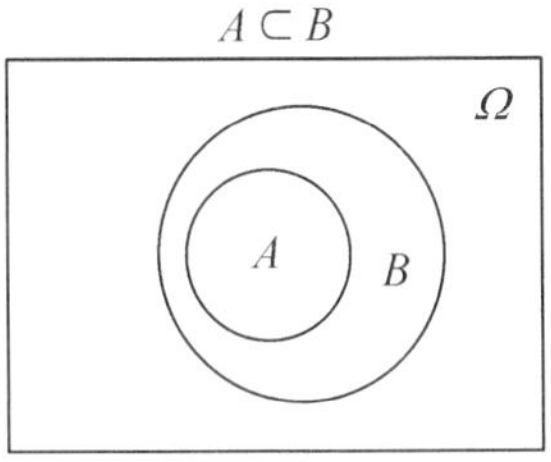

图 1 − 1

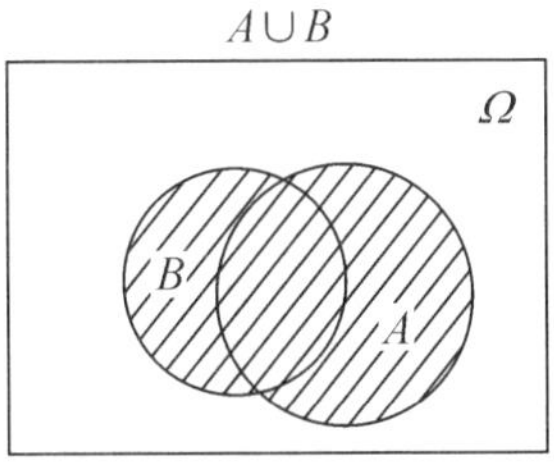

图 1 − 2

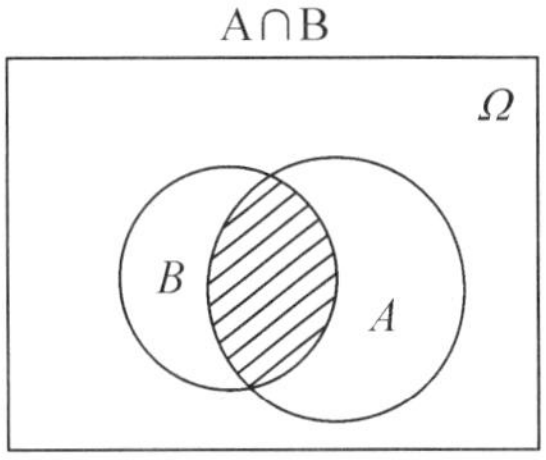

图 1 − 3

对于任一事件 A，都有 $AA = A$.

积事件的概念可以推广到有限个事件的积，即 n 个事件 $A_1, A_2, \cdots, A_n$ 同时发生的事件，称为这 n 个事件的积事件，记为 $\bigcap\limits_{i=1}^{n} A_i$ 或 $A_1A_2\cdots A_n$.

对于任一事件 A，有

$$A + \Omega = \Omega,\ A\Omega = A,\ A + \varnothing = A,\ A\varnothing = \varnothing.$$

注意：(1) 事件求交(积)，越“交”越“小”；事件求并(和)，越“并”越“大”.

即有

$$AB \subset A + B,\ AB \subset B \subset A + B;$$

(2) 若事件 A 与 B 有包含关系 $A \subset B$，则有

$$A + B = B,\ AB = A.$$

5. 事件的差

事件 A 发生且事件 B 不发生的事件，称为事件 A 与 B 的**差事件**，记为 $A - B$，如图 1 − 4 所示. 易知，

$$A - B = A\bar{B}.$$

$A - B$ 由属于事件 A 而不属于事件 B 的基本事件构成.

6. 互斥的事件(互不相容)

若 $AB = \varnothing$，称 A 与 B 互斥，如图 1 − 5 所示.

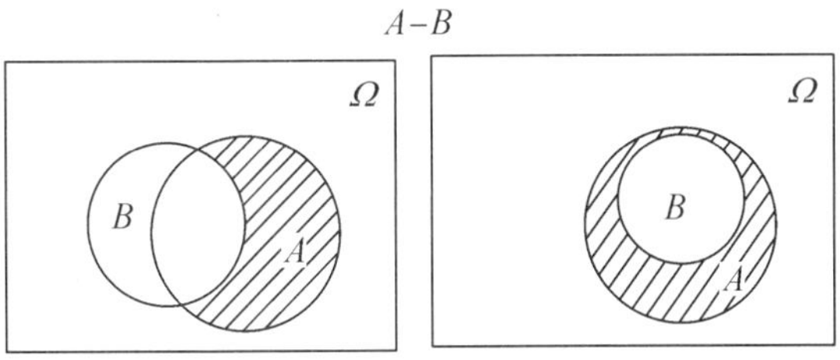

图 1 − 4

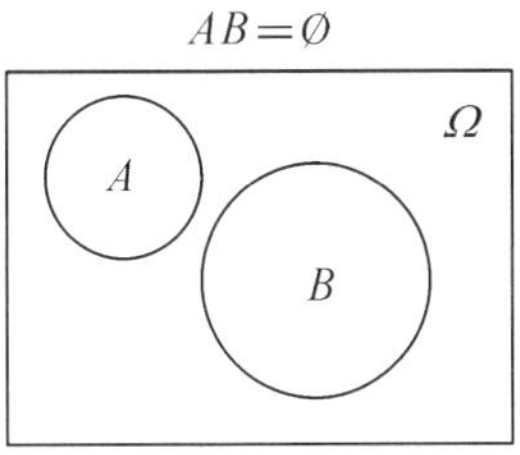

图 1 − 5

7. 互逆的事件(对立)

若 $A \cup B = \Omega$ 且 $AB = \varnothing$，称事件 A 与 B **互逆**，如图 1 − 6 所示.

互逆事件与互斥事件的区别：如果两个事件 A 与 B 必有一个事件发生，且至多有一个事件发生，则事件 A 与 B 为互逆事件；如果两个事件 A 与 B 不能同时发生，则事件 A

与 B 为互斥事件. 因此，互逆必定互斥，互斥未必互逆. 区别两者的关键是，当样本空间只有两个事件时，且一个事件包含另一事件，如 $A \subset B$，包含的事件 B 可看做样本空间，两事件才可能互逆；而互斥适用于多个事件的情形. 作为互斥事件在一次试验中两者可以都不发生，而互逆事件必发生一个且只发生一个，即两互逆的和事件一定是样本空间，而两互斥事件的和事件就不一定是样本空间.

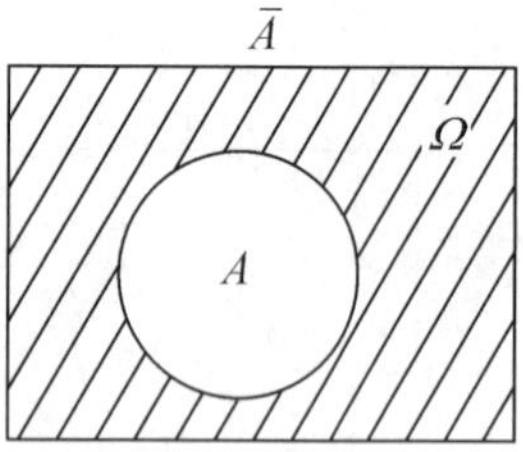

图 1－6

事件间运算所满足的运算律如下：

交换律　$A \cup B = B \cup A$，$AB = BA$；

结合律　$(A \cup B) \cup C = A \cup (B \cup C)$，$(AB)C = A(BC)$；

分配律　$(A \cup B)C = (AC) \cup (BC)$，$(AB) \cup C = (A \cup C)(B \cup C)$；

反演律　$\bar{\bar{A}} = A$；

德·摩根(De Morgan) 律(即对偶律)　$\overline{A \cup B} = \bar{A}\bar{B}$，$\overline{AB} = \bar{A} \cup \bar{B}$.

例 3　甲、乙、丙三人各向目标射击一发子弹，以 A，B，C 分别表示甲、乙、丙命中目标. 试用 A，B，C 的运算关系式表示下列事件：

(1) 至少有一人命中目标；(2) 恰有一人命中目标；(3) 恰有两人命中目标；(4) 最多有一人命中目标；(5) 三人均命中目标；(6) 三人均未命中目标.

解　(1) 至少有一人命中目标：$A + B + C$；

(2) 恰有一人命中目标：$A\bar{B}\bar{C} + \bar{A}B\bar{C} + \bar{A}\bar{B}C$；

(3) 恰有两人命中目标：$AB\bar{C} + A\bar{B}C + \bar{A}BC$；

(4) 最多有一人命中目标：$\bar{A} + \bar{B} + \bar{C}$；

(5) 三人均命中目标：ABC；

(6) 三人均未命中目标：$\bar{A}\bar{B}\bar{C}$.

三、概率的定义

随机事件在一次试验中，可能发生也可能不发生，具有偶然性. 但是，人们从长期的、大量的实践中认识到，在相同的条件下，进行大量的重复试验中，试验的结果具有某种内在的规律性，即随机事件发生的可能性是有规律的，其大小也是可以比较的. 例如，在投掷一枚均匀的骰子试验中，事件 A 表示“掷出偶数点”，事件 B 表示“掷出 2 点”，显然事件 A 比事件 B 发生的可能性要大.

对于一个随机试验，我们不仅想知道它可能出现哪些结果，更重要的是研究各种结果发生的可能性的大小. 是否可以用一个数字度量其发生的可能性大小，从而揭示其内在的规律性呢?以下给出关于概率的公理化定义、统计定义、古典定义和几何定义.

1. 概率的公理化定义

简单地说，概率就是随机事件发生的可能性大小的数量表征. 对于事件 A，通常用 $P(A)$ 来表示事件 A 发生的可能性大小，即事件 A 发生的概率. 这就是概率的公理化定义.

定义 1　设Ω为样本空间，A为该样本空间的某一事件，对于每一个事件A赋予一个确定实数$P(A)$与之对应，并且满足以下条件：

(1) 非负性：$P(A) \geqslant 0$；

(2) 规范性：$P(\Omega) = 1$；

(3) 可列可加性：对于两两互不相容的可列无穷多个事件$A_1, A_2, \cdots, A_n$，有

$$P(\bigcup_{n=1}^{\infty} A_n) = \sum_{n=1}^{\infty} P(A_n),$$

则称实数$P(A)$为随机事件A发生的**概率**(Probability).

2. 概率的统计定义

定义 2　事件A在n次重复试验中出现n_A次，称比值$\frac{n_A}{n}$为事件A在n次重复试验中出现的**频率**，记为$f_n(A)$，即$f_n(A) = \frac{n_A}{n}$.

事件A发生的频率$f_n(A)$表示在n次重复试验中事件A发生的频繁程度，频率越大，事件A发生就越频繁，发生的可能性也就大，反之亦然. 但是，用$f_n(A)$表示事件A在一次试验中发生可能性的大小却是行不通的. 这是因为试验具有随机性，即使在相同条件下进行n次试验，$f_n(A)$的值也不一定相同. 但大量试验证实，随着重复试验次数n的增加，频率$f_n(A)$会逐渐稳定于某个常数附近，且偏离的可能性很小，说明频率具有“稳定性”. 基于这一事实，说明了刻画事件A发生可能性大小的数值——概率，具有一定的客观存在性(严格说来，这是一个理想的模型，因为我们在实际上并不能绝对保证在每次试验时条件都保持完全一样，这只是一个理想的假设).

历史上有一些著名的试验，如德·摩根(De Morgan)、蒲丰(Buffon)和皮尔逊(Pearson)的掷硬币试验，他们通过大量掷硬币得到如表1-1所示的结果.

表 1-1　匀称硬币在投掷中正面朝上的频率

试验者	掷硬币次数	出现正面次数	出现正面的频率
德·摩根	2048	1061	0.5181
蒲丰	4040	2048	0.5069
皮尔逊	12000	6019	0.5016
皮尔逊	24000	12012	0.5005

试验表明，硬币出现正面的频率总在0.5附近摆动，随着试验次数的增加，它逐渐稳定于0.5. 这个0.5就反映了正面出现的可能性的大小.

每个事件都存在一个这样的常数与之对应，因而可将频率$f_n(A)$在n无限增大时逐渐趋于稳定的这个常数定义为事件A发生的概率. 这就是概率的统计定义.

事件 A 在 n 次重复试验中发生的次数为 n_A，当 n 很大时，频率 $f_n(A)=\frac{n_A}{n}$ 在某一数值 p 的附近摆动，而随着试验次数 n 的增加，发生较大摆动的可能性越来越小.

定义 3 当 $n\to\infty$ 时，频率 $f_n(A)=\frac{n_A}{n}\to p$(其中 p 为常数). 当 n 很大时，$p(A)=p\approx f_n(A)$,称为事件 A 的**统计概率**.

需要注意的是，上述定义并没有提供确切计算概率的方法. 因此，我们不可能依据它确切地定出任何一个事件的概率. 事实上，我们不可能对每一个事件都做大量的试验，况且我们不知道 n 取多大才行；如果 n 取很大，不一定能保证每次试验的条件都完全相同. 而且也没有试验证明，取试验次数为 $n+1$ 来计算的频率总会比取试验次数为 n 来计算的频率更准确，更逼近所求的概率.

3. 概率的古典定义

定义 4 若构成样本空间基本事件数为有限个，且每个基本事件发生的可能性相等，该试验称为古典概型(等可能概型)的试验，则事件 A 发生的概率为

$$P(A)=\frac{\text{事件 }A\text{ 中所含基本事件数}}{\text{样本空间 }\Omega\text{ 中的基本事件总数}}=\frac{k}{n}=\frac{k(A)}{n}.$$

例 4 从标号为 1，2，…,10 的 10 个同样大小的球中任取一个，求下列事件的概率：A 表示“抽中 2 号”，B 表示“抽中奇数号”，C 表示“抽中的号数不小于 7”.

解 令 A_i 表示“抽中 i 号”，$i=1,2,\cdots,10$，则

$$\Omega=\{1,2,3,\cdots,10\},$$

故

$$P(A)=\frac{1}{10}=0.1000,\ P(B)=\frac{5}{10}=0.5000,\ P(C)=\frac{4}{10}=0.4000.$$

4. 概率的几何定义

古典概型的概率计算，只适用于具有等可能性的有限样本空间，若试验结果无穷多，它显然已不适合. 为了克服有限的局限性，可将古典概型的计算加以推广.

定义 5 设试验具有以下特点：

(1) 样本空间 Ω 是一个几何区域，这个区域大小可以度量(如长度、面积、体积等)，并把 Ω 的度量记 $m(\Omega)$.

(2) 向区域 Ω 内任意投掷一个点，落在区域内任一个点处都是“等可能的”. 设落在 Ω 中的区域 A 内的可能性与 A 的度量 $m(A)$ 成正比，与 A 的位置和形状无关.

不妨也用 A 表示“掷点落在区域 A 内”的事件，那么事件 A 的概率为

$$P(A)=\frac{m(A)}{m(\Omega)}.$$

例 5 两人相约某天下午 2:00 ～ 3:00 在预定地方见面，先到者要等候 20 分钟，过时则离去. 如果每人在这指定的 1 小时内任一时刻到达是等可能的，试求约会的两人能会面的概率.

解　设 x，y 为两人到达预定地点的时刻，那么，两人到达时间的一切可能结果落在边长为 60 的正方形内，这个正方形就是样本空间 Ω，而两人能会面的充要条件是 $|x-y| \leqslant 20$，即

$$x-y \leqslant 20 \text{ 且 } y-x \leqslant 20.$$

令事件 A 表示"两人能会面"，这个区域如图 1－7 中的阴影部分所示，则

$$P(A)=\frac{m(A)}{m(\Omega)}=\frac{60^2-40^2}{60^2}=\frac{5}{9}=0.5556.$$

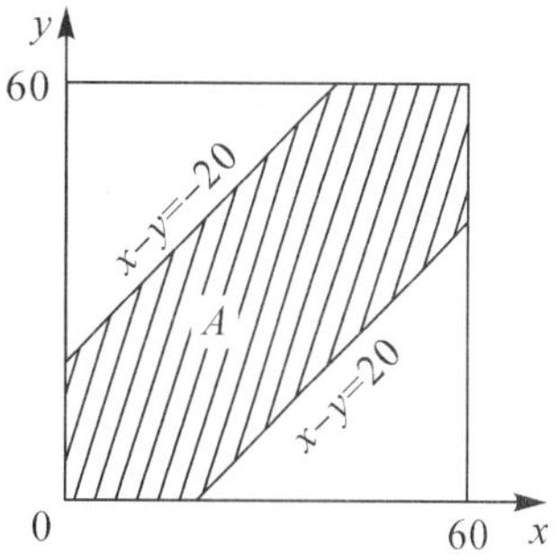

图 1－7

四、概率的基本性质

由以上概率的公理化定义、统计定义、古典定义和几何定义均可得出日常生活中常用到的概率的性质.

性质 1(非负性)　对于任一事件 A，有 $0 \leqslant P(A) \leqslant 1$.

性质 2(规范性)　$P(\Omega)=1$，$P(\varnothing)=0$.

注意：(1) 必然事件是在一定条件下必然发生的事件，不可能事件是在一定条件下必然不发生的事件. 它们都不具有随机性，是确定性的现象，但为研究的方便，把它们看做特殊的随机事件.

(2) 任何事件的概率都是 0 到 1 之间的实数，一般精确到小数点后 4 位，因此，必然事件的概率为 1，不可能事件的概率为 0，反之不成立. 概率很小的事件称为小概率事件. 我们认为小概率事件几乎不发生，而不可能事件是一定不发生.

性质 3(概率的有限可加性)　若 A_1，A_2，…，A_n 是两两互不相容的，则有

$$P\left(\bigcup_{i=1}^{n} A_i\right)=\sum_{i=1}^{n} P(A_i).$$

性质 4　设 A，B 是两个事件，若 $A \subset B$，则有

$$P(B-A)=P(B)-P(A),$$

或

$$P(A) \leqslant P(B).$$

证　由 $A \subset B$ 知

$$B=A \cup (B-A) \text{ 且 } A \cap (B-A)=\varnothing,$$

再由概率的有限可加性有

$$P(B)=P[A \cup (B-A)]=P(A)+P(B-A),$$

即

$$P(B-A)=P(B)-P(A).$$

又由

$$P(B-A) \geqslant 0,$$

得

$$P(A) \leqslant P(B).$$

例 6　彩票问题：

传统型彩票问题的规则是每次从 0～9 的 10 个号码中随机地摇出 1 个，共摇 7 次(各

号码可以重复). 人们购买彩票时自愿选择7个号码按一定次序构成一注，如果摇出来的号码及次序和你选的号码完全一样，你就中大奖了. 那么,你花2元钱购买一注彩票中大奖的概率有多大? 多买是否可以提高中奖率? 买多少注可以使中奖率达到10%?

解 设 A 表示"购买一注彩票中大奖"，则购买一注彩票中大奖的概率为

$$P(A)=\frac{1}{10^7}=0.0000.$$

购买一注彩票中大奖的事件是一个小概率事件，小概率事件几乎不发生. 多买是否能提高中奖率呢?

如果你购买 n 注不同号码的彩票，记事件 A_i 为第 i 注彩票中大奖($i=1,2,\cdots,n$)，事件 B 为 n 注不同号码的彩票至少有一注中大奖，则 $A_1,A_2,\cdots,A_n$ 是两两互不相容的，且

$$B=\bigcup_{i=1}^{n}A_i,$$

故

$$P(B)=P(\bigcup_{i=1}^{n}A_i)=\sum_{i=1}^{n}P(A_i)=\frac{n}{10^7}.$$

由于分母比分子大得多，多买不可能对提高中奖率有多大帮助.

当 $n=1000000$ 时, $P(B)=0.1$，即为了使中奖概率达到10%，必须购买一百万注. 你的投资是多少呢?

习题 §1-1

1. 写出下列构成随机试验样本空间 Ω 的所有基本事件：

(1) 从甲、乙、丙、丁4位学生中推选2位参加技能竞赛，其中一位参加省级竞赛，另一位参加全国竞赛；

(2)3枚硬币同时投掷一次.

2. 设 A,B,C 为三个事件. 试用 A,B,C 的运算关系式表示下列事件：

(1) A 发生, B 与 C 都不发生；

(2) A 与 B 发生, C 不发生；

(3) A,B,C 都发生；

(4) A,B,C 至少有一个发生；

(5) A,B,C 都不发生；

(6) A,B,C 不都发生；

(7) A,B,C 至多有2个发生；

(8) A,B,C 至少有2个发生.

3. 袋中有10个球，分别编有1至10的号码. 从中任取一球，设 A 表示"取得球的号码是偶数"，B 表示"取得球的号码是奇数"，C 表示"取得球的号码小于5". 试问下述运算表示什么事件：

(1)$A\cup B$；(2)AB；(3)AC；(4)$\overline{A}\overline{C}$；(5) $\overline{B\cup C}$.

4. 已知 A 与 B 是样本空间 Ω 中的两个事件，且

$$\Omega=\{x \mid 2<x<9\},A=\{x \mid 4\leqslant x<6\},B=\{x \mid 3<x\leqslant 7\}.$$

试求：(1) $\overline{AB}$；(2)$\overline{A}+B$；(3)$A-B$；(4) $\overline{\overline{A}\overline{B}}$.

5. 从52张扑克牌中任意取出13张. 试求有5张黑桃、3张红心、3张方块、2张梅花的概率.

6. 从一批由45件正品、5件次品组成的产品中任取3件. 试求其中至少有一件次品的概率.

7. 袋中有白球 5 只，黑球 6 只，陆续取出 3 球. 试求：(1) 顺序为黑白黑的概率；(2) 取 出 2 只黑球的概率.

8. 甲、乙两人相约 7 点到 8 点之间在某地会面，先到者等候另一人 10 分钟，过时就离开. 如果每个人可在指定的 1 小时内任意时刻到达，试求二人能会面的概率.

§1－2　随机事件概率的计算

在概率计算中，因某些随机事件较为复杂，此时利用事件间的运算，将该随机事件分解为几个相对简单的随机事件，先求简单随机事件的概率，再利用相关的法则处理，可将计算问题简化. 下面，我们介绍有关的法则.

一、概率的加法定理

定理 1(加法公式)　对于任意两个事件 A 与 B，有

$$P(A\cup B)=P(A)+P(B)-P(AB).$$

特别地，(1) 若 $AB=\varnothing$，即 A 与 B 互斥，有

$$P(A\cup B)=P(A)+P(B).$$

(2) 若 $A\cup B=\Omega$ 且 $AB=\varnothing$，即 A 与 B 互逆，有

$$P(A)=1-P(\overline{A}).$$

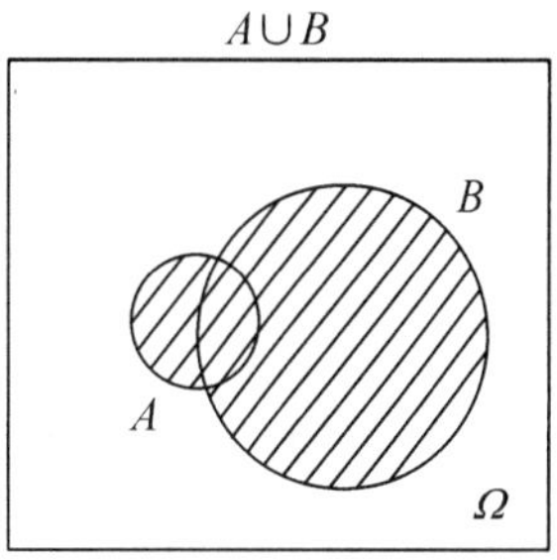

图 1－8

证　因为　$A\cup B=A\cup(B-AB)$ 且 $A(B-AB)=\varnothing$，

由性质 3 和性质 4 得

$$\begin{aligned}P(A\cup B)&=P[A\cup(B-AB)]=P(A)+P(B-AB)\\&=P(A)+P(B)-P(AB).\end{aligned}$$

读者还可用几何概率(见图 1－8)，得出加法定理的正确性，并可推广到三个事件的情形. 设 A_1，A_2，A_3 为任意三个事件，则有

$$P(A_1\cup A_2\cup A_3)=P(A_1)+P(A_2)+P(A_3)-P(A_1A_2)-P(A_1A_3)-P(A_2A_3)+P(A_1A_2A_3).$$

一般地，设 A_1，A_2，…，A_n 为任意 n 个事件，可由归纳法证得

$$P(A_1 \cup A_2 \cup \cdots \cup A_n) = \sum_{i=1}^{n} P(A_i) - \sum_{1 \leqslant i < j \leqslant n} P(A_i A_j) + \sum_{1 \leqslant i < j < k \leqslant n} P(A_i A_j A_k) - \cdots + (-1)^{n-1} P(A_1 A_2 \cdots A_n).$$

例 1 设 A 与 B 为两事件，$P(A) = 0.5, P(B) = 0.3, P(AB) = 0.1$. 试求：

(1) A 发生但 B 不发生的概率；

(2) A 不发生但 B 发生的概率；

(3) 至少有一个事件发生的概率；

(4) A，B 都不发生的概率；

(5) 至少有一个事件不发生的概率.

解 (1) $P(A\bar{B}) = P(A - B) = P(A) - P(AB) = 0.4$；

(2) $P(\bar{A}B) = P(B - A) = P(B - AB) = P(B) - P(AB) = 0.2$；

(3) $P(A \cup B) = P(A) + P(B) - P(AB) = 0.7$；

(4) $P(\bar{A}\bar{B}) = P(\overline{A \cup B}) = 1 - P(A \cup B) = 0.3$；

(5) $P(\bar{A} \cup \bar{B}) = P(\overline{AB}) = 1 - P(AB) = 0.9$.

例 2 在大学里一个寝室住 4 名学生，那么一个寝室至少有 2 名同学的生日在同一个月份的概率有多大呢?

解 设 $A = \{$至少 2 名同学的生日在同一个月份$\}$，则

$$\bar{A} = \{4 \text{ 名同学的生日都不同月}\}.$$

$$P(\bar{A}) = \frac{A_{12}^{1}}{12^4} = 0.5729,$$

故

$$P(A) = 1 - P(\bar{A}) = 0.4271.$$

这个结果说明近一半的 4 人寝室中都有人生日在同一个月的.

二、概率的乘法定理

1. 条件概率

定义 1 如果事件 A 与 B 是随机试验的两个事件，且 $P(B) > 0$，则称 $P(A \mid B)$ 为事件 B 发生的条件下事件 A 发生的**条件概率**，如图 1 − 9 所示.

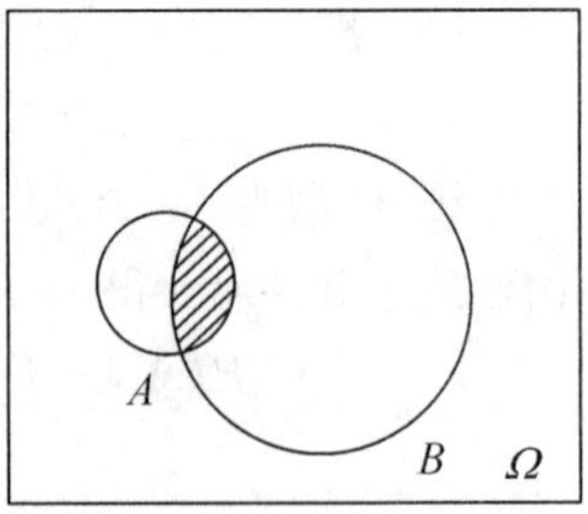

图 1−9

而 $P(A)$ 称为**无条件概率**，为在样本空间 Ω 上求出的概率.

2. 条件概率的计算公式

由图 1 − 9 不难得出，设 $P(B) > 0$，则

$$P(A \mid B) = \frac{P(AB)}{P(B)};$$

同理可得，设 $P(A) > 0$，则

$$P(B \mid A)=\frac{P(AB)}{P(A)}.$$

例 3　某电子元件厂有职工 180 人，其中男职工有 100 人，女职工有 80 人，男、女职工中非熟练工人分别有 20 人与 5 人. 现从该厂中任选一名职工，试求：(1) 该职工为非熟练工人的概率；(2) 若已知被选出的是女职工，她是非熟练工人的概率.

解　(1) 设 A 表示"任选一名职工为非熟练工人"，则

$$P(A)=\frac{25}{180}=\frac{5}{36}=0.1389.$$

(2) 由于增加了一个附加的条件，已知被选出的是女职工，记"选出女职工"为事件 B，则题(2) 就是要求出"在已知 B 事件发生的条件下 A 事件发生的概率"，这就要用到条件概率公式，有

$$P(A \mid B)=\frac{P(AB)}{P(B)}=\frac{5}{180} \div \frac{80}{180}=\frac{1}{16}=0.0625.$$

此题也可考虑用缩小样本空间的方法来做. 既然已知选出的是女职工，那么男职工就可排除在考虑范围之外，因此"事件 B 已发生条件下的事件 A"就相当于在全部女职工中任选一人，并选出了非熟练工人. 从而 Ω_B 样本点总数不是原样本空间 Ω 的 180 人，而是全体女职工人数 80 人，而上述事件中包含的样本点总数就是女职工中的非熟练工人数 5 人，因此所求概率为

$$P(A \mid B)=\frac{5}{80}=\frac{1}{16}=0.0625.$$

例 4　某种动物出生之后活到 20 岁的概率为 0.7，活到 25 岁的概率为 0.56. 试求现年为 20 岁的动物活到 25 岁的概率.

解　设 A 表示"活到 20 岁以上"，B 表示"活到 25 岁以上"，则有

$$P(A)=0.7,\ P(B)=0.56(\text{且 } B \subset A),$$

得

$$P(B \mid A)=\frac{P(AB)}{P(A)}=\frac{P(B)}{P(A)}=\frac{0.56}{0.7}=0.8000.$$

3. 乘法定理

定理 2　(乘法公式)　当 $P(B)>0$ 时，有 $P(AB)=P(A)P(B \mid A)$.

类似地，当 $P(A)>0$ 时，有 $P(AB)=P(B)P(A \mid B)$.

乘法公式只需将条件概率的计算公式变形即可. 乘法公式可以推广到有限个事件同时发生的情形，如对于三个事件 A_1, A_2, A_3，当 $P(A_1A_2)>0$ 时，则有

$$P(A_1A_2A_3)=P(A_1A_2)P(A_3 \mid A_1A_2)=P(A_1)P(A_2 \mid A_1)P(A_3 \mid A_1A_2).$$

一般情况下，对于 n 个事件 $A_1, A_2, A_3, \cdots, A_n$，当 $P(A_1A_2A_3\cdots A_{n-1})>0$ 时，乘法公式为

$$P(A_1A_2A_3\cdots A_n)=P(A_1)P(A_2 \mid A_1)P(A_3 \mid A_1A_2)\cdots P(A_n \mid A_1A_2A_3\cdots A_{n-1}).$$

例 5　一批彩电共 100 台，其中有 10 台次品，采用不放回抽样依次抽取 3 次，每次抽一台. 试求：(1) 第 3 次才抽到合格品的概率；(2) 3 次内抽到合格品的概率.

解 设$A_i(i=1,2,3)$为第i次抽到合格品的事件.

(1) 第3次才抽到合格品为$\overline{A_1}\,\overline{A_2}A_3$,故

$$P(\overline{A_1}\,\overline{A_2}A_3)=P(\overline{A})P(\overline{A_2}|\overline{A_1})P(A_3|\overline{A_1}\,\overline{A_2})$$
$$=\frac{10}{100}\cdot\frac{9}{99}\cdot\frac{90}{98}=0.0083;$$

(2)3次内抽到合格品为$A_1+\overline{A_1}A_2+\overline{A_1}\,\overline{A_2}A_3$,故

$$\begin{aligned}P(A_1+\overline{A_1}A_2+\overline{A_1}\,\overline{A_2}A_3)&=P(A_1)+P(\overline{A_1}A_2)+P(\overline{A_1}\,\overline{A_2}A_3)\\&=P(A_1)+P(\overline{A_1})P(A_2\mid A_1)+\\&\quad P(\overline{A})P(\overline{A_2}|\overline{A_1})P(A_3|\overline{A_1}\,\overline{A_2})\\&=\frac{90}{100}+\frac{10}{100}\cdot\frac{90}{99}+\frac{10}{100}\cdot\frac{9}{99}\cdot\frac{90}{98}=0.9992.\end{aligned}$$

4. 事件的独立性

定义2 对于事件A与B,若$P(B)>0$时,有$P(A\mid B)=P(A)$成立,则称事件A对事件B独立.

类似地,若$P(A)>0$时,有$P(B\mid A)=P(B)$成立,则称事件B对事件A独立.

注意:(1)$P(A)>0$,$P(B)>0$,事件A与B满足$P(A\mid B)=P(A)$,则

$$P(B\mid A)=\frac{P(AB)}{P(A)}=\frac{P(B)P(A\mid B)}{P(A)}=\frac{P(B)P(A)}{P(A)}=P(B).$$

事件A与B称为相互独立事件,简称事件A与B独立. 两事件不独立称为相依.

(2) 若事件A与事件B独立,则乘法公式为$P(AB)=P(A)P(B)$;反之,事件A与事件B若满足$P(AB)=P(A)P(B)$,不难证明事件A与事件B相互独立.

定理3 若事件A与B相互独立,则下列各对事件也相互独立:

$$A\text{ 与 }\bar{B};\ \bar{A}\text{ 与 }B;\ \bar{A}\text{ 与 }\bar{B}.$$

证 因为$A=A\Omega=A(B\cup\bar{B})=AB\cup A\bar{B}$,显然$(AB)(A\bar{B})=\varnothing$,故

$$P(A)=P(AB\cup A\bar{B})=P(AB)+P(A\bar{B})=P(A)P(B)+P(A\bar{B}),$$

于是 $$P(A\bar{B})=P(A)-P(A)P(B)=P(A)[1-P(B)]=P(A)P(\bar{B}).$$

即A与$\bar{B}$相互独立. 由此可立即推出$\bar{A}$与$\bar{B}$相互独立,再由$\bar{\bar{B}}=B$,又推出$\bar{A}$与B相互独立.

由定理3可知,若事件A与B独立,则有

$$P(AB)=P(A)P(B),P(\bar{A}B)=P(\bar{A})P(B),P(\bar{A}\bar{B})=P(\bar{A})P(\bar{B}).$$

事件A与B相互独立、互不相容(互斥)、相互对立(互逆)是事件中十分重要的关系. 事件A与B相互独立时,简化了乘法公式;事件A与B互不相容(互斥)时,简化了加法公式;事件A与B相互对立(互逆)时,由加法公式得到逆事件公式,由此可将一个复杂事件的概率转化为一个简单事件的概率. 正确分清事件的独立、互斥和互逆关系是十分重要的.

互斥和互逆的关系:两事件A与B互逆,一定互斥;反之,不成立.

独立与互斥的区别：两事件 A 与 B 独立，则事件 A 与 B 中任一个事件的发生与另一个事件的发生无关，这时 $P(AB)=P(A)P(B)$；而两事件 A 与 B 互斥，则其中任一个事件的发生必然导致另一个事件不发生，这两个事件的发生是有影响的，这时 $AB=\varnothing$，$P(AB)=0$，且可以用图形作直观解释.

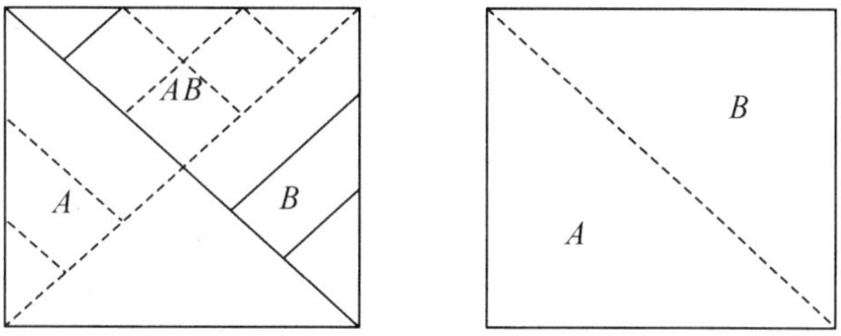

图 1－10

在图 1－10 左边的正方形中，

$$P(AB)=\frac{1}{4},\ P(A)=\frac{1}{2}=P(B),$$

表示样本空间中两事件的独立关系；而在右边的正方形中，$P(AB)=0$，表示样本空间中两事件的互斥关系.

容易知道，当 $P(A)>0$，$P(B)>0$ 时，若事件 A 与 B 相互独立，就有 $P(AB)=P(A)P(B)>0$，故 $AB\neq\varnothing$，即事件 A 与 B 相容；反之，如果事件 A 与 B 互不相容，即 $AB=\varnothing$，则 $P(AB)=0$，而 $P(A)P(B)>0$，故 $P(AB)\neq P(A)P(B)$，即事件 A 与 B 不独立. 这就是说，当 $P(A)>0$ 且 $P(B)>0$ 时，事件 A 与 B 相互独立与事件 A 与 B 互不相容不能同时成立. 即事件 A 与 B 互不相容，则事件 A 与 B 相依；事件 A 与 B 相互独立，则事件 A 与 B 一定相容.

例 6　设一台机器运转状态正常时生产产品的次品率为 0.05，状态不正常时次品率为 0.1，且这台机器处于正常状态的概率为 0.9. 试求该机器生产产品的次品率.

解　记 $A=\{$机器状态正常$\}$，$B=\{$生产出次品$\}$，则题设条件为

$$P(A)=0.9,\ P(AB)=0.9\times0.05=0.045;$$

$$P(\bar{A})=0.1,\ P(\bar{A}B)=0.1\times0.1=0.01;$$

$$P(B)=P(AB)+P(\bar{A}B)=0.045+0.01=0.055.$$

因此次品率为 5.5%.

在实际应用中，还经常遇到多个事件之间的相互独立问题. 例如，对三个事件的独立性可作如下定义.

定义 3　设 A_1，A_2，A_3 是三个事件，如果满足等式

$$P(A_1A_2)=P(A_1)P(A_2),\ P(A_1A_3)=P(A_1)P(A_3),$$

$$P(A_2A_3)=P(A_2)P(A_3),\ P(A_1A_2A_3)=P(A_1)P(A_2)P(A_3),$$

则称 A_1，A_2，A_3 为相互独立的事件.

这里要注意，若事件 A_1，A_2，A_3 仅满足定义中前三个等式，则称 A_1，A_2，A_3 是两

两独立的. 由此可知，A_1，A_2，A_3 相互独立，则 A_1，A_2，A_3 是两两独立的；但反过来，则不一定成立.

例 7 设一个盒中装有 4 张卡片，4 张卡片上依次标有下列各组字母：

$$XXY,\ XYX,\ YXX,\ YYY.$$

从盒中任取一张卡片，用 A_i 表示“取到的卡片第 i 位上的字母为 X $(i=1,2,3)$”的事件. 试证：A_1，A_2，A_3 两两独立，但 A_1，A_2，A_3 并不相互独立.

证 易求出

$$P(A_1)=\frac{1}{2},\ P(A_2)=\frac{1}{2},\ P(A_3)=\frac{1}{2},$$

$$P(A_1A_2)=\frac{1}{4},\ P(A_1A_3)=\frac{1}{4},\ P(A_2A_3)=\frac{1}{4},$$

故 A_1，A_2，A_3 是两两独立的. 但

$$P(A_1A_2A_3)=0,$$

而

$$P(A_1)P(A_2)P(A_3)=\frac{1}{8},$$

故

$$P(A_1A_2A_3)\neq P(A_1)P(A_2)P(A_3).$$

因此，A_1，A_2，A_3 不是相互独立的.

定义 4 对 n 个事件 A_1，A_2，…，A_n，若以下 2^n-n-1 个等式成立：

$$P(A_iA_j)=P(A_i)P(A_j),\ 1\leqslant i<j\leqslant n;$$

$$P(A_iA_jA_k)=P(A_i)P(A_j)P(A_k),\ 1\leqslant i<j<k\leqslant n;$$

$$\cdots\cdots$$

$$P(A_1A_2\cdots A_n)=P(A_1)P(A_2)\cdots P(A_n).$$

则称 A_1，A_2，…，A_n 是相互独立的事件.

由定义 4 可知：

(1) 若事件 A_1，A_2，…，$A_n(n\geqslant 2)$ 相互独立，则其中任意 $k(2\leqslant k\leqslant n)$ 个事件也相互独立.

(2) 若 n 个事件 A_1，A_2，…，$A_n(n\geqslant 2)$ 相互独立，则将 A_1，A_2，…，A_n 中任意多个事件换成它们的对立事件，所得的 n 个事件仍相互独立.

在实际应用中，对于事件相互独立性，我们往往不是根据定义来判断，而是按实际意义来确定.

例 8 设高射炮每次击中飞机的概率为 0.2. 试求至少需要多少门这种高射炮同时独立发射(每门射一次)才能使击中飞机的概率达到 95% 以上.

解 设需要 n 门高射炮，A 表示“飞机被击中”，A_i 表示“第 i 门高射炮击中飞机 $(i=1,2,\cdots,n)$”，则

$$\begin{aligned}P(A)&=P(A_1\cup A_2\cup\cdots\cup A_n)\\&=1-P(\overline{A_1\cup A_2\cup\cdots\cup A_n})\\&=1-P(\overline{A_1})P(\overline{A_2})\cdots P(\overline{A_1})=1-(1-0.2)^n.\end{aligned}$$

令 $1-(1-0.2)^n \geqslant 0.95$，得 $0.8^n \leqslant 0.05$，即得

$$n \geqslant 14.$$

即至少需要 14 门高射炮才能有 95% 以上的把握击中飞机.

三、概率的全概率定理

我们先引入互斥的完备事件组(样本空间的划分)的概念.

定义 5　设 Ω 为样本空间，$A_1, A_2, \cdots, A_n$ 为 Ω 的一组事件，若满足

(1) $A_iA_j=\varnothing$，$i \neq j$ 且 $i,j=1,2,\cdots,n$；

(2) $\bigcup\limits_{i=1}^{n} A_i=\Omega$；

则称 $A_1, A_2, \cdots, A_n$ 为样本空间 Ω 的一个划分.

例如，A，$\bar{A}$ 就是 Ω 的一个划分.

若 $A_1, A_2, \cdots, A_n$ 是 Ω 的一个划分，那么，对每次试验事件 $A_1, A_2, \cdots, A_n$ 中必有一个且仅有一个发生.

定理 4(全概率公式)　设 B 为样本空间 Ω 中的任一事件，$A_1, A_2, \cdots, A_n$ 为 Ω 的一个划分，且 $P(A_i)>0\ (i=1,2,\cdots,n)$，则有

$$\begin{aligned} P(B) &= P(A_1)P(B \mid A_1)+P(A_2)P(B \mid A_2)+\cdots+P(A_n)P(B \mid A_n) \\ &= \sum_{i=1}^{n} P(A_i)P(B \mid A_i), \end{aligned}$$

称上述公式为**全概率公式**.

全概率公式表明，在许多实际问题中事件 B 的概率不易直接求得，如果容易找到 Ω 的一个划分 $A_1, A_2, \cdots, A_n$，且 $P(A_i)$ 和 $P(B \mid A_i)$ 为已知或容易求得，那么就可以根据全概率公式求出 $P(B)$.

证

$$\begin{aligned} P(B) &= P(B\Omega) \\ &= P[B(A_1 \cup A_2 \cup \cdots \cup A_n)] = P(BA_1 \cup BA_2 \cup \cdots \cup BA_n) \\ &= P(BA_1)+P(BA_2)+\cdots+P(BA_n) \\ &= P(A_1)P(B \mid A_1)+P(A_2)P(B \mid A_2)+\cdots+P(A_n)P(B \mid A_n). \end{aligned}$$

例 9　某工厂生产的产品以 100 件为一批，假定每一批产品中的次品数最多不超过 4 件，且具有如下的概率：

一批产品中的次品数	0	1	2	3	4
概　率	0.1	0.2	0.4	0.2	0.1

现进行抽样检验，从每批中随机取出 10 件来检验，若发现其中有次品，则认为该批产品不合格. 试求一批产品通过检验的概率.

解　以 A_i 表示“一批产品中有 i 件次品($i=0,1,2,3,4$)”，B 表示“通过检验”，则由题意得

$P(A_0)=0.1$，　$P(B \mid A_0)=1$；

$$P(A_1)=0.2,\quad P(B\mid A_1)=\frac{C_{99}^{10}}{C_{100}^{10}}=0.9;$$

$$P(A_2)=0.4,\quad P(B\mid A_2)=\frac{C_{98}^{10}}{C_{100}^{10}}=0.809;$$

$$P(A_3)=0.2,\quad P(B\mid A_3)=\frac{C_{97}^{10}}{C_{100}^{10}}=0.727;$$

$$P(A_4)=0.1,\quad P(B\mid A_4)=\frac{C_{96}^{10}}{C_{100}^{10}}=0.652.$$

由全概率公式，得

$$\begin{aligned}P(B)&=\sum_{i=0}^{4}P(A_i)P(B|A_i)\\&=0.1\times1+0.2\times0.9+0.4\times0.809+0.2\times0.727+0.1\times0.652=0.814.\end{aligned}$$

例 10 设某工厂有甲、乙、丙 3 个车间生产同一种产品，产量依次占全厂的 45%，35%，20%，且各车间的次品率分别为 4%，2%，5%. 现从一批产品中检查出 1 个次品，试求该产品为次品的概率.

解 设 A_1，A_2，A_3 表示产品来自甲、乙、丙三个车间，B 表示“产品为次品”，易知 A_1，A_2，A_3 是样本空间 Ω 的一个划分，且有

$$P(A_1)=0.45,\quad P(A_2)=0.35,\quad P(A_3)=0.2,$$

$$P(B\mid A_1)=0.04,\quad P(B\mid A_2)=0.02,\quad P(B\mid A_3)=0.05.$$

由全概率公式,得

$$\begin{aligned}P(B)&=P(A_1)P(B\mid A_1)+P(A_2)P(B\mid A_2)+P(A_3)P(B\mid A_3)\\&=0.45\times0.04+0.35\times0.02+0.2\times0.05=0.035.\end{aligned}$$

四、贝努里(Bernoulli) 试验

随机现象的统计规律性只有在大量重复试验中(在相同条件下) 表现出来. 将一个试验重复独立地进行 n 次，这是一种非常重要的概率模型.

若试验 E 只有两个可能结果：A 或 $\overline{A}$，则称 E 为**贝努里试验**. 设 $P(A)=p(0<p<1)$，此时 $P(\overline{A})=1-p$. 将 E 独立地、重复地进行 n 次，则称这一串重复的独立试验为 n 重贝努里试验.

这里“重复”是指每次试验是在相同的条件下进行，在每次试验中 $P(A)=p$ 保持不变；“独立”是指各次试验的结果互不影响，即若以 C_i 记第 i 次试验的结果，C_i 为 A 或 $\overline{A}(i=1,2,\cdots,n)$，则有

$$P(C_1C_2\cdots C_n)=P(C_1)P(C_2)\cdots P(C_n).$$

n 重贝努里试验在实际中有广泛的应用，是研究最多的模型之一. 例如，将一枚硬币抛掷一次，观察出现的是正面还是反面，这是一个贝努里试验. 若将一枚硬币抛 n 次，就是 n 重贝努里试验. 又如,抛掷一颗骰子，若 A 表示得到“6 点”，则 $\overline{A}$ 表示得到“非 6 点”，这是一个贝努里试验. 若将骰子抛 n 次，就是 n 重贝努里试验. 再如,在 N 件产品

中有 M 件次品，现从中任取一件，检测其是否是次品，这是一个贝努里试验．若有放回地抽取 n 次，就是 n 重贝努里试验．

对于贝努里概型，我们关心的是 n 重试验中，A 出现 k 次的概率（$0 \leqslant k \leqslant n$）是多少．我们用 $P_n(k)$ 表示 n 重贝努里试验中 A 出现 k 次的概率．

由
$$P(A) = p, \quad P(\bar{A}) = 1 - p,$$
又因为
$$\underbrace{AA\cdots A}_{k个}\underbrace{\bar{A}\bar{A}\cdots\bar{A}}_{n-k个} \cup \underbrace{AA\cdots A\bar{A}A}_{k-1个}\bar{A}A\underbrace{\bar{A}\cdots\bar{A}}_{n-k-1个} \cup \cdots \cup \underbrace{\bar{A}\bar{A}\cdots\bar{A}}_{n-k个}\underbrace{AA\cdots A}_{k个}$$
表示 C_n^k 个互不相容事件的和，由独立性可知每一项的概率为 $p^k(1-p)^{n-k}$，再由有限可加性，可得
$$P_n(k) = P_n(k) = C_n^k p^k (1-p)^{n-k}, \quad k = 0, 1, 2, \cdots, n.$$
这就是 n 重贝努里试验中 A 出现 k 次的概率计算公式．

例 11　设在 N 件产品中有 M 件次品．现进行 n 次有放回的检查抽样，试求抽得 k 件次品的概率．

解　由条件可知，这是有放回抽样，且每次试验是在相同条件下重复进行，故本题符合 n 重贝努里试验的条件．令 A 表示"抽到一件次品"，则
$$P(A) = p = \frac{M}{N}.$$
以 $P_n(k)$ 表示 n 次有放回抽样中有 k 次出现次品的概率，由贝努里概型计算公式，可知
$$P_n(k) = C_n^k \left(\frac{M}{N}\right)^k \left(1 - \frac{M}{N}\right)^{n-k}, k = 0, 1, 2, \cdots, n.$$

例 12　设某个车间里共有 5 台车床，每台车床使用电力是间歇性的，平均起来每小时约有 6 分钟使用电力．假设车工们工作是相互独立的，试求在同一时刻：

(1) 恰有 2 台车床被使用的概率；

(2) 至少有 3 台车床被使用的概率；

(3) 至多有 3 台车床被使用的概率；

(4) 至少有 1 台车床被使用的概率．

解　A 表示"使用电力"，即"车床被使用"，则有
$$P(A) = p = \frac{6}{60} = 0.1, \quad P(\bar{A}) = 1 - p = 0.9.$$

(1) $p_1 = p_5(2) = C_5^2 (0.1)^2 (0.9)^3 = 0.0729$；

(2) $p_2 = p_5(3) + p_5(4) + p_5(5)$
$= C_5^3 (0.1)^3 (0.9)^2 + C_5^4 (0.1)^4 (0.9) + (0.1)^5$
$= 0.0086$；

(3) $p_3 = 1 - p_5(4) - p_5(5) = 1 - C_5^4 (0.1)^4 (0.9) - (0.1)^5 = 0.9995$；

(4) $p_4 = 1 - p_5(0) = 1 - (0.9)^5 = 0.4095$.

例 13 一张英语试卷，有10道选择填空题，每题有4个选择答案，且其中只有一个是正确答案. 某同学投机取巧，随意填空，试问他至少填对6道的概率是多大?

解 设B表示“他至少填对6道”. 每答一道题有两个可能的结果：$A=$“答对”或$\overline{A}=$“答错”，$P(A)=1/4$. 故做10道题就是10重贝努里试验，$n=10$，所求概率为

$$P(B)=\sum_{k=6}^{10}P_{10}(k)=\sum_{k=6}^{10}C_{10}^{k}\left(\frac{1}{4}\right)^{k}\left(1-\frac{1}{4}\right)^{10-k}$$

$$=C_{10}^{6}\left(\frac{1}{4}\right)^{6}\left(\frac{3}{4}\right)^{4}+C_{10}^{7}\left(\frac{1}{4}\right)^{7}\left(\frac{3}{4}\right)^{3}+C_{10}^{8}\left(\frac{1}{4}\right)^{8}\left(\frac{3}{4}\right)^{2}+$$

$$C_{10}^{9}\left(\frac{1}{4}\right)^{9}\left(\frac{3}{4}\right)+\left(\frac{1}{4}\right)^{10}$$

$$=0.0197.$$

人们在长期实践中总结得出“概率很小的事件在一次试验中实际上几乎是不发生的”，这个结论称之为实际推断原理. 故如本例所得，该同学随意猜测，能在10道题中猜对6道以上的概率是很小的，在实际中几乎是不会发生的.

习题 §1-2

1. (1) 已知$P(A)=0.4$，$P(B)=0.3$，$P(AB)=0.18$，试求：
   $P(A\mid B)$，$P(A+B)$，$P(\overline{A}B)$，$P(\overline{A}\overline{B})$，$P(\overline{A}+B)$；

   (2) 已知$P(A)=0.4$，$P(B)=0.3$，又知事件A与B互不相容，试求：
   $P(A\mid B)$，$P(A+B)$，$P(\overline{A}B)$，$P(\overline{A}\overline{B})$，$P(\overline{A}+B)$；

   (3) 已知$P(A)=0.4$，$P(B)=0.3$，又知事件A与B相互独立，试求：
   $P(A\mid B)$，$P(A+B)$，$P(\overline{A}B)$，$P(\overline{A}\overline{B})$，$P(\overline{A}+B)$.

2. 某地有甲、乙、丙3种报纸，当地居民25%读甲报、20%读乙报、16%读丙报、10%兼读甲乙两报、5%读甲丙两报、4%读乙丙两报、2%读甲乙丙三报. 试求：

   (1) 只读甲报所占的比例；

   (2) 至少读一种报纸所占的比例.

3. 将写好的三封信随意地装入三个写好地址的信封. 试求至少一封信装对信封的概率.

4. 甲、乙、丙三人各射一次靶，他们各自中靶与否相互独立，且已知他们各自中靶的概率分别为0.5,0.6,0.8. 试求下列事件的概率：(1) 恰有一人中靶；(2) 至少有一人中靶.

5. 设某地区历史上从某次特大洪水发生以后在20年内发生特大洪水的概率为80%，在30年内发生特大洪水的概率为85%. 该地区已无特大洪水20年了，试求在未来10年内将发生特大洪水的概率.

6. 设某地区成年居民中肥胖者占10%，不胖不瘦者占82%，瘦者占8%，又知肥胖者患高血压病的概率为20%，不胖不瘦者患高血压病的概率为10%，瘦者患高血压病的

概率为 5%. 若在该地区任选一人，发现此人患高血压病，试求他属于肥胖者的概率.

7. 某人忘记了电话号码的最后一个数字，因而他随意地拨号. 试求他拨号不超过三次而接通所需电话的概率；若已知最后一个数字是奇数，那么此概率又是多少？

8. 三个人独立地去破译一个密码，他们能译出的概率分别为$\frac{1}{5}$，$\frac{1}{6}$，$\frac{1}{3}$. 试求不能将此密码破译的概率.

9. 三个阄，其中一个阄内写“有”，两个阄内写“无”. 三个人依次抓取，试求每个人抓到“有”字的概率.

10. 设有一架敌机来犯我领空，现有三门炮同时向敌机射击一弹，各门炮射中敌机的概率分别为 0.5，0.6，0,8. 敌机中一弹则被击落的概率为 0.5，中二弹则被击落的概率为 0.8，中三弹则一定被击落，试求敌机被击落的概率.

§1－3　随机变量

随机变量与它的分布是概率统计的核心概念，随机变量的引入实现了把随机事件及其概率的研究转化为对随机变量及其取值的概率规律性，即概率分布的讨论.

在前面的章节里，我们主要研究了随机事件及其概率，大家会注意到在很多随机事件中，有很大一部分问题与实数之间存在着某种客观的联系. 例如，在产品检验问题中，我们关心的是抽样中出现的废品数；在车间供电问题中，我们关心的是某时期正在工作的车床数；在电话问题中，我们关心的是某一段时间内的话务量等. 对于这类随机现象，其试验结果显然可以用数值来描述，并且随着试验结果的不同而取不同的数值. 事实上，有些初看起来与数值无关的随机现象，也常常能联系数值来描述. 例如，在投硬币问题中，每次实验出现的结果为正面或反面，与数值没有联系，但我们可以通过指定数值“1”代表正面，“0”代表反面，计算 n 次投掷中出现正面的次数时就只需计算其中“1”出现的次数，从而使这一随机试验的结果与数值发生联系.

一般地，如果 A 为某个随机事件，则可以通过如下所示的关系使它与数值发生联系：

$$\xi=\begin{cases}1, & A\text{ 发生；}\\ 0, & A\text{ 不发生.}\end{cases}$$

这就说明了，不管随机试验的结果是否具有数量的性质，我们都可以建立一个样本空间和实数空间的对应关系，使之与数值发生联系. 这样，我们便可以使用函数讨论随机试验的结果.

为了全面地研究随机试验的结果，揭示随机现象的统计规律性，我们将随机试验的结果与实数对应起来，将随机试验的结果数量化，引入随机变量的概念.

习惯上我们称定义在样本空间 Ω 上的单值实函数 ξ 为随机变量.

定义 1　设 Ω 是随机试验的样本空间，如果对于试验的每一个可能结果 $\omega\in\Omega$，都

有唯一的实数 $X(\omega)$ 与之对应，则称 $X(\omega)$ 为定义在 Ω 上的**随机变量**，简记为 $R.V.X$. 随机变量通常用大写字母 X，Y，Z 或希腊字母 ξ，η 等表示.

定义1表明随机变量 $\xi=\xi(\omega)$ 是样本点 ξ 的函数，为方便起见，通常写为 ξ，而集合 $\{\omega: \xi(\omega)\leqslant x\}$ 简记为 $\{\xi\leqslant x\}$.

例1 从一个装有编号为0，1，2，…，9的球的袋中任意摸一球，则其样本空间 $\Omega=\{\omega_0, \omega_1, \cdots, \omega_9\}$，其中 ω_i 表示“摸到编号为 i 的球，$i=0,1,\cdots,9$”.

定义函数 $\xi: \omega_i\rightarrow i$，即 $\xi(\omega_i)=i$，$i=0, 1, \cdots, 9$.

摸到不大于5号球的事件可表示为 $\{\xi\leqslant 5\}$，则其概率为 $P\{\xi\leqslant 5\}=\frac{3}{5}$.

请同学们自己思考用随机变量怎样表示摸到的球的编号为“小于5”、“等于5”、“大于5”和“2和8之间”的事件及事件的概率.

随机变量的引入，将概率问题的研究由个别随机事件扩大为随机变量所表示的随机现象的研究. 正因为随机变量可以描述各种随机事件，使我们摆脱只是孤立地去研究一个随机事件，而通过随机变量将各个事件联系起来，进而研究其整体. 今后，我们主要研究随机变量和它的分布.

随机变量分为离散型和连续型两类. 所谓离散型随机变量，是指随机变量可能取值的全体是有限个或无限可列个实数，如“一年的雨天数”、“首次获奖时购买彩票的次数”等. 所谓连续型随机变量，是指随机变量可能取值的全体的不可列个实数或取值充满某一实数区间，即随机变量的取值不能一一列举，如“某企业的年利润”、“电子元件的使用寿命”等.

习题 §1－3

设置适当的随机变量来描述下面的随机试验的结果，指出随机变量所有可能的取值，并判断你所设随机变量的类型：

(1) 你所乘的汽车到达十字路口时，信号灯的颜色；

(2) 你所在城市一天内交通事故的情况；

(3) 同时抛三枚硬币会出现的情况；

(4) 打靶射击中，射击三次的结果；

(5) 观测你的台灯的使用寿命；

(6) 描述一个学生体检后的结果.

§1－4　离散型随机变量及概率分布

对于随机变量，仅仅知道其可能的取值是远远不够的，为了更清楚地了解随机变量所刻画的随机现象的规律，我们在研究随机变量时，不仅要知道它可能取的值，而且要知道随机变量取每个值的概率.

例如，一批水果按质量分为一级、二级、三级三个等级，其中一级品占60%，二级品占30%，三级品占10%. 从中任取一个水果，我们可以设随机变量“$\xi = i$”表示“取到 i 级品（$i = 1,2,3$）”，且随机变量 ξ 的每个取值所对应的概率为

$$P\{\xi = 1\} = 0.6,\quad P\{\xi = 2\} = 0.3,\quad P\{\xi = 1\} = 0.1.$$

由此，我们不仅知道了任取一个水果可能的结果，而且知道在一次取水果的试验中，各种结果出现的可能性大小. 我们将该随机变量“可能的取值”与其“对应概率”形成一种一一对应，这样就全面地了解了随机变量的变化规律.

一、离散型随机变量的分布列

定义1　设 ξ 是 Ω 上的离散型随机变量，若 ξ 的全部可能取值为有限个或可列无限个（即 ξ 的取值为 $x_i, i = 1,2,\cdots$），把事件 $\{\xi = x_i\}$ 的概率记为

$$P\{\xi = x_i\} = p_i,\quad i = 1,2,\cdots,$$

则称 $\begin{pmatrix} x_1, x_2, \cdots, x_i, \cdots \\ p_1, p_2, \cdots, p_i, \cdots \end{pmatrix}$ 为离散型随机变量 ξ 的**分布列**. 简记为

$$R.V.\,\xi \sim P\{\xi = x_i\} = p_i,\ i = 1,\ 2,\ \cdots.$$

离散型随机变量 ξ 的分布列满足下列性质：

(1) 非负性：$p_i \geqslant 0$；

(2) 规范性：$\sum\limits_{i=1}^{+\infty} p_i = 1$.

注意：离散型随机变量 ξ 的分布列的性质非常重要，不仅可据此确定分布列中的待定系数，而且只有满足了非负性和规范性的实数序列 $p_1, p_2, \cdots, p_i, \cdots$，才可以与随机变量相应取值，从而成为某个离散型随机变量的分布列. 从这个意义上讲，分布列全面描述了离散型随机变量取值的概率规律.

例1　设 $R.V.\,\xi \sim P\{\xi = m\} = k\left(\frac{2}{3}\right)^{m-1}$（$m = 1,2,\cdots$）. 试求分布列中的待定系数 k.

解　由规范性：$\sum\limits_{i=1}^{+\infty} p_i = 1$，有

$$\sum_{m=1}^{+\infty} p_m = \sum_{m=1}^{+\infty} k\left(\frac{2}{3}\right)^{m-1} = k\left[1 + \frac{2}{3} + \left(\frac{2}{3}\right)^2 + \cdots + \left(\frac{2}{3}\right)^{m-1} + \cdots\right]$$

$$= k\frac{1}{1-\frac{2}{3}} = 3k,$$

故
$$k = \frac{1}{3}.$$

例 2 把一枚不对称的硬币投掷一次，若出现正面，则再投掷一次；若又出现正面，则再掷一次；以此类推，假如各次投掷相互独立，且每次掷出正面的概率为$\frac{1}{3}$. 试求：

(1) 前 3 次投掷中出现正面次数的分布列；

(2) 投掷中出现正面次数的分布列.

解 设 A_i =“第 i 次投掷中出现正面 ($i=1,2,\cdots$)”，$R.V.\xi$ 为中止投掷时正面出现的次数.

(1) 由题设规定最多进行 3 次投掷，故 $R.V.\xi$ 可能的取值为 0，1，2，3. 其相应概率为

$$P\{\xi=0\} = P(\overline{A_1}) = \frac{2}{3};$$

$$P\{\xi=1\} = P(A_1\overline{A_2}) = P(A_1)P(\overline{A_2}) = \frac{2}{9};$$

$$P\{\xi=2\} = P(A_1A_2\overline{A_3}) = P(A_1)P(A_2)P(\overline{A_3}) = \frac{2}{27};$$

$$P\{\xi=3\} = P(A_1A_2A_3) = P(A_1)P(A_2)P(A_3) = \frac{1}{27}.$$

故所求的分布列为

$$R.V.\xi \sim \begin{bmatrix} 0 & 1 & 2 & 3 \\ \frac{2}{3} & \frac{2}{9} & \frac{2}{27} & \frac{1}{27} \end{bmatrix}.$$

(2)$R.V.\xi$ 可能的取值为 0，1，2，3，…，当 $\xi=0$，1，2 时与题(1) 相同，$\xi=3$ 的事件为 $A_1A_2A_3\overline{A_4}$，其概率为

$$P\{\xi=3\} = P(A_1A_2A_3\overline{A_4}) = P(A_1)P(A_2)P(A_3)P(\overline{A_4}) = \frac{2}{81};$$

类似地，

$$\begin{aligned} P\{\xi=m\} &= P(A_1A_2\cdots A_m\overline{A_{m+1}}) \\ &= P(A_1)P(A_2)\cdots P(A_m)P(\overline{A_{m+1}}) = \frac{2}{3^{m+1}},\ m=0,1,2,\cdots. \end{aligned}$$

故所求的分布列为

$$R.V.\xi \sim P\{\xi=m\} = \frac{2}{3^m},\ m=0,1,2,\cdots.$$

请同学们自己检验该例的分布列是否满足规范性.

归纳求随机变量分布列的基本步骤如下：

(1) 明确随机变量的意义及所有的可能取值；

(2) 逐一求出随机变量取每一个值的概率；

(3) 在确认所有概率和为 1(即满足规范性) 的情况下，按顺序写出分布列.

已知随机变量的分布列，可以很容易得出该随机变量落入某区间的概率，其方法是将随机变量在指定区间范围内取值所对应的概率相加.

例 3　在例 2 的(2) 中，$R.V.\xi \sim P\{\xi = m\} = \frac{2}{3^{m+1}}$，$m = 0, 1, 2, \cdots$. 试求：

(1) 至少投掷出一次正面的概率；

(2) 投掷的正面次数大于 3 次，但不少于 5 次的概率.

解　由例 2 中随机变量的假设，事件“至少投掷出一次正面”表示为：$\xi \geqslant 1$；事件“投掷的正面次数大于 3 次，但不少于 5 次”表示为：$3 < \xi \leqslant 5$.

(1) 至少投掷出一次正面的概率为

$$P\{\xi \geqslant 1\} = 1 - P\{\xi = 0\} = 1 - \frac{2}{3} = \frac{1}{3} = 0.3333;$$

(2) 投掷的正面次数大于 3 次，但不少于 5 次的概率为

$$P\{3 < \xi \leqslant 5\} = P\{\xi = 4\} + P\{\xi = 5\} = \frac{2}{3^5} + \frac{2}{3^6} = 0.0110.$$

二、离散型随机变量的分布函数

定义 2　对于任意实数 x，事件$\{\xi \leqslant x\}$ 的概率

$$F(x) = P\{\xi \leqslant x\} = \sum_{i: x_i \leqslant x} p\{\xi = x_i\},$$

称为离散型随机变量 ξ 的**分布函数**.

分布函数的基本性质：

(1) $P\{a < \xi \leqslant b\} = P\{\xi \leqslant b\} - P\{\xi \leqslant a\} = F(b) - F(a)$；

(2) $0 \leqslant F(x) \leqslant 1$；

(3) $F(-\infty) = 0, F(+\infty) = 1$.

显然，$F(x)$ 是一个非负、有界，且右连续、单调非减的函数，它在每个 x_i 处有跳跃，其跃度为 p_i，当然，由 $F(x)$ 也可以唯一确定 x_i 和 p_i. 因此，ξ 的分布列也完全刻画了离散型随机变量取值的规律. 对于离散型随机变量，只要知道它的一切可能取值和取这些值的概率，也就是说，只要已知了离散型随机变量的分布列，就能掌握这个离散型随机变量的统计规律.

例 4　袋中装有 5 只同样大小的球，编号为 1，2，3，4，5，从中同时取出 3 只球. 试求：

(1) 取出的最大号 ξ 的分布列及其分布函数，并画出其图形；

(2) 求概率 $P\{2 < \xi \leqslant 5\}$，$P\{\xi \leqslant 4\}$ 和 $P\{\xi > 4\}$.

解　先求 ξ 的分布列：由题知，ξ 的可能取值为 3，4，5，且

$$P\{\xi=3\}=\frac{1}{C_5^3}=\frac{1}{10},\quad P\{\xi=4\}=\frac{C_3^2}{C_5^3}=\frac{3}{10},\quad P\{\xi=5\}=\frac{C_4^2}{C_5^3}=\frac{6}{10},$$

故 ξ 的分布列为 $\begin{pmatrix}3 & 4 & 5\\ \frac{1}{10} & \frac{3}{10} & \frac{6}{10}\end{pmatrix}$.

由 $F(x)=P\{\xi\leqslant x_i\}=\sum\limits_{x_i\leqslant x}p_i$ 得

$$F(x)=\begin{cases}0, & x<3;\\ \frac{1}{10}, & 3\leqslant x<4;\\ \frac{2}{5}, & 4\leqslant x<5;\\ 1, & x\geqslant 5.\end{cases}$$

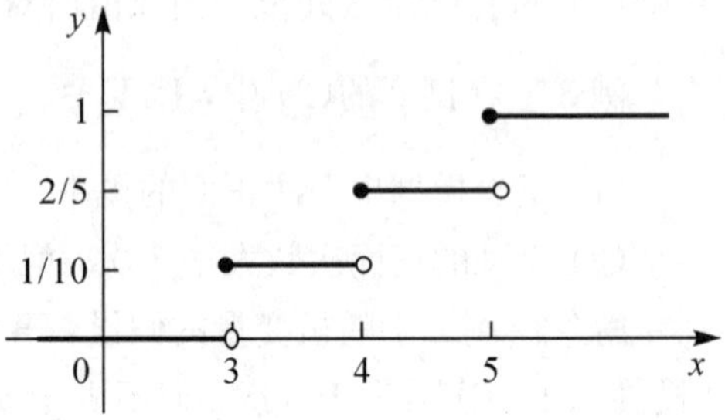

图 1－11

分布函数图形如图 1－11 所示.

(2) $P\{2<\xi\leqslant 5\}=F(5)-F(2)$

$=1-0=1.0000$;

$$P\{\xi\leqslant 4\}=P\{-\infty<\xi\leqslant 4\}=F(4)-F(-\infty)=\frac{2}{5}=0.4000;$$

$$P\{\xi>4\}=P\{4<\xi<+\infty\}=F(+\infty)-F(4)=1-\frac{2}{5}=\frac{3}{5}=0.6000.$$

注意:(1) 离散型随机变量的分布列与其分布函数是一一对应的;

(2) 当离散型随机变量的分布列已知,运用逐段求和的方法可求得相对应的分布函数,即

$$F(x)=P\{\xi\leqslant x\}=\sum_{x_i\leqslant x}P\{\xi=x_i\}=\sum_{x_i\leqslant x}p_i.$$

(3) 当离散型随机变量的分布函数已知,可通过逐段求差的方法得到其相应的分布列,即

$$\begin{aligned}P\{\xi=x_i\}&=P\{\xi\leqslant x_i\}-P\{\xi<x_i\}\\&=F(x_i)-F(x_i-0),\quad i=1,2,3,\cdots.\end{aligned}$$

对于离散型随机变量而言,分布列比分布函数使用更方便.

三、常用的离散型分布

1. 两点分布(0－1 分布)

随机试验的结果只有两种状态,如投掷硬币的结果、产品检验、测试是否过关等,均可将其中一种状态定义为 1,另一种状态则为 0,即

$$R.V.\,\xi\sim\begin{pmatrix}0 & 1\\ q & p\end{pmatrix}.$$

其中 $0<p<1(q=1-p)$ 为常数,则称 $R.V.\,\xi$ 服从以 p 为参数的**两点分布**,简记为 $R.$

$V.\xi \sim b(1,p)$.

2. 二项分布

在 §1－2 节中我们学习了 n 重贝努里试验，即每次试验 E 只有两种可能的结果，设 $P(A)=p(0<p<1)$，此时 $P(\bar{A})=1-p$. 将试验 E 独立地重复地进行 n 次，结果 A 出现的次数为随机变量 ξ.

若 $$R.V.\xi \sim P\{\xi=m\}=C_n^m p^m q^{n-m},\quad m=0,1,2,3,\cdots,n.$$
其中 $0<p<1(q=1-p)$ 及 n(自然数) 为常数，则称随机变量 ξ 服从以 n，p 为参数的**二项分布**，简记为 $R.V.\xi \sim b(n,p)$.

两点分布是 $n=1$ 的二项分布. 二项分布是以贝努里概型为背景的重要分布，经常应用在放回抽样的产品检验问题中.

例 5　出门带伞问题.

如果按天气预报决定是否带伞：预报有雨则带伞，预报无雨则不带伞. 而天气预报并非百分之百正确，预报无雨时却下雨的概率是 0.2，试求在天气预报无雨的 5 天中，你至少有两次因不带伞而淋雨的概率.

解　记 X 为淋雨的次数，在这 5 天中淋一次雨就记录一个“1”，未淋雨就记录一个“0”，那么 X 就是 5 次试验中“1”发生的次数，且“1”发生的概率为 0.2，即 $X \sim b(5,0.2)$. 于是所求的概率为

$$\begin{aligned}P\{X\geqslant 2\}&=1-P\{X=0\}-P\{X=1\}\\&=1-(1-0.2)^5-5\times 0.2\times(1-0.2)^4=0.2627.\end{aligned}$$

例 6　甲乙两人比赛投篮，若已知甲、乙的投中率分别为 0.8 和 0.9，两人各投 3 次，试求甲的进球数比乙的进球数多的概率.

解　记 X 为甲的进球数，甲每进一球就记录一次“1”，未进球就记录“0”，那么 X 就是 3 次试验中“1”发生的次数，且“1”发生的概率为 0.8，即 $X\sim b(3,0.8)$. 同样，若记 Y 为乙的进球数，则 $Y\sim b(3,0.9)$. 于是所求的概率为

$$\begin{aligned}P\{X\geqslant Y\}&=P\{X=1,Y=0\}+P\{X=2,Y\leqslant 1\}+P\{X=3,Y\leqslant 2\}\\&=(3\times 0.8\times 0.2^2)(0.1)^3+(3\times 0.8^2\times 0.2)(0.1^3+3\times 0.9\times 0.1^2)+\\&\quad(0.8)^3(0.1^3+3\times 0.9\times 0.1^2+3\times 0.9^2\times 0.1)\\&=0.000096+0.010752+0.138752=0.1496.\end{aligned}$$

3. 泊松(分布 Poisson)

如果随机变量 ξ 的分布为

$$R.V.\xi \sim P\{\xi=m\}=\frac{\lambda^m}{m!}e^{-\lambda},\quad m=0,1,2,3,\cdots.$$

其中 $\lambda>0$ 为常数，则称随机变量 ξ 服从以 λ 为参数的**泊松分布**，简记为 $R.V.\xi\sim P(\lambda)$.

对于试验次数 n 很大，而每次试验中发生的概率 p 又很小，且 np 等于或近似等于常数的某事件，它的发生次数通常认为是服从泊松分布的随机变量. 例如，一段布匹上的疵点数、某医院 24 小时内接受急诊的病人数、放射性物质在单位时间内释放的粒子数等

随机变量都服从泊松分布. 服从以λ为参数的泊松分布随机变量ξ取值的概率可查附表1"泊松分布数值表"得出.

此外，当二项分布中的n很大而p很小，且精度要求不太高时，服从参数为n、p的二项分布的随机变量ξ近似地服从参数为np的泊松分布. 在实际计算中，当$n>10$而$p<0.1$时，我们就认为n很大而p很小，据此服从二项分布随机变量ξ取值的概率可借助"泊松分布数值表"进行概率的近似计算，从而更显示出泊松分布的重要.

例7 某工厂有同类设备400台，每台发生故障的概率为0.02. 试求同时发生故障的设备超过1台的概率.

解 设随机变量ξ为同时发生故障的设备台数，则由题意知

$$R.V.\xi \sim b(400,0.02).$$

由于n较大而p较小，又$np=400\times 0.02=8$，故

$$R.V.\xi \sim P(8).$$

即 $P\{\xi>1\}=1-P\{\xi\leqslant 1\}=1-[P\{\xi=0\}+P\{\xi=1\}]$ (查附表1)

$$=1-0.0003-0.0027=0.9970.$$

例8 某厂生产的电子元件的次品率是0.03，对装箱后出厂的产品，工厂承诺：90%的箱内装有100件以上的正品. 那么工厂为了履行这个承诺，每箱至少应装多少件产品?

解 记每箱装N件产品，这N件产品中的次品数记为随机变量X. 将每取一件产品装箱视为一次试验，取到次品装箱的概率为$p=0.03$，因此装进箱的次品数$X\sim b(N,0.03)$. 问题为求N，使$P\{X\leqslant N-100\}=0.9$，于是有

$$P\{X\leqslant N-100\}=\sum_{k=0}^{N-100}\mathrm{C}_N^k\,0.03^k\times 0.97^{N-k}$$

$$\approx\sum_{k=0}^{N-100}\frac{3^k}{k!}\mathrm{e}^{-3}.$$

查附表1"泊松分布数值表"知：当$N-100=5$时，上式的概率为0.9161，故本题的答案是每箱应装105件产品即可履行其承诺.

习题 §1－4

1. 试确定下列分布列中的待定系数k：

(1) 设$R.V.\xi\sim P\{\xi=m\}=k\left(\frac{1}{3}\right)^{m-1}, m=2,3,4,5$；

(2) 设$R.V.\xi\sim P\{\xi=m\}=k\left(\frac{1}{3}\right)^{m-1}, m=1,2,\cdots$.

2. 若某班有学生20名，其中女生3名，从班上任选4人去参观. 试求被选到的女生人数的概率分布及分布函数.

3. 一辆汽车沿某街行驶，要通过3个红绿灯路口，各个信号显示颜色彼此独立，且

红绿灯显示时间长短相等. 以 ξ 表示该汽车首次遇到红灯前已通过的路口数，试求随机变量 ξ 的分布列和分布函数.

4. 某射手有5发子弹，射一次命中率为0.9，若命中了就停止射击，若不命中就继续下去，一直射到子弹耗尽. 写出耗用子弹数的分布列，并求射手在3次射击内能打中目标的概率. 假如对射手的射击子弹不限制，情况又将怎样?

5. 已知 $R.V.\xi \sim P\{\xi = m\} = \dfrac{\lambda^m}{m!}e^{-\lambda}$，$m = 0,1,2,3,\cdots$；又知当 $m = 2$ 和 $m = 3$ 时有相等的概率. 试求：(1)$m = 2$ 的概率；(2)$m = 5$ 的概率；(3)$m = 2$ 或 $m = 5$ 的概率；(4)$\xi \in [2,5]$的概率.

6. 纺织厂女工照顾800个纺锭，每一纺锭在某一短时间内发生断头的概率为0.005(设短时间内最多只发生一次断头). 试求在这段时间内总共发生的断头次数超过2的概率.

7. 设甲市的长途电话局有一台电话总机，其中有5个分机专供与乙市通话，设每个分机在1小时内平均占线20分钟，并且各分机是否占线是相互独立的. 试求甲乙两市应设几条线路才能保证每个分机与乙市通话时占线率低于0.05.

§1－5　连续型随机变量及概率分布

如果随机变量的取值不能一一列举出来，例如，每一位旅客在车站候车的时间，测量某机器零件的长度所得到的数值等，这种取值充满某个区间的随机变量称为连续型随机变量.

一、连续型随机变量的概率密度函数

定义1　由概率的几何定义知，若存在一个非负可积函数 $f(x)$，如图1－12所示，有

$$P\{a < \xi \leqslant b\} = \int_a^b f(x)\mathrm{d}x,$$

则称随机变量 ξ 为连续型随机变量，并称 $f(x)$ 是连续型随机变量 ξ 的**概率密度函数**，简称**密度函数**，简记为 $R.V.\xi \sim f(x)$.

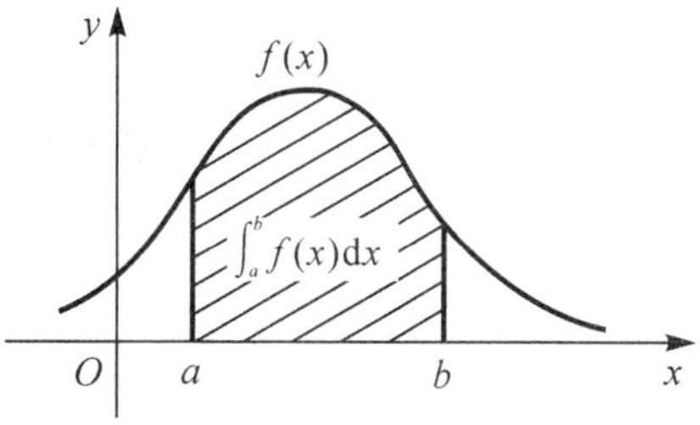

图1－12

概率密度函数的基本性质：

(1) 非负性：$f(x) \geqslant 0$；

(2) 规范性：$\int_{-\infty}^{+\infty} f(x)\mathrm{d}x = 1$；

性质(1)、(2)表明，密度函数 $y = f(x)$ 位于 x 轴的上方，且曲线与 x 轴所围成的面积恒为1，即凡是满足了非负性和规范性的函数 $y = f(x)$，可以作为某个连续型随机变量的密度函数. 常常可根据这个性质确定密度函数中的待定系数.

(3) 连续型随机变量 ξ 取一点的值的概率等于 0，即

$$P\{\xi=a\}=\int_a^a f(x)\mathrm{d}x=0;$$

(4) 连续型随机变量 ξ 落入某区间的概率与区间端点处有无等号无关，即

$$\begin{aligned}P\{a<\xi<b\}&=P\{a\leqslant\xi<b\}\\&=P\{a<\xi\leqslant b\}=P\{a\leqslant\xi\leqslant b\}\\&=\int_a^b f(x)\mathrm{d}x.\end{aligned}$$

例 1 设连续型随机变量 ξ 的密度函数为

$$f(x)=\begin{cases}\dfrac{k}{\sqrt{1-x^2}}, & |x|<1;\\ 0, & |x|\geqslant 1.\end{cases}$$

其中 k 为待定常数. 试求：(1)k 的取值；(2)ξ 落入$(-3,\frac{1}{2}]$内的概率.

解 (1) 由密度函数的规范性$\int_{-\infty}^{+\infty}f(x)\mathrm{d}x=1$，有

$$\int_{-\infty}^{+\infty}f(x)\mathrm{d}x=\int_{-1}^{1}\frac{k}{\sqrt{1-x^2}}\mathrm{d}x=k\cdot\arcsin x\Big|_{-1}^{1}=k\left[\frac{\pi}{2}-\left(-\frac{\pi}{2}\right)\right]=k\pi=1,$$

故

$$k=\frac{1}{\pi};$$

$$\begin{aligned}(2)P\{-3<\xi<\frac{1}{2}\}&=\int_{-3}^{-1}0\mathrm{d}x+\int_{-1}^{\frac{1}{2}}\frac{1}{\pi\sqrt{1-x^2}}\mathrm{d}x\\&=\frac{1}{\pi}(\arcsin x)\Big|_{-1}^{\frac{1}{2}}=\frac{1}{\pi}\left[\frac{\pi}{6}-(-\frac{\pi}{2})\right]=\frac{2}{3}.\end{aligned}$$

二、连续型随机变量的分布函数

定义 2 设连续型随机变量 ξ，则对任意实数 x，事件$\{\xi\leqslant x\}$的概率(如图 1－13 所示)为

$$F(x)=P\{\xi\leqslant x\}=\int_{-\infty}^{x}f(t)\mathrm{d}t.$$

上式 $F(x)$ 称为连续型随机变量 ξ 的**分布函数.**

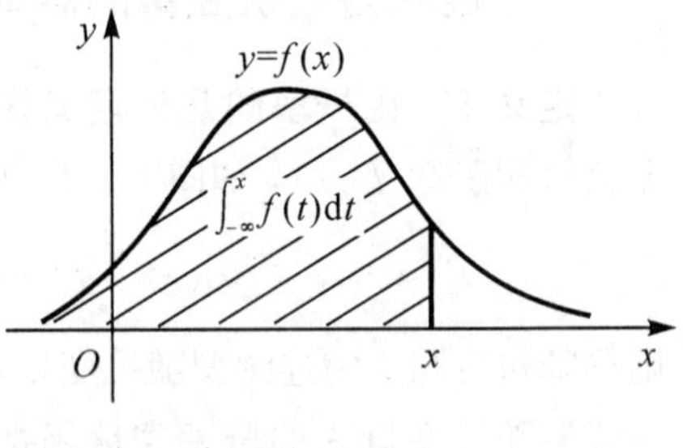

图 1－13

分布函数的基本性质：

(1) $$\begin{aligned}P\{a<\xi<b\}&=P\{a\leqslant\xi<b\}\\&=P\{a<\xi\leqslant b\}=P\{a\leqslant\xi\leqslant b\}\\&=P\{\xi\leqslant b\}-P\{\xi\leqslant a\}=F(b)-F(a);\end{aligned}$$

(2)$0\leqslant F(x)\leqslant 1$;

(3)$F(-\infty)=0,F(+\infty)=1$.

显然，$F(x)$ 是一个非负、有界，且连续、单调非减的函数，因此连续型随机变量 ξ

的密度函数和分布函数都完全刻画了连续型随机变量取值的规律. 对于连续型随机变量，只要知道它的密度函数或分布函数，也就掌握了这个连续型随机变量的统计规律.

当密度函数 $f(x)$ 给定时，通过逐段积分的方法可求得分布函数 $F(x)$；反之，由于在 $f(x)$ 的连续点上有 $F'(x) = f(x)$，故给定分布函数 $F(x)$ 时，通过逐段求导的方法即可求得相应的密度函数.

例 2　已知 $R.V.\xi \sim f(x) = \begin{cases} \frac{1}{5}, & 0 \leqslant x \leqslant 5; \\ 0, & \text{其他}. \end{cases}$ 试求：

(1) 分布函数 $F(x)$，并作出 $f(x)$ 及 $F(x)$ 的示意图；

(2) $P\{3 < \xi < 9\}$.

解　(1) 为求分布函数，对不同的 x 实施逐段积分.

当 $x < 0$ 时，有

$$F(x) = \int_{-\infty}^{0} f(t)\mathrm{d}t = 0;$$

当 $0 \leqslant x < 5$ 时，有

$$F(x) = \int_{-\infty}^{x} f(t)\mathrm{d}t = \int_{-\infty}^{0} f(t)\mathrm{d}t + \int_{0}^{x} f(t)\mathrm{d}t = \int_{0}^{x} \frac{1}{5}\mathrm{d}t = \frac{1}{5}x;$$

当 $x > 5$ 时，有

$$F(x) = \int_{-\infty}^{x} f(t)\mathrm{d}t = \int_{-\infty}^{0} f(t)\mathrm{d}t + \int_{0}^{5} f(t)\mathrm{d}t + \int_{5}^{x} f(t)\mathrm{d}t = \int_{0}^{5} \frac{1}{5}\mathrm{d}t = 1.$$

综上，可得所求分布函数为

$$F(x) = \begin{cases} 0, & x < 0; \\ \frac{1}{5}x, & 0 \leqslant x < 5; \\ 1, & x \geqslant 5. \end{cases}$$

$f(x)$ 及 $F(x)$ 的示意图如图 1－14 所示.

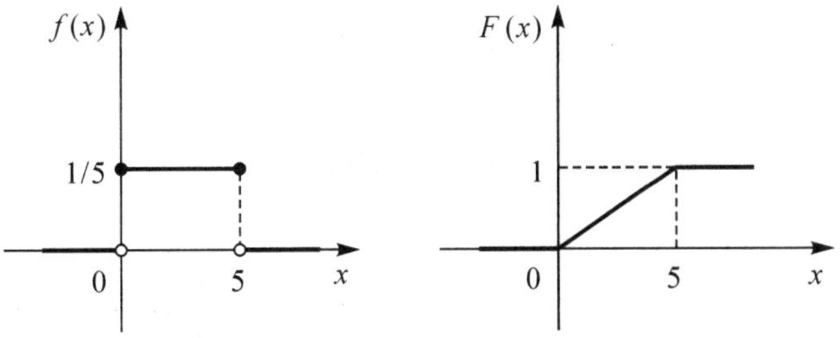

图 1－14

(2) 借助分布函数，有

$$P\{3 < \xi < 9\} = F(9) - F(3) = 1 - \frac{3}{5} = \frac{2}{5} = 0.4000.$$

注意：若借助密度函数求 $P\{3 < \xi < 9\}$，必须进行逐段积分，即

$$P\{3 < \xi < 9\} = \int_{3}^{9} f(x)\mathrm{d}x = \int_{3}^{5} f(x)\mathrm{d}x + \int_{5}^{9} f(x)\mathrm{d}x = \int_{3}^{5} \frac{1}{5}\mathrm{d}x = \frac{2}{5} = 0.4000.$$

三、常用的连续型分布

1. 均匀分布

若连续型随机变量 ξ 的密度函数为

$$f(x)=\begin{cases}\dfrac{1}{b-a}, & a\leqslant x\leqslant b;\\ 0, & \text{其他}.\end{cases}$$

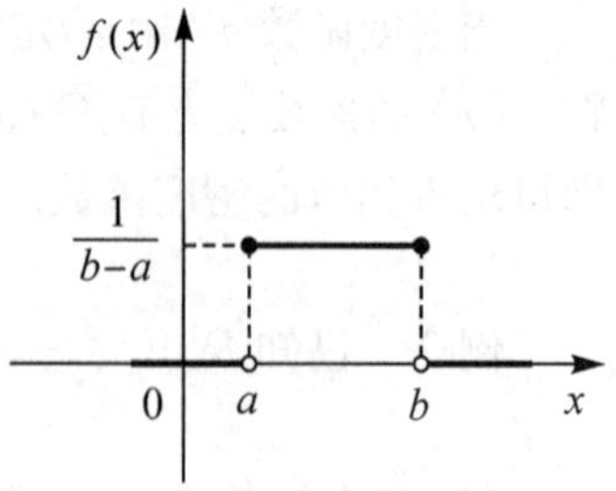

图 1－15

则称随机变量 ξ 服从 $[a,b]$ 区间上的**均匀分布**，简记为 $R.V.\xi\sim U[a,b]$.

显然，密度函数 $f(x)$ 满足非负性和规范性，如图 1－15 所示.

例 3 设随机变量 ξ 在 $[0, 5]$ 上服从均匀分布. 试求 $4x^2+4\xi x+\xi+2=0$ 有实根的概率.

解 根据一元二次方程的求解公式，知其有实根的条件为

$$\Delta=(4\xi)^2-4\times4\times(\xi+2)\geqslant0,$$

即
$$\xi^2-\xi-2=(\xi+1)(\xi-2)\geqslant0,$$

解此不等式得
$$\xi\leqslant-1 \text{ 或 } \xi\geqslant2,$$

而 ξ 只能在 $[0, 5]$ 上取值. 因此，其公共区间为 $[2,5]$，故方程有实根的概率为

$$P\{2\leqslant\xi\leqslant5\}=\int_2^5\frac{1}{5}\mathrm{d}x=\frac{3}{5}=0.6000.$$

2. 指数分布

若连续型随机变量 ξ 的密度函数为

$$f(x)=\begin{cases}\lambda \mathrm{e}^{-\lambda x} & x>0;\\ 0, & x\leqslant0.\end{cases}$$

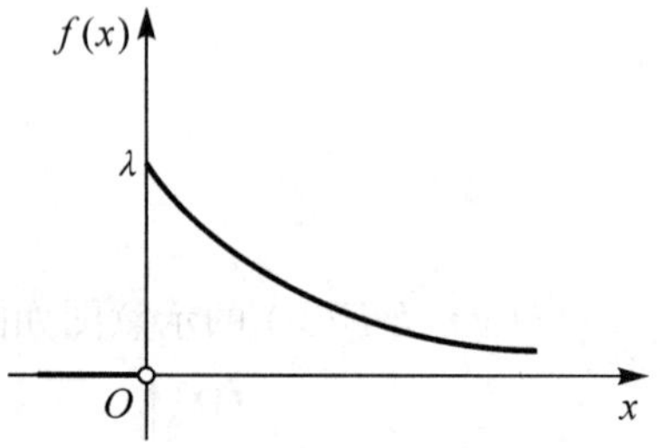

图 1－16

其中 $\lambda>0$ 为常数，则称随机变量 ξ 服从以 λ 为参数的**指数分布**，简记为 $R.V.\xi\sim \mathrm{e}(\lambda)$. 密度函数图像如图 1－16 所示.

密度函数的非负性是显然的. 下面验证其规范性.

因为

$$\int_{-\infty}^{+\infty}f(x)\mathrm{d}x=\int_{-\infty}^{0}f(x)\mathrm{d}x+\int_{0}^{+\infty}f(x)\mathrm{d}x=\int_{0}^{+\infty}\lambda \mathrm{e}^{-\lambda x}\mathrm{d}x,$$

其几何意义为图 1－17(a) 所示的阴影部分的面积，阴影部分称为开口曲边梯形. 求开口曲边梯形面积，可任取 $b\in(0, +\infty)$，先计算开口曲边梯形的近似面积，如图 1－17(b) 所示，即

$$\int_0^{+\infty}\lambda \mathrm{e}^{-\lambda x}\mathrm{d}x\approx\int_0^b\lambda \mathrm{e}^{-\lambda x}\mathrm{d}x=-\int_0^b \mathrm{e}^{-\lambda x}\mathrm{d}(-\lambda x)=-\mathrm{e}^{-\lambda x}\Big|_0^b=-\mathrm{e}^{-\lambda b}+1.$$

由图 1－17(b) 可知，当 b 越大，$-\mathrm{e}^{-\lambda b}+1$ 越接近图 1－17(a) 阴影部分的面积，若

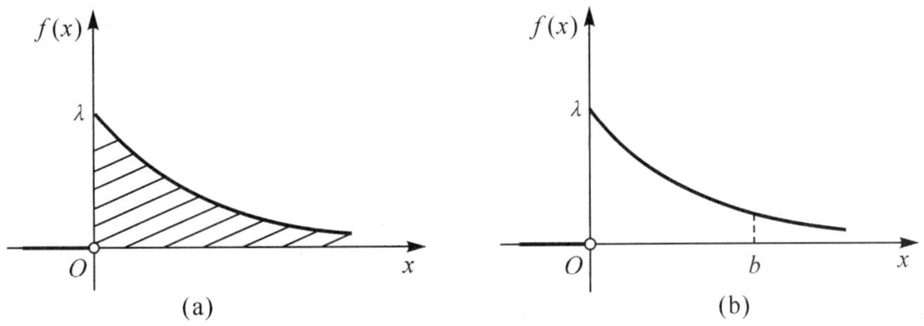

图 1－17

当 $b\to+\infty$ 时，$\int_0^b \lambda e^{-\lambda x}dx$ 的极限存在，其极限值即为 $\int_0^{+\infty}\lambda e^{-\lambda x}dx$ 的值. 故

$$\int_0^{+\infty}\lambda e^{-\lambda x}dx=\lim_{b\to+\infty}\int_0^b\lambda e^{-\lambda x}dx=\lim_{b\to+\infty}(-\lambda e^{-\lambda b}+1)=1.$$

规范性成立，即

$$\int_{-\infty}^{+\infty}f(x)dx=1.$$

例 4　某种类型的电子元件的寿命 ξ 服从参数 $\lambda=0.001$ 的指数分布. 一台设备装有 5 个这种元件，且任一个元件损坏时，设备都停止工作. 试求设备正常工作 500 h 以上的概率.

解　先求一个元件正常工作 500 h 以上的概率为

$$P\{\xi>500\}=\int_{500}^{+\infty}0.001e^{-0.001x}dx=e^{-0.5}=0.6065.$$

按题意，5 个元件同时正常工作时，设备才能正常工作，故所求概率为

$$P=(e^{-0.5})^5=0.0820.$$

3. 正态分布

若连续型随机变量 ξ 的密度函数为

$$f(x)=\frac{1}{\sigma\sqrt{2\pi}}e^{-\frac{(x-\mu)^2}{2\sigma^2}},\quad -\infty<x<+\infty.$$

则称随机变量 ξ 服从参数为 μ 和 σ^2 的**正态分布**，简记为 $R.V.\ \xi\sim N(\mu,\sigma^2)$. 图 1－18 为不同 σ^2 的密度函数图像.

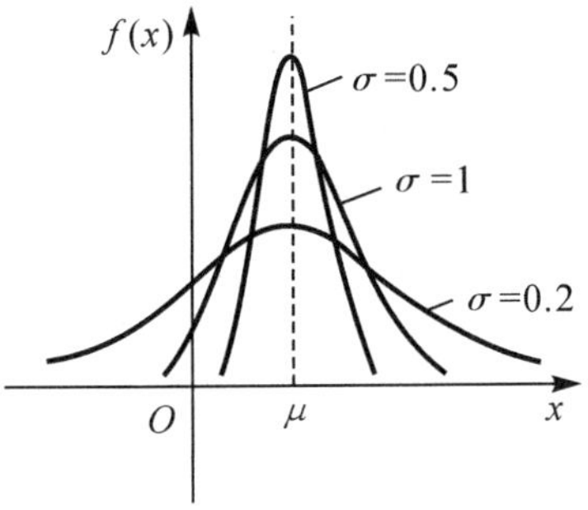

图 1－18

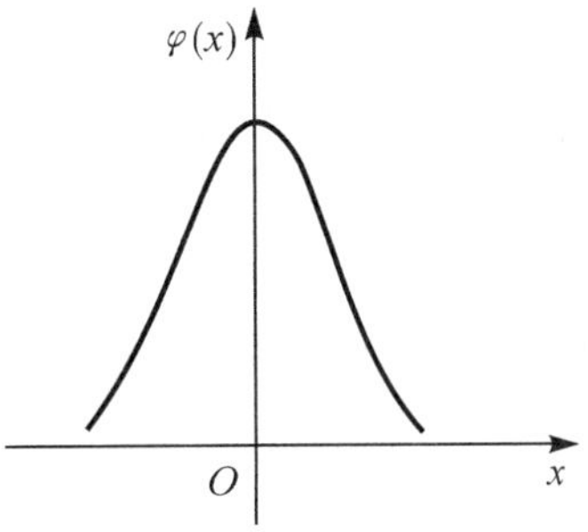

图 1－19

特别地，当$\mu=0$，$\sigma^2=1$时，称随机变量ξ服从**标准正态分布**，其密度函数为

$$\varphi(x)=\frac{1}{\sqrt{2\pi}}e^{-\frac{x^2}{2}},\qquad -\infty<x<+\infty.$$

简记为$R.V.\ \xi\sim N(0,1)$. 其密度函数图像如图 1－19 所示.

$f(x)$ 的图形如图 1－18 所示，表现了正态分布的“中间高两边低”的对称形态，而且，μ是分布的对称中心(即曲线关于直线$x=\mu$对称)，称为**位置参数**；σ^2反映了分布的分散程度(即曲线的平坦程度)，称为**形状参数**.

当$R.V.\ \xi\sim N(\mu,\sigma^2)$时，有

$$\begin{aligned}P\{a<x\leqslant b\}&=\int_a^b f(x)\mathrm{d}x=\int_a^b\frac{1}{\sigma\sqrt{2\pi}}e^{-\frac{(x-\mu)^2}{2\sigma^2}}\mathrm{d}x\quad(\text{令}\frac{x-\mu}{\sigma}=t)\\&=\frac{1}{\sqrt{2\pi}}\int_{\frac{a-\mu}{\sigma}}^{\frac{b-\mu}{\sigma}}e^{-\frac{t^2}{2}}\mathrm{d}t\\&=\int_{\frac{a-\mu}{\sigma}}^{\frac{b-\mu}{\sigma}}\frac{1}{\sqrt{2\pi}}e^{-\frac{t^2}{2}}\mathrm{d}t=\int_{\frac{a-\mu}{\sigma}}^{\frac{b-\mu}{\sigma}}\varphi(x)\mathrm{d}x.\end{aligned}$$

即当$R.V.\ \xi\sim N(\mu,\sigma^2)$时，则有$\frac{\xi-\mu}{\sigma}\sim N(0,1)$.

由于$f(x)$的表达式较复杂，不能直接通过积分计算概率，而是将其转化为标准正态分布，通过查附表 2“标准正态分布函数值表”进行计算.

标准正态分布的分布函数为

$$\Phi(x)=P\{\xi\leqslant x\}=\int_{-\infty}^{x}\varphi(t)\mathrm{d}t=\frac{1}{\sqrt{2\pi}}\int_{-\infty}^{x}e^{-\frac{t^2}{2}}\mathrm{d}t.$$

如图 1－20 所示，$\Phi(x)$的几何意义为阴影部分的面积.

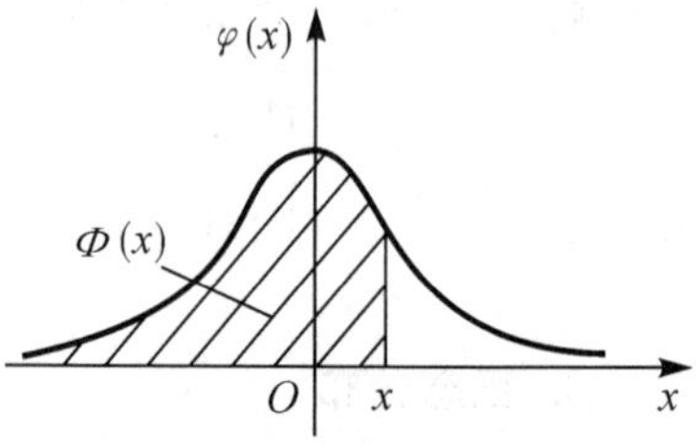

图 1－20

不难得出标准正态分布的分布函数的性质：

(1) $\Phi(-\infty)=0,\Phi(+\infty)=1$;

(2) 若$R.V.\ \xi\sim N(0,1)$，则

$$\begin{aligned}P\{a<x\leqslant b\}&=P\{a\leqslant x\leqslant b\}\\&=P\{a<x<b\}=\Phi(b)-\Phi(a);\end{aligned}$$

(3) $\Phi(-x)=1-\Phi(x)$.

证 由标准正态分布密度函数的对称性，则对于正实数x，有

$$\begin{aligned}\Phi(-x)&=P\{\xi\leqslant -x\}=P\{\xi\geqslant x\}\\&=1-P\{\xi\leqslant x\}=1-\Phi(x).\end{aligned}$$

(4) 若$R.V.\ \xi\sim N(\mu,\sigma^2)$，则

$$\begin{aligned}P\{a<x\leqslant b\}&=P\{a\leqslant x\leqslant b\}\\&=P\{a<x<b\}=\Phi\left(\frac{b-\mu}{\sigma}\right)-\Phi\left(\frac{a-\mu}{\sigma}\right).\end{aligned}$$

例 5　设 $R.V.\xi \sim N(1,4)$，利用“标准正态分布函数值表”，试求 $P\{\xi > 2\}$，$P\{\xi \leqslant 0\}$和 $P\{-1 < \xi < 3\}$.

解　因 $\Phi(+\infty) = 1$，$\Phi(-\infty) = 0$，$\Phi(-x) = 1 - \Phi(x)$，则

$$P\{\xi > 2\} = P\{2 < \xi < +\infty\} = 1 - \Phi\left(\frac{2-1}{2}\right) = 1 - 0.6915 = 0.3085;$$

$$P\{\xi \leqslant 0\} = P\{-\infty < \xi \leqslant 0\} = \Phi\left(\frac{0-1}{2}\right) - 0 = 1 - \Phi\left(\frac{1}{2}\right) = 0.3085;$$

$$P\{-1 < \xi < 3\} = \Phi\left(\frac{3-1}{2}\right) - \Phi\left(\frac{-1-1}{2}\right) = \Phi(1) - [1 - \Phi(1)]$$
$$= 2\Phi(1) - 1 = 2 \times 0.8413 - 1 = 0.6826.$$

例 6　设 $R.V.\xi \sim N(1.9, 4)$，利用“标准正态分布函数值表”，试求 $P\{|\xi| \geqslant 6.04\}$.

解　
$$P\{|\xi| \geqslant 6.04\} = 1 - P\{|\xi| < 6.04\}$$
$$= 1 - P\{-6.04 < \xi < 6.04\}$$
$$= 1 - \left[\Phi\left(\frac{6.04 - 1.9}{2}\right) - \Phi\left(\frac{-6.04 - 1.9}{2}\right)\right]$$
$$= 1 - [\Phi(2.07) - \Phi(-3.97)] = 1 - 0.9808 = 0.0192.$$

同例 5，当 $R.V.\xi \sim N(\mu, \sigma^2)$时，可得

$$P\{|\xi - \mu| < 3\sigma\} = 2\Phi(3) - 1 = 2 \times 0.9987 - 1 = 0.9974.$$

上式表明，在一次试验中随机变量 ξ 几乎肯定地落入区间$(\mu - 3\sigma, \mu + 3\sigma)$之内. 与此等价的是

$$P\{|\xi - \mu| \geqslant 3\sigma\} = 1 - 0.9974 = 0.0026.$$

从概率的意义上讲，上式表示每进行 10000 次试验，大致平均有 26 次试验所得的 ξ 值落在$(\mu - 3\sigma, \mu + 3\sigma)$之外. 我们已经知道小概率事件几乎不发生，在实际中视为不可能事件. 由此产生了所谓正态分布的 3σ 原则：将事件$\{|\xi - \mu| < 3\sigma\}$视为正常情况，而将$\{|\xi - \mu| \geqslant 3\sigma\}$视为异常情况. 事实上，在工程技术实践、质量管理、抽样检验等活动中，当条件处于稳定状态时，所考察的指标被认为是服从正态分布的，因而实际操作时常常以样本值是否落入$(\mu - 3\sigma, \mu + 3\sigma)$内作为判断指标正常与否的重要标志.

习题 §1－5

1. 已知 $R.V.\xi \sim f(x) = \begin{cases} \dfrac{k}{(1+x)^2}, & 0 < x < 6; \\ 0, & \text{其他}. \end{cases}$ 试确定分布密度中的待定系数 k.

2. 已知随机变量 ξ 有密度函数

$$f(x) = \begin{cases} ax + b, & 1 < x < 3; \\ 0, & \text{其他}. \end{cases}$$

又知 $P\{2<\xi<3\}=2P\{1<\xi<2\}$，试求待定系数 a 和 b.

3. 设随机变量 ξ 在 $[-3, 4]$ 上服从均匀分布. 试求 $3x^2-4\xi x+\frac{1}{3}=0$ 有实根的概率.

4. 公共汽车站每隔 5 分钟有一班车通过，乘客在任一时刻到达车站是等可能的. 试求乘客候车时间不超过 3 分钟的概率.

5. 设随机变量 X 的分布函数为 $F(x)=\begin{cases}0, & x<0;\\ Ax^2, & 0\leqslant x<1;\\ 1, & x\geqslant 1.\end{cases}$ 试求：(1) 系数 A；(2) X 落在 $(-1,\frac{1}{2})$ 及 $(\frac{1}{3},2)$ 内的概率；(3) X 的密度函数.

6. 从南郊乘汽车前往北郊火车站，有两条路线可走：第一条穿过市区，路程较短，但交通拥挤，所需时间(单位：分钟) 服从正态分布 $N(50,100)$；第二条沿环城公路走，路程较长，但意外阻塞少，所需时间服从正态分布 $N(60,16)$. (1) 若有 70 分钟可用，问应走哪条路线?(2) 若只有 65 分钟可用，又应走哪一条路线?

§1-6 随机变量的数字特征

一、数学期望

引例 免费摸奖游戏：

在一个仅有拳头大小开口的空盒里，装有写有 1，2，3，4，5，6 的六个乒乓球，路人可从中有放回地摸两次球. 如果两次摸到球的数字之和大于 10 就能得到一瓶酒(价值 50 元)；如果两次摸到球的数字之和大于 8 而不超过 10 就可得到一包香烟(价值 3 元)；否则就必须付 20 元买一瓶化妆品(成本 2 元). 对于这样的把戏，大多数人不会上当，但有一些人在免费的诱惑下总想碰碰运气. 你能用数字戳穿这免费的把戏，让人们不去受骗上当吗?

分析问题：先将问题中的数字抽象出来，两次摸出球的数字之和是一个随机数，将其设为随机变量 ξ. 每种“奖品”都对应着同等价值的金额，这样就得到“游戏”的数量描述如下表：

“游戏”的结果	$\{\xi=11, 12\}$	$\{\xi=9, 10\}$	$\{\xi\leqslant 8\}$
对应概率	$\frac{3}{36}$	$\frac{7}{36}$	$\frac{26}{36}$
所获“奖品”的相应价值	50 元	3 元	-18 元

上面的“游戏”的数量描述告诉我们：假如有 360 人次去玩，大约有 30 人次得到 50

元，有 70 人次得到 3 元，有 260 人次实际支付 18 元，那么，这 360 人次参与者理论上的收益为

$$30\times 50+70\times 3+260\times(-18)=-2970(\text{元}),$$

即骗子则获益 2970 元.

你可以劝告那些受诱惑的人们：其实每参加一次这种所谓的“免费摸奖”，你实际上平均支付出 $2970\div 360=8.25$ 元.

将平均支付算式改写成

$$\frac{1}{360}[30\times 50+70\times 3+260\times(-18)]=\frac{3}{36}\times 50+\frac{7}{36}\times 3+\frac{26}{36}\times(-18)=-8.25(\text{元}),$$

即该平均值 -8.25，就是相对于概率的平均值，我们称为**数学期望**.

1. 离散型随机变量数学期望

定义 1　设 $R.V.\ \xi\sim\begin{pmatrix}x_1 & x_2 & \cdots & x_i & \cdots\\ p_1 & p_2 & \cdots & p_i & \cdots\end{pmatrix}$，若 $\sum_{i=1}^{\infty}x_ip_i$ 存在，则称 $\sum_{i=1}^{\infty}x_ip_i$ 为离散型随机变量 ξ 的数学期望，简称为均值，记为 $E(\xi)$，即

$$E(\xi)=\sum_{i=1}^{\infty}x_ip_i;$$

否则，$\sum_{i=1}^{\infty}x_ip_i$ 不存在，则称随机变量 ξ 的数学期望不存在.

例 1　暑期工作的展望：

为了培养自己的独立生活能力，你向学校申请一份暑期工作，勤工俭学部门负责人答应提供给你一份暑期工作，但现在还不能肯定工作的确切职位，只是提供下表以供参考：

工作职位	保安	帮厨	资料员	程序员
工作报酬(元)	200	300	400	500
得到工作的概率	0.4	0.3	0.2	0.1

根据这份资料，你能期望这个暑期的工作报酬是多少？

解　设随机变量 ξ 为暑期的工作报酬，则随机变量 ξ 的分布列为

$$R.V.\ \xi\sim\begin{pmatrix}200 & 300 & 400 & 500\\ 0.4 & 0.3 & 0.2 & 0.1\end{pmatrix}.$$

随机变量 ξ 的数学期望为

$$E(\xi)=\sum_{i=1}^{4}x_ip_i=200\times 0.4+300\times 0.3+400\times 0.2+500\times 0.1=300(\text{元}).$$

即这个暑期的工作报酬的均值为 300 元.

2. 连续型随机变量数学期望

定义 2　设连续型随机变量 ξ 的密度函数为 $f(x)$，如果反常积分 $\int_{-\infty}^{+\infty}xf(x)\mathrm{d}x$ 存

在，则称$\int_{-\infty}^{+\infty}xf(x)\mathrm{d}x$为连续型随机变量$\xi$的数学期望，简称均值，记为$E(\xi)$，即

$$E(\xi)=\int_{-\infty}^{+\infty}xf(x)\mathrm{d}x.$$

例 2 设$R.V.\ \xi\sim U[a,b]$，试求ξ的数学期望.

解 因$R.V.\ \xi\sim U[a,b]$，即ξ的密度函数为

$$f(x)=\begin{cases}\dfrac{1}{b-a}, & a<x<b;\\ 0, & \text{其他}.\end{cases}$$

则随机变量ξ的数学期望为

$$E(\xi)=\int_{-\infty}^{+\infty}xf(x)\mathrm{d}x=\int_a^b x\cdot\frac{1}{b-a}\mathrm{d}x=\frac{a+b}{2}.$$

均匀分布的数学期望恰好是区间$[a,b]$的中点，这与均值意义相符.

例 3 设某电器产品的使用寿命ξ服从参数为$\frac{1}{10}$的指数分布. 试求两件产品连续使用的平均寿命.

解 由题设,使用寿命$\xi\sim E\left(\frac{1}{10}\right)$，则一件产品的使用寿命$\xi$的密度函数为

$$f(x)=\begin{cases}\dfrac{1}{10}\mathrm{e}^{-\frac{1}{10}x}, & x>0;\\ 0, & x\leqslant 0.\end{cases}$$

由此，一件该产品的平均使用寿命为

$$E(\xi)=\int_0^{+\infty}x\,\frac{1}{10}\mathrm{e}^{-\frac{1}{10}x}\mathrm{d}x=\left[-x\mathrm{e}^{-\frac{1}{10}x}\right]\Big|_0^{+\infty}+\int_0^{+\infty}\mathrm{e}^{-\frac{1}{10}x}\mathrm{d}x=10\left[-\mathrm{e}^{-\frac{1}{10}x}\right]\Big|_0^{+\infty}=10,$$

则两件产品连续使用的平均寿命为

$$E(2\xi)=2E(\xi)=20.$$

3. 数学期望的性质

性质 1(线性性质) 设随机变量ξ存在数学期望$E(\xi)$，则对于任意常数k和c，有

$$E(k\xi+c)=kE(\xi)+c.$$

特别地，当$k=0$时，有$E(c)=c$. 这就是说,任意常数的数学期望仍是该常数.

性质 2(和的性质) 设任意随机变量ξ和η的数学期望$E(\xi)$与$E(\eta)$都存在，则有

$$E(\xi+\eta)=E(\xi)+E(\eta).$$

此性质可推广到n个任意随机变量$\xi_1,\xi_2,\cdots,\xi_n$的数学期望均存在，则有

$$E(\xi_1+\xi_2+\cdots+\xi_n)=E(\xi_1)+E(\xi_2)+\cdots+E(\xi_n).$$

性质 3(积的性质) 设ξ和η为独立的随机变量，且$E(\xi)$与$E(\eta)$都存在，则有

$$E(\xi\eta)=E(\xi)E(\eta).$$

此性质可推广到n个相互独立的随机变量$\xi_1,\xi_2,\cdots,\xi_n$，且它们的数学期望均存在，则有

$$E(\xi_1\xi_2\cdots\xi_n) = E(\xi_1)E(\xi_2)\cdots E(\xi_n).$$

例 4　掷 20 个骰子，试求这 20 个骰子出现的点数之和的数学期望.

解　设随机变量 ξ_i 为第 i 个骰子出现的点数，$i = 1,2,\cdots,20$. 设随机变量 ξ 为20 个骰子点数之和的点数，即

$$\xi = \xi_1 + \xi_2 + \cdots + \xi_{20}.$$

易知，ξ_i 有相同的分布列 $P(\xi_i = k) = \frac{1}{6}, k = 1,2,3,4,5,6$，则有

$$E(\xi_i) = \frac{1}{6}(1+2+3+4+5+6) = \frac{21}{6}, \quad i = 1,2,\cdots,20,$$

故 $$E(\xi) = E(\xi_1) + E(\xi_2) + \cdots + E(\xi_{20}) = 20 \times \frac{21}{6} = 70.$$

本例将随机变量 ξ 分解成若干个随机变量之和，利用随机变量和的期望公式，把 $E(\xi)$ 的计算转化为求若干个随机变量的期望，使 $E(\xi)$ 的计算大为简化. 这种处理方法具有一定的普遍性，可化繁为简.

4. 随机变量函数的数学期望

定义 3　设 $f(x)$ 是一元连续函数，它对于随机变量 ξ 的一切可能取值都有定义. 如果存在另一个随机变量 η，其可能取值 y 将由 $f(x)$ 确定，即 $y = f(x)$，那么，随机变量 η 就是随机变量 ξ 的函数，并记为 $\eta = f(\xi)$.

通常，当 ξ 是离散型随机变量时，$\eta = f(\xi)$ 也是离散型随机变量；当 ξ 是连续型随机变量时，$\eta = f(\xi)$ 也是连续型随机变量.

如随机变量函数 $\eta = \frac{\xi - \mu}{\sigma}$，其对应的一元函数为 $y = \frac{x-\mu}{\sigma}$，由 §1－5 节知，当 $R.V.\ \xi \sim N(\mu, \sigma^2)$时，则有 $\eta \sim N(0,1)$.

定义 4　若随机变量 ξ 为离散型，设$R.V.\ \xi \sim \begin{pmatrix} x_1 & x_2 & \cdots & x_i & \cdots \\ p_1 & p_2 & \cdots & p_i & \cdots \end{pmatrix}$，则随机变量函数 $\eta = f(\xi)$ 的数学期望为

$$E(\eta) = E[f(\xi)] = \sum_{i=1}^{\infty} f(x_i)p_i.$$

定义 5　若随机变量 ξ 为连续型，并设其密度函数为 $p(x)$，即 $R.V.\ \xi \sim p(x)$，则随机变量函数 $\eta = f(\xi)$ 的数学期望为

$$E(\eta) = E[f(\xi)] = \int_{-\infty}^{+\infty} f(x)p(x)\mathrm{d}x.$$

例 5　设随机变量 ξ 的分布列为 $\begin{pmatrix} 1 & 2 & 3 \\ 0.1 & 0.7 & 0.2 \end{pmatrix}$. 试求：(1)$\eta = \frac{1}{\xi}$；(2)$\eta = \xi^2 + 2$ 的数学期望.

解　因随机变量 ξ 为离散型，由本节定义 4 知

(1)$E(\eta) = E(\frac{1}{\xi}) = 1 \times 0.1 + \frac{1}{2} \times 0.7 + \frac{1}{3} \times 0.2 \approx 0.5167$；

(2)$E(\eta)=E(\xi^2+2)=(1^2+2)\times 0.1+(2^2+2)\times 0.7+(3^2+2)\times 0.2=6.7000$.

例 6 已知 $R.V.\ \xi\sim U[0,2\pi]$，试求 $E(\sin\xi)$.

解 因随机变量 ξ 为连续型，其密度函数为

$$p(x)=\begin{cases}\dfrac{1}{2\pi}, & 0\leqslant x\leqslant 2\pi;\\ 0, & 其他.\end{cases}$$

由本节定义 5 知，随机变量函数 $\eta=\sin\xi$ 的数学期望为

$$E(\sin\xi)=\int_{-\infty}^{+\infty}\sin x\cdot p(x)\mathrm{d}x=\frac{1}{2\pi}\int_0^{2\pi}\sin x\,\mathrm{d}x=0.$$

可见，随机变量函数 $\eta=f(\xi)$ 只改变随机变量 ξ 的值，而不改变随机变量 ξ 取相应值的概率.

二、方　差

引例 共同致富问题.

某媒体以两个村的人均收入来说明近年来农民的收入状况：甲村有 20%的农户人均年收入在 3000 元以上，75%的农户人均年收入在 1000 元～3000 元之间，其余农户人均年收入在 1000 元以下；乙村有 30%的农户人均年收入在 3000 元以上，40%的农户人均年收入在 1000 元～3000 元之间，其余农户人均年收入在 1000 元以下. 如何用数字来反映这两个村人均年收入的分布状况呢？

解 首先考虑利用年收入的数学期望说明. 设随机变量 ξ 为人均年收入，则

$$\xi=\begin{cases}5000 & (人均年收入在 3000 元以上);\\ 2000 & (人均年收入在 1000 元\sim 3000 元之间);\\ 800 & (人均年收入在 1000 元以下).\end{cases}$$

再设 ξ_1 表示甲村的收入，ξ_2 表示乙村的收入，则两村收入分布列为

$$R.V.\ \xi_1\sim\begin{pmatrix}800 & 2000 & 5000\\ 0.05 & 0.75 & 0.20\end{pmatrix};\quad R.V.\ \xi_2\sim\begin{pmatrix}800 & 2000 & 5000\\ 0.30 & 0.40 & 0.30\end{pmatrix}.$$

由此很容易地得出两村人均年收入的数学期望 $E(\xi_1)=E(\xi_2)=2540$(元)，能否说明这两村的富裕情况是一致的呢？

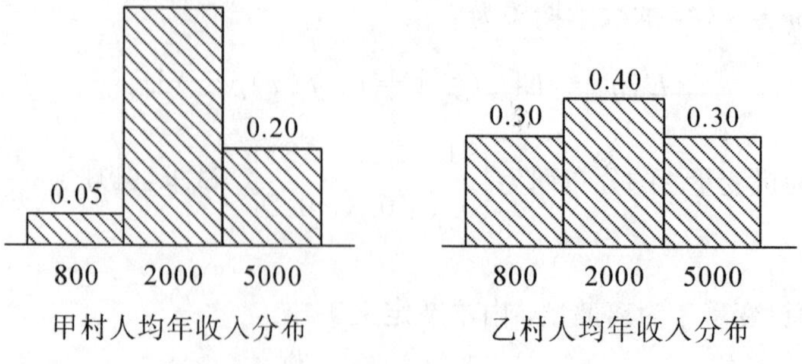

图 1－21

数学期望的概念反映了随机变量取值的平均水平. 图 1－21 为两个村人均年收入分布的直方图，两村的人均年收入分布表现出明显的差异，可见数学期望不能反映两村的致富情况. 因此，对于随机变量，仅仅考察这一个特征还是不够的，我们还需要了解随机变量对于期望值的偏离程度. 从直方图看，甲村的人均年收入分布相对集中，即贫富差距相对较小；而乙村的人均年收入相对分散，即贫富差距相对较大. 因此必须引入一个能反映数据的分散程度或数据的波动大小的数字特征. 为此，可以考虑绝对误差 $|\xi - E(\xi)|$. 由于这个量仍是一个随机变量，具有不确定性，我们可以取它的期望值. 用这个量来刻画偏离程度显然是合理的. 但是它不便于计算，为了避开这个困难，我们另选一个同样可以反映偏离程度的量 $[\xi - E(\xi)]^2$，由此，引出下面方差的定义.

1. 方差的定义

定义 6　设 ξ 为一随机变量，若随机变量函数 $\eta = [\xi - E(\xi)]^2$ 的数学期望存在，即 $E[\xi - E(\xi)]^2$ 存在，则称 $E[\xi - E(\xi)]^2$ 为随机变量 ξ 的**方差**，记为 $D(\xi)$，即

$$D(\xi) = E[\xi - E(\xi)]^2.$$

而称 $\sqrt{D(\xi)}$ 为 ξ 的**标准差**或**均方差**，记作 σ_ξ.

由本节定义 4 可知，若 ξ 是离散型随机变量，其分布列为 $P(\xi = x_i) = p_i$，$i = 1, 2, \cdots$，则随机变量 ξ 的方差为

$$D(\xi) = \sum_{i=1}^{\infty} [x_i - E(\xi)]^2 p_i.$$

由本节定义 5 可知，若 ξ 是连续型随机变量，其密度函数为 $f(x)$，则随机变量 ξ 的方差为

$$D(\xi) = \int_{-\infty}^{+\infty} [x - E(\xi)]^2 f(x) \mathrm{d}x.$$

引例中甲乙两村人均年收入分布的方差为

$$\begin{aligned} D(\xi_1) &= (800 - 2540)^2 \times 0.05 + (2000 - 2540)^2 \times 0.75 + (5000 - 2540)^2 \times 0.2 \\ &= 1580400; \end{aligned}$$

$$\begin{aligned} D(\xi_2) &= (800 - 2540)^2 \times 0.3 + (2000 - 2540)^2 \times 0.4 + (5000 - 2540)^2 \times 0.3 \\ &= 2840400. \end{aligned}$$

随机变量的方差反映了随机变量取值的波动程度，方差的值越大，说明随机变量取值越不稳定，所以这两个数值表明甲村“共同致富”的程度更高一些，而乙村则有点“贫富不均”. 其均方差分别为

$$\sigma_{\xi_1} = \sqrt{D(\xi_1)} \approx 1257(\text{元}), \sigma_{\xi_2} = \sqrt{D(\xi_2)} \approx 1685(\text{元}).$$

均方差要说明的问题，原则上与方差是一致的. 所不同的是：方差无须开方，在统计分析中常被采用；均方差与随机变量有相同的单位，在工程技术中广为使用.

2. 方差计算的简化公式

由方差定义及数学期望的性质可推导出方差的计算公式，即

$$D(\xi) = E(\xi^2) - [E(\xi)]^2.$$

事实上，有

$$D(\xi)=E[\xi-E(\xi)]^2=E[\xi^2-2\xi E(\xi)+E(\xi)^2]$$
$$=E(\xi^2)-2E(\xi)\cdot E(\xi)+[E(\xi)]^2=E(\xi^2)-[E(\xi)]^2.$$

例 7 已知一批产品检验分为优等品，一、二、三等品及等外品等 5 种，其构成比例依次是 0.2，0.5，0.15，0.10，0.05. 按优质优价的市场规律，每类产品的售价分别为 9 元、7.1 元、5.4 元、3 元、2 元. 试求这批产品的方差.

解 设产品售价为随机变量 ξ，于是分布列为

$$R.V.\xi\sim\begin{pmatrix}2 & 3 & 5.4 & 7.1 & 9\\ 0.05 & 0.1 & 0.15 & 0.5 & 0.2\end{pmatrix},$$

故这批产品的平均售价为

$$E(\xi)=2\times0.05+3\times0.1+5.4\times0.15+7.1\times0.5+9\times0.2=6.56(\text{元}),$$

又因 $E(\xi^2)=2^2\times0.05+3^2\times0.1+5.4^2\times0.15+7.1^2\times0.5+9^2\times0.2=46.879$，

故 $D(\xi)=E(\xi^2)-[E(\xi)]^2=46.879-(6.56)^2=3.8454.$

例 8 设随机变量 ξ 服从参数为 a，$b(a<b)$ 的均匀分布. 试求均匀分布方差.

解 由例 2 知，均匀分布的数学期望 $E(\xi)=\dfrac{a+b}{2}$，而

$$E(\xi^2)=\int_a^b x^2\cdot\frac{1}{b-a}\mathrm{d}x=\frac{b^3-a^3}{3(b-a)}=\frac{a^2+ab+b^2}{3},$$

于是 $D(\xi)=E(\xi^2)-[E(\xi)]^2=\dfrac{a^2+ab+b^2}{3}-(\dfrac{a+b}{2})^2=\dfrac{(b-a)^2}{12}.$

3. 方差的性质

性质 1(线性性质) 设随机变量 ξ 存在方差 $D(\xi)$，则对于任意常数 k，c，有

$$D(k\xi+c)=k^2D(\xi).$$

特别地，当 $k=0$ 时，有 $D(c)=0$. 这就是说，任意常数的方差恒为 0.

性质 2(和的性质) 设随机变量 ξ，η 是相互独立的，且方差均存在，则有

$$D(\xi+\eta)=D(\xi)+D(\eta).$$

证 因为

$$D(\xi+\eta)=E[\xi+\eta-E(\xi+\eta)]^2$$
$$=E\{[\xi+E(\xi)]^2+2[\xi-E(\xi)][\eta-E(\eta)]+[\eta-E(\eta)]^2\}$$
$$=E[\xi-E(\xi)]^2+2E\{[\xi-E(\xi)][\eta-E(\eta)]\}+E[\eta-E(\eta)]^2$$
$$=D\xi+D\eta+2E[\xi-E(\xi)][\eta-E(\eta)],$$

又因为 ξ 与 η 相互独立，所以 $\xi-E(\xi)$ 与 $\eta-E(\eta)$ 也独立，有

$$E\{[\xi-E(\xi)][\eta-E(\eta)]\}=E[\xi-E(\xi)]\cdot E[\eta-E(\eta)]=0,$$

从而

$$D(\xi+\eta)=D(\xi)+D(\eta).$$

推论 若 $\xi_1,\xi_2,\cdots,\xi_n$ 相互独立，则

$$D(c_1\xi_1+c_2\xi_2+\cdots+c_n\xi_n+b)=c_1^2D(\xi_1)+c_2^2D(\xi_2)+\cdots+c_n^2D(\xi_n).$$

其中，$c_1, c_2, \cdots, c_n, b$ 均是常数.

三、常用分布的数字特征

例 9　设 ξ 的密度函数是参数为 λ 的指数分布. 试求 $E(\xi)$ 和 $D(\xi)$.

解
$$E\xi = \int_0^{\infty} x\lambda \mathrm{e}^{-\lambda x}\mathrm{d}x = -\int_0^{\infty} x\mathrm{d}\mathrm{e}^{-\lambda x} = \int_0^{\infty}\mathrm{e}^{-\lambda x}\mathrm{d}x = \frac{1}{\lambda},$$

而
$$E(\xi^2) = \int_0^{\infty} x^2\lambda \mathrm{e}^{-\lambda x}\mathrm{d}x = -\int_0^{\infty} x^2\mathrm{d}\mathrm{e}^{-\lambda x} = \int_0^{\infty} 2x\mathrm{e}^{-\lambda x}\mathrm{d}x = \frac{2}{\lambda^2},$$

所以
$$D(\xi) = E(\xi^2) - [E(\xi)]^2 = \frac{2}{\lambda^2} - \left(\frac{1}{\lambda}\right)^2 = \frac{1}{\lambda^2}.$$

指数分布是有用的"寿命分布"之一，由上述计算可知，一个元器件的寿命分布如果是参数为 λ 的指数分布，则它的平均寿命为 $\frac{1}{\lambda}$. 如果某元件的寿命为 $10^k (k = 1,2,\cdots)$ 小时，则相应的 $\lambda = 10^{-k}$，在电子工业中就称该产品是"k 级"产品. 由此可知，k 越大，则产品的平均寿命越长，使用也就越可靠.

为了便于应用，现将所学的常用分布的简略记法、分布列或密度函数以及数学期望、方差等一并列举在表 1－2 中供备查.

表 1－2　常用分布

分布名称	简略记号	分布列或分布密度	数学期望	方差
两点分布	$b(1,p)$	$R.V.\ \xi \sim \begin{pmatrix} 0 & 1 \\ q & p \end{pmatrix}$. 其中 $0 < p < 1 (q = 1 - p)$ 为参数	p	pq
二项分布	$b(n,p)$	$R.V.\ \xi \sim P\{\xi = m\} = C_n^m p^m q^{n-m}$，$m = 0,1,2,3,\cdots,n$. 其中 $0 < p < 1 (q = 1 - p)$ 及 n(自然数) 为参数	np	npq
泊松分布	$P(\lambda)$	$R.V.\ \xi \sim P\{\xi = m\} = \frac{\lambda^m}{m!}\mathrm{e}^{-\lambda}$，$m = 0,1,2,3,\cdots$. 其中 $\lambda > 0$ 为参数	λ	λ
均匀分布	$U(a,b)$	$R.V.\ \xi \sim f(x) = \begin{cases} \frac{1}{b-a}, & a \leqslant x \leqslant b; \\ 0, & \text{其他}. \end{cases}$ 其中 a，b 为参数	$\frac{a+b}{2}$	$\frac{(b-a)^2}{12}$
指数分布	$\mathrm{e}(\lambda)$	$R.V.\ \xi \sim f(x) = \begin{cases} \lambda \mathrm{e}^{-\lambda x}, & x > 0; \\ 0, & x \leqslant 0. \end{cases}$ 其中 $\lambda > 0$ 为参数	$\frac{1}{\lambda}$	$\frac{1}{\lambda^2}$
正态分布	$N(\mu,\sigma^2)$	$R.V.\ \xi \sim f(x) = \frac{1}{\sqrt{2\pi}\sigma}\mathrm{e}^{-\frac{(x-\mu)^2}{2\sigma^2}}$，$-\infty < x < +\infty$. 其中 $-\infty < \mu < +\infty$，$\sigma > 0$ 为参数	μ	σ^2

对于随机变量，如果 $E(\xi)$ 和 $D(\xi)$ 存在，且 $D(\xi)>0$，我们可以考虑一个变换

$$\xi^*=\frac{\xi-E(\xi)}{\sqrt{D(\xi)}},$$

事实上，
$$E(\xi^*)=E\left[\frac{\xi-E(\xi)}{\sqrt{D(\xi)}}\right]=\frac{E[\xi-E(\xi)]}{\sqrt{D(\xi)}}=\frac{E(\xi)-E(\xi)}{\sqrt{D(\xi)}}=0,$$

$$D(\xi^*)=D\left[\frac{\xi-E(\xi)}{\sqrt{D(\xi)}}\right]=\frac{D[\xi-E(\xi)]}{D(\xi)}=\frac{D(\xi)}{D(\xi)}=1.$$

我们称数学期望为0、方差为1的随机变量为标准化随机变量，而把 $\xi^*=\dfrac{\xi-E(\xi)}{\sqrt{D(\xi)}}$ 称为**标准化变换**，ξ^* 也称为**标准化随机变量**.

标准化随机变量的基本特征是数学期望为0，方差为1，无量纲，可以用于不同单位量的比较，因而在统计分析中应用广泛.

四、矩

定义7 设 ξ 为随机变量，若 $E(\xi^k)$ 存在，则称 $m_k=E(\xi^k)$ 为 ξ 的 k 阶**原点矩**，$k=1,2,\cdots$

定义8 设 ξ 为随机变量，若 $E[\xi-E(\xi)]^k$ 存在，则称 $c_k=E[\xi-E(\xi)]^k$ 为 ξ 的 k 阶**中心矩**，$k=1,2,\cdots$

由此，随机变量 ξ 的一阶原点矩就是随机变量 ξ 的数学期望，即 $E(\xi)=m_1$；随机变量 ξ 的一阶中心矩恒为0，即 $c_1=E[\xi-E(\xi)]=E\xi-E\xi=0$；随机变量 ξ 的二阶中心矩就是随机变量 ξ 的方差，即 $D(\xi)=c_2$.

例10 设 $\xi_1,\xi_2,\cdots,\xi_n$ 相互独立，且 $D(\xi_i)=\sigma^2,E(\xi_i)=a$，$i=1,2,\cdots,n$. 试求 $\bar{\xi}=\dfrac{1}{n}\sum\limits_{i=1}^{n}\xi_i$ 的数学期望和方差.

解 由数学期望和方差的性质有

$$E(\bar{\xi})=E\left(\frac{1}{n}\sum_{i=1}^{n}\xi_i\right)=\frac{1}{n}E\left(\sum_{i=1}^{n}\xi_i\right)=\frac{1}{n}\sum_{i=1}^{n}E(\xi_i)=a;$$

$$D(\bar{\xi})=D\left(\frac{1}{n}\sum_{i=1}^{n}\xi_i\right)=\frac{1}{n^2}D\left(\sum_{i=1}^{n}\xi_i\right)=\frac{1}{n^2}\sum_{i=1}^{n}D(\xi_i)=\frac{\sigma^2}{n}.$$

当我们进行精密测量时，为了减少随机误差，往往是重复测量多次后取其结果的平均值. 本例给出了这种做法的一个合理解释.

利用常用分布的数学期望和方差的性质，可以求出随机变量函数的数学期望和方差.

例11 设 $R.V.\ \xi\sim \mathrm{e}(10)$，试求 $R.V.\ \eta=4-3\xi$ 的 $E(\eta)$ 和 $D(\eta)$.

解 因 $R.V.\ \xi\sim \mathrm{e}(10)$，由表1－2知 $E(\xi)=\dfrac{1}{10}$ 和 $D(\xi)=\dfrac{1}{100}$，故

$$E(\eta)=E(4-3\xi)=4-3E(\xi)=4-\frac{3}{10}=\frac{37}{10},$$

$$D(\eta)=D(4-3\xi)=9D(\xi)=\frac{9}{100}.$$

习题 §1-6

1. 设随机应变量 $\xi\sim\begin{pmatrix}-1 & 0 & 1 & 2\\ 0.2 & 0.3 & 0.3 & 0.2\end{pmatrix}$，试求：(1)$E(\xi)$，$E(2-3\xi)$，$E(\xi^2)$，$E(\xi^2-2\xi+3)$；(2)$D(\xi)$，$D(2-3\xi)$.

2. 已知随机变量 ξ 的密度函数为

$$f(x)=\begin{cases}2x, & 0<x<1;\\ 0, & \text{其他}.\end{cases}$$

试求：(1)$E(\xi)$，$E(2-3\xi)$，$E(\xi^2)$，$E(\xi^2-2\xi+3)$；

(2)$D(\xi)$，$D(2-3\xi)$.

3. 设某篮球队员的投篮命中率为0.8，若投中一次得2分，那么他投篮5次平均能得多少分？

4. 已知10件产品中有8件是一等品，2件是二等品，每次从中任意抽1件. 分别对不放回抽样和放回抽样两种抽法，试求抽到一等品为止的平均抽取次数，并考察两种抽样法的波动程度.

5. 你的朋友告诉你一件事：8年前他到生态自然保护区旅游，曾救助了一只小动物，后来在有关资料上得知，动物的寿命服从指数分布，而且这种小动物的平均寿命为10年. 他很想知道他救助的那只动物今天是否还活着，你应该怎样回答他呢？

6. 假定每个人生日在各个月份的机会是相同的，你班有60名同学. 试求全班同学中生日在第一季度的平均值.

7. 某种产品即将投放市场，根据市场调查估计每件产品有60%的把握按定价售出，20%的把握打折售出及20%的可能性低价甩出. 上述三种情况下每件产品的利润分别为5元、2元和 -4 元，试问厂家对每件产品可期望获利多少？

8. 甲、乙两人进行打靶，所得分数分别记为 ξ_1，ξ_2，它们的分布列分别为：

ξ_1	5	7	9
P	0.1750	0.6000	0.2250

ξ_2	6	7	8
P	0.2000	0.5000	0.3000

试评定他们的成绩好坏.

9. 设 $R.V.\ \xi\sim N(1.9,\ 4)$. 试求 $R.V.\ \eta=3-4\xi$ 的 $E(\eta)$ 和 $D(\eta)$.

10. 假设国际市场每年对我国某种商品的需求量是随机变量 ξ(吨)，ξ 服从

[2000,4000]上的均匀分布. 设每售出这种商品1吨可为国家挣得外汇3万元. 如销售不出去而囤积于仓库，则每吨需要浪费保养费1万元. 应组织多少货源，才能使国家收益的期望值最大?

11. 已知ξ，η，ζ为相互独立的随机变量，且

$$E(\xi)=9,\quad E(\eta)=20,\quad E(\zeta)=12,$$
$$E(\xi^2)=83,\quad E(\eta^2)=401,\quad E(\zeta^2)=148.$$

试求$\xi-2\eta+5\zeta$的数学期望和方差.

复习题一

一、填空题

1. 设A，B，C是事件，则事件“A，B都不发生而C发生”表示为______.

2. $P(A)=0.5,P(B)=0.6,P(A|B)=0.8$，则$P(A\cup B)=$________.

3. 将C,C,E,E,I,N,S等7个字母随机地排成一行，那么恰好排成英文单词SCIENCE的概率为__________.

4. 两两相互独立的三个事件A，B和C满足条件：$ABC=\varnothing$，$P(A)=P(B)=P(C)<\frac{1}{2}$，且已知$P(A\cup B\cup C)=\frac{9}{16}$，则$P(A)=$__________.

5. 甲、乙两人独立地对同一目标射击一次，其命中率分别为0.6和0.5. 现已知目标被命中，则它是甲射中的概率为__________________.

6. 电阻值R是一个随机变量，在900欧～1100欧服从均匀分布，则$P\{950<R<1050\}=$__________.

7. 设离散型随机变量X分布律为$P\{X=k\}=5A(\frac{1}{2})^k(k=1,2,\cdots)$，则$A=$__________.

8. 已知随机变量X的密度为$f(x)=\begin{cases}ax+b, & 0<x<1;\\ 0, & 其他;\end{cases}$ 且$P\{x>\frac{1}{2}\}=\frac{5}{8}$，则$A=$__________，$B=$__________.

9. 设随机变量ξ服从参数为λ的泊松分布，且$P\{\xi=0\}=\frac{1}{3}$，则$\lambda=$________.

10. 已知$D(\xi)=2$，$D(\eta)=1$，且ξ，η相互独立，则$E(\xi-2\eta)=$_______，$D(\xi-2\eta)=$______.

二、选择题

1. 设甲、乙两人进行象棋比赛，考虑事件$A=\{甲胜乙负\}$，则$\overline{A}$是(　　).

(A){甲负或乙胜}　(B){甲乙平局}　(C){甲负}　(D){甲负或平局}

2. 袋中有5个球(其中3个新球，2个旧球)，每次取一个，有放回地取2次，则第2次取到新球的概率为(　　).

(A) $\frac{3}{5}$　　(B) $\frac{3}{4}$　　(C) $\frac{2}{4}$　　(D) $\frac{3}{10}$

3. 有 r 个球，随机地放在 n 个盒子中($r \leqslant n$)，则某指定的 r 个盒子中各有一球的概率为(　　).

(A) $\frac{r!}{n^r}$　　(B) $C_n^r \frac{r!}{n^r}$　　(C) $\frac{n!}{r^n}$　　(D) $C_r^n \frac{n!}{r^n}$

4. 设随机变量 $X \sim B(2, p)$，若 $P\{X \geqslant 1\} = \frac{5}{9}$，则 $p = $(　　).

(A) $\frac{2}{3}$　　(B) $\frac{1}{2}$　　(C) $\frac{1}{3}$　　(D) $\frac{19}{27}$

5. 已知事件 A 与 B 满足 $P(AB) = P(\bar{A}\bar{B})$，且 $P(A) = 0.4$，则 $P(B) = $(　　).

(A)0.4　　(B)0.5　　(C)0.6　　(D)0.7

6. 对于事件 A 与 B，下列命题正确的是(　　).

(A) 若事件 A 与 B 互不相容，则 $\bar{A}$ 与 $\bar{B}$ 也互不相容

(B) 若事件 A 与 B 相容，那么 $\bar{A}$ 与 $\bar{B}$ 也相容

(C) 若事件 A 与 B 互不相容，且概率都大于 0，则 A 与 B 也相互独立

(D) 若事件 A 与 B 相互独立，那么 $\bar{A}$ 与 $\bar{B}$ 也相互独立

7. 设随机变量 X 的概率密度为 $f(x) = c\mathrm{e}^{-|x|}$，则 $c = $(　　).

(A) $-\frac{1}{2}$　　(B)0　　(C) $\frac{1}{2}$　　(D)1

8. 掷一颗骰子 600 次，求“一点”出现次数的均值为(　　).

(A)50　　(B)100　　(C)120　　(D)150

9. X 的分布律为 $P\{X = 0\} = 0.2$，$P\{X = 2\} = 0.6$，$P\{X = 3\} = 0.2$，X 的分布函数为 $F(x)$，则 $F(4)$ 和 $F(1)$ 的值分别为(　　).

(A)0 和 1.5　　(B) 0.3 和 0　　(C) 0.8 和 0.3　　(D) 1 和 0.2

10. 设 $X \sim N(2, 3^2)$，X 的分布函数为 $F(x)$，则 $F(2) = $(　　).

(A) 1　　(B) 2　　(C) 0.3　　(D) 0.5

三、判断题

1. 概率为 0 的事件是不可能事件，概率为 1 的事件是必然事件.　　(　　)

2. 两互逆事件必为互斥的事件.　　(　　)

3. 若 $P(AB) = P(A)P(B)$，则 $P(\bar{A}\bar{B}) = P(\bar{A})P(\bar{B})$.　　(　　)

4. 若 $A \subset B$，则 $P(A - B) = 0$.　　(　　)

5. 随机变量 ξ 的方差 $D(\xi) = E(\xi^2) - [E(\xi)]^2$.　　(　　)

四、计算题

1. 现 10 把钥匙中，有 3 把能打开门，今任意取 2 把. 试求能打开门的概率.

2. 一批产品共有 100 件，其中 90 件是合格品，10 件是次品，从这批产品中任取 3 件. 试求其中有次品的概率.

3. 某批产品中，甲、乙、丙三厂生产的产品分别占45%，35%，20%，各厂产品的次品率分别为4%，2%，5%，现从中任取一件. 试求:(1) 取到的产品是次品的概率；(2) 若取到的产品为次品，该产品是甲厂生产的概率.

4. 设随机变量 X 的分布列为

X	0	1	2	3	4	5
P_k	$\frac{1}{12}$	$\frac{1}{6}$	$\frac{1}{3}$	$\frac{1}{12}$	$\frac{2}{9}$	$\frac{1}{9}$

试求:(1) 随机变量 $Y=(X-2)^2$ 的分布列；

(2)$P\{0<x\leqslant 3\}$.

5. 已知随机变量 X 的概率密度函数

$$p(x)=Ae^{-|x|},\quad -\infty<x<+\infty.$$

试求:(1) 常数 A；

(2)$P\{0<x<1\}$；

(3)X 的分布函数.

6. 设 X 的概率密度为 $f(x)=\frac{1}{\sqrt{\pi}}e^{-x^2}$. 试求 $E(X)$ 和 $D(X)$.

7. 设随机变量 X_1，X_2，X_3 相互独立，其中 X_1 在$[0, 6]$上服从均匀分布，X_2 服从正态分布 $N(0, 2^2)$，X_3 服从参数为 $\lambda=3$ 的泊松分布，记 $Y=X_1-2X_2+3X_3$. 试求 $E(Y)$ 和 $D(Y)$.

8. 盒中有7个球，其中4个白球，3个黑球，从中任抽3个球. 试求抽到白球数 X 的数学期望 $E(X)$ 和方差 $D(X)$.

第二章　数理统计初步

学习要求：

一、了解总体、样本、统计量的概念，掌握常用分布临界值的意义及求法；

二、知道参数估计的概念，掌握矩估计法，了解评价点估计量的两个标准；

三、了解区间估计的基本思想及置信区间、置信度等概念，掌握正态总体均值和方差的置信区间；

四、了解假设检验的基本思想，了解 U 检验法、t 检验法、χ^2 检验法和 F 检验法.

数理统计是研究怎样利用试验或观察到的具有随机现象的数据资料，由随机数据的概率分布或某些特征(如数字特征)对所研究的随机变量做出推断的学科. 数理统计的内容很丰富，本章的主要内容大致分两个方面：估计理论和统计假设检验.

§2－1　基本概念

先学习数理统计中总体、个体、样本、统计量与抽样分布等基本概念，为进一步学习数理统计打下基础.

一、总体、个体与样本

在数理统计中，通常把研究对象的全体称为**总体**，把总体中的每一个对象称为**个体**. 例如，要研究某厂年生产灯泡的寿命，该批灯泡的寿命的全体就是总体，而每个灯泡的寿命即为个体，它是一个实数. 又如，在研究某市中学生身高与体重时，该市中学生身高与体重的全体就是总体，而每个学生的身高与体重即为个体. 应该注意到，灯泡的寿命、中学生的体重与身高一般是随个体而变化的，它是一个随机变量，那么该厂年产灯泡的寿命或某中学生身高与体重这一总体，就是该随机变量取值的全体，并且在总体中各种寿命或各种身高与体重的分布就对应着该随机变量的分布. 由此看来，一个总体和一个随机变量相互对应. 当总体对应于一维随机变量时，我们称该总体是一维的，否则称是多维的. 例如，某厂生产灯泡的寿命为一维随机总体，而某市中学生身高与体重为二维随机总体. 本章重点讨论一维总体的情况，若无特别声明，所述总体都是指一维随机变量. 就随机变量的类型，总体分为连续型和离散型，如每小时电话呼唤次数、车站的候车人数等为离散型总体；某厂生产灯泡的寿命、某市中学生身高或体重等为连续型总体.

要将一个总体 ξ 的性质了解清楚，最理想的是对每个个体逐个进行观测，但实际上这样做往往是不现实的. 原因有两点：一是要观测得到全部个体的信息，需耗费大量的人力、物力、财力及时间；二是有些实际问题则根本办不到，如破坏性试验. 因此在数理统计中，我们总是从总体中抽取一部分个体，然后对这些个体进行观测或测试某一指标的数值，并以取得的数据信息来推断总体的性质. 这种从总体中抽取部分个体进行观测或测试的过程称为**抽样**.

假定从总体 ξ 中抽取了 n 个个体 $\xi_1,\xi_2,\cdots,\xi_n$. 由于抽取是随机的，抽取之前并不知道这 n 个个体究竟是什么，因此 $\xi_1,\xi_2,\cdots,\xi_n$ 是随机变量. 我们称 $(\xi_1,\xi_2,\cdots,\xi_n)$ 为总体 ξ 的一个**样本**，样本中个体的数目 n 称为**样本容量**. 当一次抽样完成后，我们得到 n 个具体的数据 $(x_1,x_2,\cdots,x_n)$，称为样本 $(\xi_1,\xi_2,\cdots,\xi_n)$ 的一个**样本值**(或**试验值**). 注意：样本值实际上是多维随机变量 $(\xi_1,\xi_2,\cdots,\xi_n)$ 的一个取值. 我们把样本 $(\xi_1,\xi_2,\cdots,\xi_n)$ 的所有可能取值的全体称为**样本空间**，这样一个样本值 $(x_1,x_2,\cdots,x_n)$ 就是样本空间中的一个点.

实际上，从总体中抽取样本可以有各种不同的方法. 为了使抽到的样本能够对总体做出较为可靠的推断，就希望样本能很好地代表总体，这就需要对抽样方法提出一些要求. 要求的方式有很多，但是为了数学处理上比较方便，实际抽样中也比较容易办到，若抽样样本满足下列两个条件：

(1) 代表性：$(\xi_1,\xi_2,\cdots,\xi_n)$ 和总体 ξ 具有相同的分布函数 $F(x)$，

(2) 独立性：$(\xi_1,\xi_2,\cdots,\xi_n)$ 相互独立，

则称为**简单随机样本**. 本章只对简单随机样本进行讨论，若无特别声明，所说的样本都是指简单随机样本. 简言之，样本 $(\xi_1,\xi_2,\cdots,\xi_n)$ 是 n 个独立与总体 ξ 同分布的随机变量，而样本值 $(x_1,x_2,\cdots,x_n)$ 是样本 $(\xi_1,\xi_2,\cdots,\xi_n)$ 一组具体的试验(或观察)值.

简单随机样本的分布完全由总体分布所决定.

1. 样本的联合分布列

假设离散型总体 ξ 的分布列为

$$R.V.\xi \sim P\{\xi = x_i\} = p_i, \quad i = 1,2,3\cdots.$$

样本 $(\xi_1,\xi_2,\cdots,\xi_n)$ 是总体 ξ 的简单随机样本，在独立同分布的条件下，样本 $(\xi_1,\xi_2,\cdots,\xi_n)$ 的联合分布列为

$$P\{\xi_1 = x_1,\xi_2 = x_2,\cdots,\xi_n = x_n\} = \prod_{i=1}^{n} P\{\xi_i = x_i\}.$$

例 1 设电话交换台一小时内的呼唤次数为总体 ξ，服从泊松分布 $P(\lambda)$. 试求来自这一总体的简单随机样本 $(\xi_1,\xi_2,\cdots,\xi_n)$ 的分布.

解 电话交换台一小时内的呼唤次数为总体 ξ 的分布列为

$$R.V.\xi \sim P\{\xi = x_i\} = \frac{\lambda^{x_i}}{x_i!}\mathrm{e}^{-\lambda}, \quad i = 1,2,3\cdots,$$

样本$(\xi_1,\xi_2,\cdots,\xi_n)$的分布为

$$P\{\xi_1=x_1,\xi_2=x_2,\cdots,\xi_n=x_n\}=\prod_{i=1}^{n}P\{\xi_i=x_i\}$$

$$=\prod_{i=1}^{n}\frac{\lambda^{x_i}}{x_i!}\mathrm{e}^{-\lambda}=\frac{\lambda^{\sum\limits_{i=1}^{n}x_i}}{x_1!x_2!\cdots x_n!}\mathrm{e}^{-n\lambda}.$$

2. 样本的联合分布密度

对于连续型总体ξ，其分布密度为$R.V.\ \xi\sim f(x)$，则总体ξ的简单随机样本$(\xi_1,\xi_2,\cdots,\xi_n)$的联合分布密度为

$$f\{x_1,x_2,\cdots,x_n\}=\prod_{i=1}^{n}f(x_i).$$

例 2　设某种电灯泡的寿命ξ服从指数分布$E(\lambda)$. 试求来自这一总体的简单随机样本$(\xi_1,\xi_2,\cdots,\xi_n)$的联合分布密度.

解　电灯泡的寿命$\xi\sim f(x)=\begin{cases}\lambda\mathrm{e}^{-\lambda x}, & x>0;\\ 0, & x\leqslant 0.\end{cases}$在独立同分布的条件下，样本$(\xi_1,\xi_2,\cdots,\xi_n)$的分布密度为

$$f\{x_1,x_2,\cdots,x_n\}=\prod_{i=1}^{n}f(x_i)=\begin{cases}\lambda^n\mathrm{e}^{-\lambda\sum\limits_{i=1}^{n}x_i}, & x_i>0\ (i=1,2,\cdots,n);\\ 0, & \text{其他}.\end{cases}$$

总之，若总体ξ具有分布函数$F(x)$或密度函数$f(x)$，则总体ξ的简单随机样本$(\xi_1,\xi_2,\cdots,\xi_n)$就具有分布函数$\prod\limits_{i=1}^{n}F(x_i)$或密度函数$\prod\limits_{i=1}^{n}f(x_i)$.

二、统计量

样本$(\xi_1,\xi_2,\cdots,\xi_n)$是进行总体$\xi$性质特征的估计和统计推断的依据，但在实际应用时，往往不是直接使用样本本身，而是针对不同的问题构造关于样本的适当的函数，利用这些函数进行统计推断.

定义 1　设$(\xi_1,\xi_2,\cdots,\xi_n)$为总体$\xi$的一个样本，关于样本的函数$f(\xi_1,\xi_2,\cdots,\xi_n)$，且不含任何未知参数，则称$f(\xi_1,\xi_2,\cdots,\xi_n)$为**统计量**.

例如，$f(\xi_1,\xi_2,\cdots,\xi_n)=\frac{1}{n}(\xi_1+\xi_2+\cdots+\xi_n)$是一个统计量. 若$\xi\sim N(\mu,\sigma^2)$，其中$\mu$已知，$\sigma^2$未知，则$\sum\limits_{i=1}^{n}(\xi_i-\mu)^2$与$2\xi_1$都是统计量，而$\sum\limits_{i=1}^{n}\left(\frac{\xi_i}{\sigma}\right)^2$不是统计量.

三、样本与样本值的数字特征

样本来自总体，具有代表性和独立性的特点，在一定程度上可以作为总体的代表. 数理统计研究的最终目的是从样本信息出发，去了解总体的特性. 我们一般将总体ξ的

数字特征记为：总体数学期望$E(\xi)=\mu$，总体方差$D(\xi)=\sigma^2$，总体均方差$\sqrt{D(\xi)}=\sigma$. 理论上这些数字特征都是常数，但要找出这些常数却不是件容易的事情.

设$(\xi_1,\xi_2,\cdots,\xi_n)$为总体$\xi$的样本，$(x_1,x_2,\cdots,x_n)$是样本的观测值，则样本的数字特征定义为：

样本 k 阶原点矩： $$A_k=\frac{1}{n}\sum_{i=1}^{n}\xi_i^k \quad (k\in\mathbf{N});$$

样本值的 k 阶原点矩： $$a_k=\frac{1}{n}\sum_{i=1}^{n}x_i^k \quad (k\in\mathbf{N}).$$

样本 k 阶中心矩： $$B_k=\frac{1}{n}\sum_{i=1}^{n}(\xi_i-\bar{\xi})^k \quad (k\in\mathbf{N});$$

样本值的 k 阶中心矩： $$b_k=\frac{1}{n}\sum_{i=1}^{n}(x_i-\bar{x})^k \quad (k\in\mathbf{N}).$$

样本均值： $$\bar{\xi}=\frac{1}{n}\sum_{i=1}^{n}\xi_i;$$

样本值的均值： $$\bar{x}=\frac{1}{n}\sum_{i=1}^{n}x_i.$$

样本均值即为样本一阶原点矩，表示样本的集中位置或平均水平. 样本值的均值$\bar{x}$为样本的一次试验或观察值的样本均值的函数值.

样本方差： $$S^2=\frac{1}{n}\sum_{i=1}^{n}(\xi_i-\bar{\xi})^2;$$

样本值的方差： $$s^2=\frac{1}{n}\sum_{i=1}^{n}(x_i-\bar{x})^2.$$

样本修正方差： $$S^{*2}=\frac{1}{n-1}\sum_{i=1}^{n}(\xi_i-\bar{\xi})^2;$$

样本值的修正方差： $$s^{*2}=\frac{1}{n-1}\sum_{i=1}^{n}(x_i-\bar{x})^2.$$

样本标准差： $$S=\sqrt{S^2}=\sqrt{\frac{1}{n}\sum_{i=1}^{n}(\xi_i-\bar{\xi})^2};$$

样本值的标准差： $$s=\sqrt{\frac{1}{n}\sum_{i=1}^{n}(x_i-\bar{x})^2}.$$

样本方差S^2即为样本二阶中心矩. 样本方差S^2和样本修正方差S^{*2}都表示样本对于其均值$\bar{\xi}$的偏离程度.

值得注意的是，样本的数字特征都是统计量，即样本$(\xi_1,\xi_2,\cdots,\xi_n)$的函数，而样本值的数字特征就是这些样本函数的一个函数值，即一次试验(或观察)值所对应的函数值. 我们知道总体的数字特征都是由分布确定的常数，而样本的数字特征都是随机变量，但由于样本来自总体，是与总体同分布的独立的随机变量，因而样本的数字特征与总体的数字特征必然存在联系. 下面定理给出总体数字特征与其样本数字特征间的关系.

定理1 设$(\xi_1,\xi_2,\cdots,\xi_n)$是来自总体$\xi$的样本，而总体$\xi$的均值为$E(\xi)=\mu$，总体方差$D(\xi)=\sigma^2$；样本均值为$\bar{\xi}$，样本方差为$S^2$和样本修正方差为$S^{*2}$，则样本的数字特征与总体的数字特征有以下联系：

(1)$E(\bar{\xi})=\mu$；　　(2)$D(\bar{\xi})=\dfrac{\sigma^2}{n}$；

(3)$E(S^2)=\dfrac{n-1}{n}\sigma^2$；　　(4)$E(S^{*2})=\sigma^2$.

定理1的证明从略. 此定理说明可以用样本均值的数学期望作为总体均值的估计值，用样本修正方差作为总体方差的估计值的理论依据.

习题 §2－1

1. 什么叫总体?什么叫个体?什么叫样本?简述总体、个体和样本的共性与关系.

2. 简述$(\xi_1,\xi_2,\cdots,\xi_n)$成为总体$\xi$的简单随机样本应满足的条件. 统计量作为样本函数应满足的条件是什么?

3. 某农户为了估计玉米的行产量，在他所种玉米地随机抽出8行，测得其每行的产量(单位：g)为

300　310　298　290　302　305　311　290

试求样本均值、样本值的均值、样本方差、样本值的方差.

4. 下表是100个学生身高测量情况(单位：cm)：

身高	154～158	158～162	162～166	166～170	170～174	174～178	178～182
学生数	10	14	26	28	12	8	2

试作出身高和学生数的直方图. 若各组以其中值作为样本中的数值，近似计算样本均值、样本方差和样本修正方差.

5. 设总体$\xi\sim P(\lambda)$. 试求总体ξ的样本$(\xi_1,\xi_2,\cdots,\xi_n)$的联合分布列.

§2－2　正态总体的抽样分布

利用统计量对总体的某种性质进行推断时，一般要借助于统计量的分布，这样，计算统计量的分布在数理统计中就显得比较重要，通常称统计量的分布为**抽样分布**. 这些统计量为以后的参数估计和假设检验提供了有力的支撑. 在实际中抽样达到一定样本容量，观察到的随机数据都可视为正态总体的样本观察值，使正态分布成为应用最广的分布之一.

一、正态分布

下面集中罗列出正态分布的定义、数字特征及主要性质.

1. 正态分布的密度函数

$$f(x)=\frac{1}{\sqrt{2\pi}\sigma}e^{\frac{(x-\mu)^2}{2\sigma^2}},\quad -\infty<x<+\infty.$$

2. 正态分布的数字特征

$$E(\xi)=\mu,\quad D(\xi)=\sigma^2.$$

3. 正态分布的标准化

若
$$\xi\sim N(\mu,\sigma^2),$$
则
$$\eta=\frac{\xi-\mu}{\sigma}\sim N(0,1).$$

4. 正态分布的性质

由数学期望和方差的性质不难证明以下正态分布的性质.

性质 1 正态分布的线性不变性.

若 $\xi\sim N(\mu,\sigma^2)$，对任何实数 a，b,有

$$\eta=a\xi+b\sim N(a\mu+b,a^2\sigma^2).$$

性质 2 正态分布的可加性.

若 $\xi_1\sim N(\mu_1,\sigma_1^2)$，$\xi_2\sim N(\mu_2,\sigma_2^2)$，且 ξ_1，ξ_2 相互独立，则有

$$\xi_1+\xi_2\sim N(\mu_1+\mu_2,\sigma_1^2+\sigma_2^2).$$

由性质 1、2，正态分布有更一般的线性组合性质：设 $\xi_i\sim N(\mu_i,\sigma_i^2)(i=1,2,\cdots,n)$，且相互独立，$a_1,a_2,\cdots,a_n$ 是 n 个常数，则

$$\sum_{i=1}^n a_i\xi_i\sim N\left(\sum_{i=1}^n a_i\mu_i,\ \sum_{i=1}^n a_i^2\sigma_i^2\right).$$

5. 正态分布的中心极限定理

由正态分布的标准化和性质，我们得出正态分布的中心极限定理.

定理 1(中心极限定理) 设 $\xi_1,\xi_2,\cdots,\xi_n$ 是相互独立同分布的 n 个随机变量，有数字特征 $E(\xi_i)=\mu$，$D(\xi_i)=\sigma^2$，$i=1,2,\cdots,n$，则 n 充分大时，近似地有

$$\sum_{i=1}^n\xi_i\sim N(n\mu,n\sigma^2)\quad 或\quad \frac{1}{n}\sum_{i=1}^n\xi_i\sim N(\mu,\sigma^2).$$

即
$$\bar{\xi}\sim N(\mu,\sigma^2).$$

由正态分布标准化，也有

$$\frac{\sum_{i=1}^n\xi_i-n\mu}{\sqrt{n}\sigma}\sim N(0,1)\quad 或\quad \frac{\bar{\xi}-\mu}{\sqrt{\sigma^2/n}}\sim N(0,1).$$

此定理说明,大量的随机抽样的结果均近似地表现为正态分布，即“中间高两边低”

的正常状态. 另外，定理的条件也可描述为 $\xi_1,\xi_2,\cdots,\xi_n$ 是来自数学期望为 μ、方差为 σ^2 的某总体 ξ 的简单随机样本. 定理的结论意味着当样本容量 n 充分大时，任何总体的样本均值服从正态分布，这就是大样本统计方法的理论基础.

二、正态总体的抽样分布

下面介绍几个常用的来自于正态总体的样本统计量及其分布.

1. U 分布

设总体 $\xi\sim N(\mu,\sigma^2)$，$(\xi_1,\xi_2,\cdots,\xi_n)$ 是来自于总体 ξ 的简单随机样本，$\bar{\xi}$ 为样本均值，则称

$$U=\frac{\bar{\xi}-\mu}{\sqrt{\sigma^2/n}}$$

为 U 统计量.

由定理 1 知，
$$U=\frac{\bar{\xi}-\mu}{\sqrt{\sigma^2/n}}\sim N(0,1).$$

U 分布的密度函数为 $f_u(x)=\frac{1}{\sqrt{2\pi}}\mathrm{e}^{-\frac{1}{2}x^2}$，$-\infty<x<+\infty$. $f_u(x)$ 的曲线图如 2－1 所示.

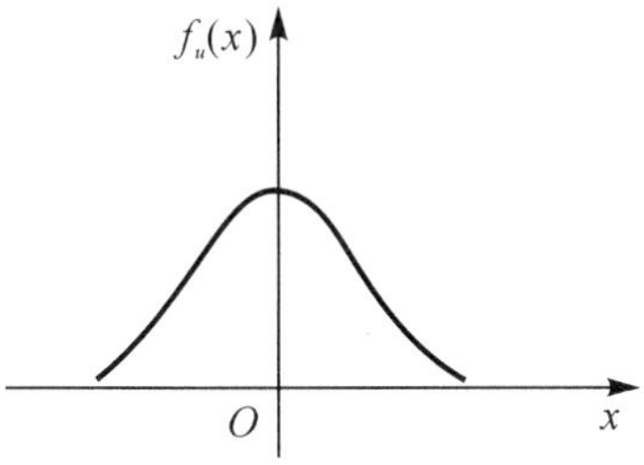

图 2－1

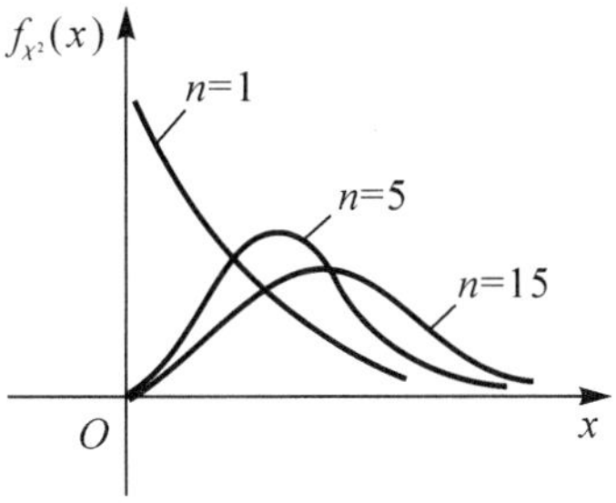

图 2－2

2. χ^2 分布

设 $\xi_1,\xi_2,\cdots,\xi_n$ 相互独立，并且都服从 $N(0,1)$ 分布，则称

$$\chi^2=\xi_1^2+\xi_2^2+\cdots+\xi_n^2$$

服从自由度为 n 的 χ^2 分布，记为 $\chi^2\sim\chi^2(n)$.

χ^2 分布的密度函数为

$$f_{\chi^2}(x)=\begin{cases}\dfrac{1}{2^{\frac{n}{2}}\Gamma(\frac{n}{2})}x^{\frac{n}{2}-1}\mathrm{e}^{-\frac{1}{2}x}, & x>0;\\ 0, & x\leqslant 0.\end{cases}$$

其中 $\Gamma(\frac{n}{2})$ 是 Γ 函数 $\Gamma(x)=\int_0^{+\infty}t^{x-1}\mathrm{e}^{-t}\,\mathrm{d}t$ 在 $x=\frac{n}{2}$ 的值.

注意到，当 $n=1$ 时，$\chi^2=\xi_1^2$，且 $\xi_1\sim N(0,1)$. 此时，按定义，$\chi^2\sim\chi^2(1)$.

$\chi^2(1)$ 的概率密度函数为

$$f_{\chi^2}(x)=\begin{cases}\dfrac{1}{\sqrt{2\pi x}}e^{-\frac{1}{2}x}, & x>0;\\ 0, & x\leqslant 0.\end{cases}$$

可以证明：$\Gamma(\frac{1}{2})=\sqrt{\pi}$.

不同自由度的 χ^2 分布的密度函数 $f_{\chi^2}(x)$ 的曲线如图 2－2 所示.

3. t 分布

设 ξ 与 η 相互独立，且 $\xi\sim N(0,1)$，$\eta\sim\chi^2(n)$，则称

$$T=\frac{\xi}{\sqrt{\eta/n}}$$

服从自由度为 n 的 t 分布，记为 $T\sim t(n)$.

t 分布的密度函数为

$$f_T(x)=\frac{\Gamma(\frac{n+1}{2})}{\sqrt{n\pi}\Gamma(\frac{n}{2})}(1+\frac{x^2}{n})^{-\frac{n+1}{2}},\quad -\infty<x<\infty.$$

其不同自由度的 t 分布的密度函数曲线如图 2－3 所示. 从图中可以看出密度曲线关于 $x=0$ 对称，当 n 充分大时，t 分布近似于 $N(0,1)$ 分布.

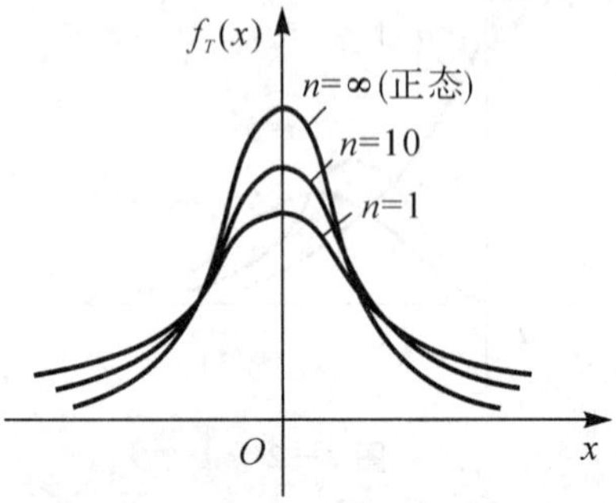

图 2－3

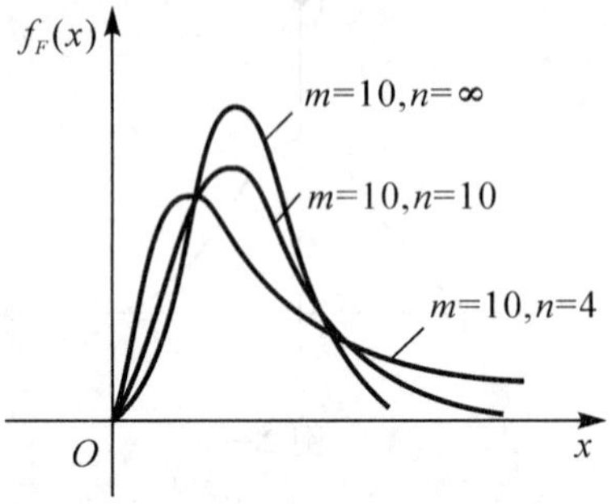

图 2－4

4. F 分布

设 ξ 与 η 相互独立，且 $\xi\sim\chi^2(m)$，$\eta\sim\chi^2(n)$，则称

$$F=\frac{\xi/m}{\eta/n}$$

服从第一自由度为 m、第二自由度为 n 的 F 分布，记为 $F\sim F(m,n)$.

F 分布的密度函数为

$$f_F(x)=\begin{cases}\dfrac{\Gamma(\frac{m+n}{2})}{\Gamma(\frac{m}{2})\Gamma(\frac{n}{2})}m^{\frac{m}{2}}n^{\frac{n}{2}}x^{\frac{m}{2}-1}(mx+n)^{-\frac{m+n}{2}}, & x>0;\\ 0, & x\leqslant 0.\end{cases}$$

其不同自由度的 F 分布的密度函数曲线如图 2－4 所示.

由定义易知，若 $F \sim F(m,n)$，则$\frac{1}{F} \sim F(n,m)$.

三、抽样分布的临界值

1. 抽样分布的临界概率的概念

对于事先给定的小概率α，通常称为**临界概率**. 在统计应用中，对于事先给定的小概率α有两种处理问题的方式，分别称为**双侧问题**和**单侧问题**.

(1) 双侧问题.

将临界概率α对半平分后，分别放在选定的随机变量η的分布密度函数曲线的左、右两侧，与临界概率α对应的实数λ_1,λ_2，使

$$P\{\eta \leqslant \lambda_1\} = P\{\eta \geqslant \lambda_2\} = \frac{\alpha}{2},$$

与上式等价的是
$$P\{\lambda_1 < \eta < \lambda_2\} = 1-\alpha.$$
称这类问题为双侧问题，其中λ_1,λ_2为两个临界值或分位数.

(2) 单侧问题.

若将小概率α放在选定的随机变量η的分布密度函数曲线的左侧或右侧，称这类问题为单侧问题. 其中，将α放在选定的随机变量η的分布密度函数曲线的左边，称为左侧问题；将α放在选定的随机变量η的分布密度函数曲线的右边，称为右侧问题. 与临界概率α对应的临界值只有一个，设左侧问题的临界值为λ_1，右侧问题的临界值为λ_2，其概率意义为：

若为左侧问题，有 $P\{\eta \leqslant \lambda_1\} = \alpha$，等价于 $P\{\eta > \lambda_1\} = 1-\alpha$；

若为右侧问题，有 $P\{\eta \geqslant \lambda_2\} = \alpha$，等价于 $P\{\eta < \lambda_2\} = 1-\alpha$.

2. 正态总体临界值的求法

在数理统计中，对参数进行估计或对实验数据进行分析时，常需要求出事先给出的小概率α在相应统计量所对应的临界值. 下面分别介绍常用正态总体的抽样分布的临界值求法.

1)U统计量的临界值.

设总体$\xi \sim N(\mu,\sigma^2)$，$(\xi_1,\xi_2,\cdots,\xi_n)$是来自于总体$\xi$的简单随机样本，则$U$统计量为

$$U = \frac{\bar{\xi}-\mu}{\sqrt{\sigma^2/n}} \sim N(0,1).$$

由附表 2“标准正态分布函数值表”知，

$$\Phi(x) = P\{U \leqslant x\} = \frac{1}{\sqrt{2\pi}}\int_{-\infty}^{x} e^{-t^2}\,dt.$$

若为右侧问题，即将临界概率α放在分布密度函数曲线的右侧，表明分布密度曲线阴影部分的面积是α，如图 2－5(a) 所示，记临界值λ_2为u_α，即$P\{U \geqslant u_\alpha\} = \alpha$，等价于$P\{U < u_\alpha\} = 1-\alpha$. 因此，对于事先给出的临界概率$\alpha$寻找临界值$u_\alpha$，以概率为$1-\alpha$

在“标准正态分布函数值表”中由内向外查找，即 $\lambda_2 = u_\alpha = u(1-\alpha)$.

若为左侧问题，由于正态分布密度曲线具有轴对称性，如图 2－5(b) 所示，因此，左侧问题的临界值 $\lambda_1 = -u_\alpha = -u(1-\alpha)$.

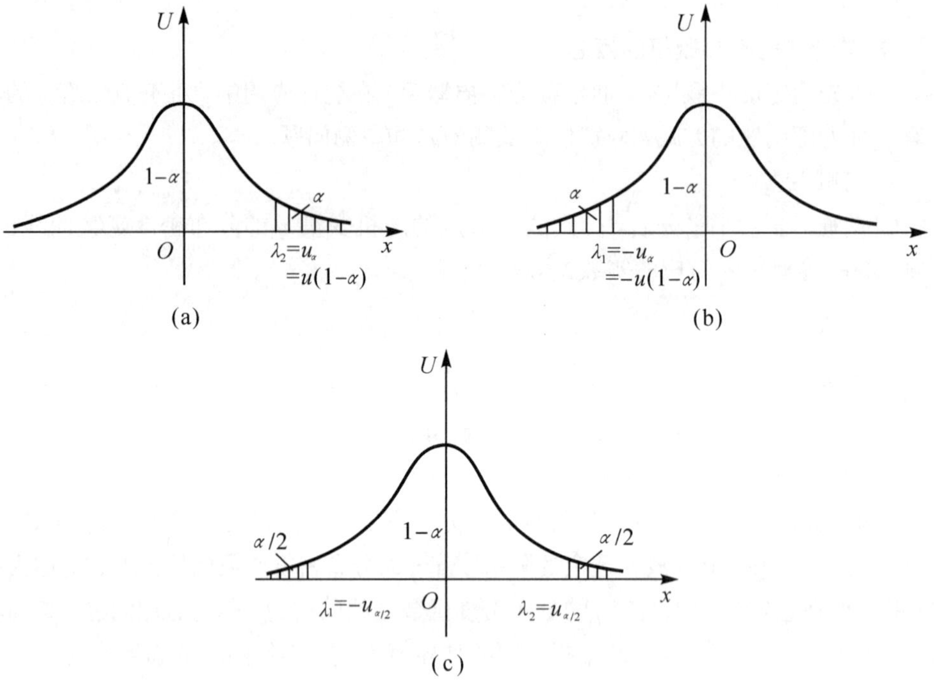

图 2－5

双侧问题临界值的求法类似. 对于临界概率 α，有

$$P\{U \leqslant -u_{\frac{\alpha}{2}}\} = P\{U \geqslant u_{\frac{\alpha}{2}}\} = \frac{\alpha}{2},$$

等价于

$$P\{|U| < u_{\frac{\alpha}{2}}\} = 1-\alpha.$$

即对于临界概率 α，U 统计量的双侧问题临界值为(如图 2－5(c) 所示)

$$\lambda_1 = -u_{\frac{\alpha}{2}} = -u(1-\frac{\alpha}{2}), \quad \lambda_2 = u_{\frac{\alpha}{2}} = u(1-\frac{\alpha}{2}).$$

例 1 对于事先给出的临界概率 $\alpha = 0.05$. 试求 U 统计量满足下列概率要求的临界值：

(1) 左、右临界值 $-u_\alpha, u_\alpha$，使 $P\{U \leqslant -u_\alpha\} = P\{U \geqslant u_\alpha\} = \alpha$；

(2) 左、右临界值 $-u_{\frac{\alpha}{2}}, u_{\frac{\alpha}{2}}$，使 $P\{-u_{\frac{\alpha}{2}} < U < u_{\frac{\alpha}{2}}\} = 1-\alpha$.

解 由“标准正态分布函数值表”知

(1)$u_\alpha = u(1-\alpha) = u(0.95) = 1.64$，即

$$P\{U \leqslant -1.64\} = P\{U \geqslant 1.64\} = 0.05.$$

(2)$u_{\frac{\alpha}{2}} = u(1-\frac{\alpha}{2}) = u(0.975) = 1.96$，即

$$P\{-1.96 < U < 1.96\} = 0.975.$$

等价于 $P\{U \leqslant -1.96\} = P\{U \geqslant 1.96\} = 0.025.$

2) χ^2 统计量的临界值.

"χ^2 分布临界值表"(见附表 3) 是由表达式

$$P\{\chi^2 \geqslant \lambda_2\} = \alpha$$

构成的,如图 2－6(a) 所示. 附表 3 的最上一行是临界概率 α，最左一列是自由度 n，将 λ_2 记为 $\chi^2(\alpha;n)$. 值得注意的是，记号 $\lambda_2 = \chi^2(\alpha;n)$ 表示 χ^2 的密度函数从 λ_2 到正无穷的面积为 α，即为右侧问题. 因此，若为左侧问题，将临界概率 α 放在密度函数曲线的右面，如图 2－6(b) 所示，所形成的临界值 $\lambda_1 = \chi^2(1-\alpha;n)$. 双侧问题有两个临界值，其查找法与单侧问题类似.

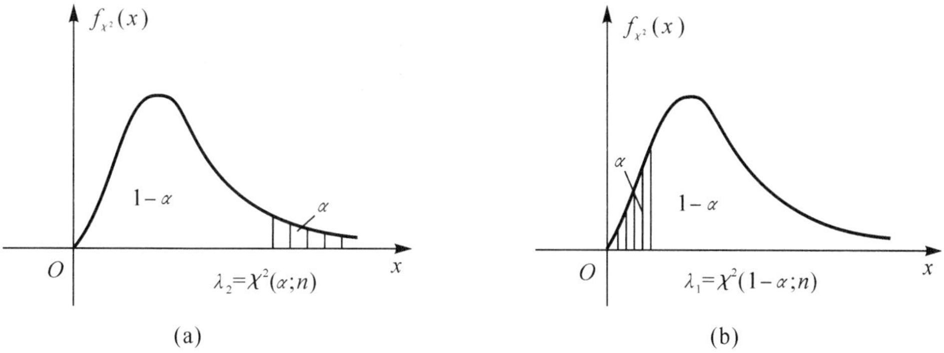

图 2－6

例 2　对于事先给定的临界概率 $\alpha = 0.01$，自由度 $n = 23$. 试求 χ^2 分布单侧、双侧问题的临界值，并指明其概率意义.

解　若为单侧问题中的左侧问题，则临界值

$$\lambda_1 = \chi^2(1-\alpha;n) = \chi^2(0.99;23) = 10.1957,$$

其概率意义为

$$P\{\chi^2 \leqslant 10.1957\} = 0.0100 \quad 或 \quad P\{\chi^2 > 10.1957\} = 0.9900.$$

若为单侧问题中的右侧问题，则临界值

$$\lambda_2 = \chi^2(\alpha;n) = \chi^2(0.01;23) = 41.6384,$$

其概率意义为

$$P\{\chi^2 \geqslant 41.6384\} = 0.0100 \quad 或 \quad P\{\chi^2 < 41.6384\} = 0.9900.$$

若为双侧问题中的左侧问题，则临界值

$$\lambda_1 = \chi^2(1-\alpha/2;n) = \chi^2(0.995;23) = 9.2604,$$
$$\lambda_2 = \chi^2(\alpha/2;n) = \chi^2(0.005;23) = 44.1813,$$

其概率意义为

$$P\{\chi^2 \leqslant 9.2604\} = P\{\chi^2 \geqslant 41.1813\} = 0.0050,$$

或 $$P\{9.2604 < \chi^2 < 44.1813\} = 0.9900.$$

3)t 统计量的临界值.

"t 分布临界值表"(见附表 4) 是按表达式

$$P\{T \geqslant \lambda_2\} = \alpha$$

构成的,如图 2－7(a) 所示. "t 分布临界值表" 的最上一行是临界概率 α,最左一列是自由度 n,将 λ_2 记为 $t(\alpha;n)$. 值得注意的是,记号 $\lambda_2 = t(\alpha;n)$ 表示 t 的密度函数从 λ_2 到正无穷的面积为 α,即为右侧问题. 因此,若为左侧问题,将临界概率 α 放在密度函数曲线的右面,如图 2－7(b) 所示. 由于 t 分布密度函数曲线的对称性,所形成的临界值 $\lambda_1 = -t(\alpha;n)$. 双侧问题有两个临界值,其查找法与单侧问题类似.

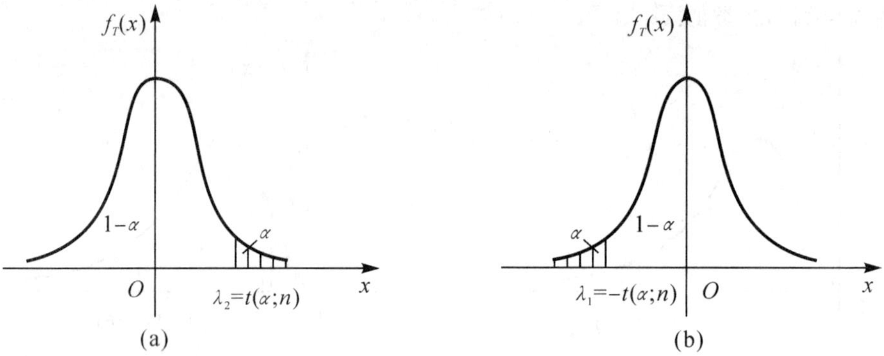

图 2－7

例 3 对于事先给定的小概率 $\alpha = 0.10$,自由度 $n = 21$. 试求在 t 分布下:

(1) 左、右侧临界值 λ_1,λ_2,使 $P\{T \leqslant \lambda_1\} = P\{T \geqslant \lambda_2\} = \alpha$;

(2) 双侧问题的临界值 λ_1,λ_2,使 $P\{T \leqslant \lambda_1\} = P\{T \geqslant \lambda_2\} = \dfrac{\alpha}{2}$.

解 (1)$\lambda_2 = t(\alpha;n) = t(0.10;21) = 1.3232$,故 $\lambda_1 = -1.3232$;

(2)$\lambda_2 = t(\frac{\alpha}{2};n) = t(0.05;21) = 1.7207$,故 $\lambda_1 = -1.7207$.

最后指出,t 分布自由度 n 越来越大时,t 分布的极限状态为标准正态分布. 因此,当 t 分布自由度 n 较大($n > 35$) 时,t 分布密度函数曲线与标准正态分布密度函数曲线极为相似,t 分布的临界值可由 U 分布的临界值近似替代.

例 4 对于事先给定的小概率 $\alpha = 0.10$,自由度 $n = 53$. 试求在 t 分布下:

(1) 左、右侧临界值 λ_1,λ_2,使 $P\{T \leqslant \lambda_1\} = P\{T \geqslant \lambda_2\} = \alpha$;

(2) 双侧问题的临界值 λ_1,λ_2,使 $P\{T \leqslant \lambda_1\} = P\{T \geqslant \lambda_2\} = \dfrac{\alpha}{2}$.

解 因 $n = 53$ 已超出附表 4 的范围,故 $n > 35$,用 U 分布近似替代.

(1) $$\lambda_2 = t(\alpha;n) = t(0.10;53) \approx u(1-\alpha) = u(0.90) = 1.28,$$

故 $$\lambda_1 = -1.28;$$

(2) $$\lambda_2 = t(\frac{\alpha}{2};n) = t(0.05;53) \approx u(1-\frac{\alpha}{2}) = u(0.95) = 1.645,$$

故 $$\lambda_1=-1.645.$$

4)F 统计量的临界值.

"F 分布临界值表"(见附表 5) 是按表达式

$$P\{F\geqslant\lambda_2\}=\alpha$$

构成的,如图 2－8(a) 所示，将 λ_2 记为 $F(\alpha;m,n)$. 如果为左侧问题，即要找寻满足 $P\{F\leqslant\lambda_1\}=\alpha$ 的 λ_1，则 F 分布的密度函数曲线 λ_1 左侧的面积为临界概率 α，如图 2－8(b) 所示，因而左临界值 $\lambda_1=F(1-\alpha;m,n)$.

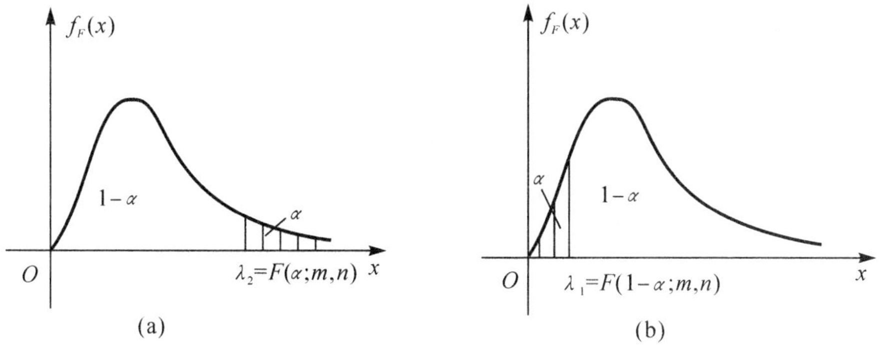

图 2－8

由于 F 分布有两个自由度，对于不同的临界概率无法用一张表列出. "F 分布临界值表" 中，本书选择临界概率分别为 0.10，0.05，0.025，0.01，0.005 的 5 张表构成. 表中的最上一行是第一自由度，最左一列是第二自由度.

由于附表 5 中没有列出与大概率 $1-\alpha$ 对应的临界值，为此不证明地引入转换公式

$$\lambda_1=F(1-\alpha;m,n)=\frac{1}{F(\alpha;n,m)}.$$

例 5　对于事先给定的临界概率 $\alpha=0.10$，自由度 $m=5,n=12$. 试求在 F 分布下：

(1) 左、右侧临界值 λ_1,λ_2，使 $P\{F\leqslant\lambda_1\}=P\{F\geqslant\lambda_2\}=\alpha$；

(2) 双侧问题的临界值 λ_1,λ_2，使 $P\{F\leqslant\lambda_1\}=P\{F\geqslant\lambda_2\}=\frac{\alpha}{2}$.

解　(1)$\lambda_2=F(\alpha;m,n)=F(0.10;5,12)=2.3940$,

$$\lambda_1=F(1-\alpha;m,n)=\frac{1}{F(\alpha;n,m)}=\frac{1}{F(0.10;12,5)}=\frac{1}{3.2682}=0.3060;$$

(2)$\lambda_2=F(\frac{\alpha}{2};m,n)=F(0.05;5,12)=3.1059$,

$$\lambda_1=F(1-\frac{\alpha}{2};m,n)=\frac{1}{F(\frac{\alpha}{2};n,m)}=\frac{1}{F(0.05;12,5)}=\frac{1}{4.6777}=0.2138.$$

相对给定的临界概率临界值 α，对于选定的统计量所服从的分布，就单侧和双侧的处理方式所得出的临界值，是为参数估计和假设检验做准备. 为了今后查阅方便，现将常用分布下各种临界值求法在表 2－1 中列出.

表 2－1　四类统计量分布与临界值查表方法

<table>
<tr><th>统计量名称</th><th>统计量的构成及服从的分布</th><th colspan="3">对于给定的临界概率 α，求临界值的查表法</th></tr>
<tr><td rowspan="3">U
统计量</td><td rowspan="3">$U=\dfrac{\bar{\xi}-\mu}{\sqrt{\sigma^2/n}}\sim N(0,1)$，
其中 $\bar{\xi}=\dfrac{1}{n}\sum\limits_{i=1}^{n}\xi_i$，
$\xi_i\sim N(\mu,\sigma^2)$，$i=1,2,\cdots,n$，
且 $\xi_1,\xi_2,\cdots,\xi_n$ 相互独立</td><td>双侧</td><td colspan="2">$P\{\vert U\vert\geqslant u_{\frac{\alpha}{2}}\}=\alpha$，
$\lambda_{1,2}=\pm u_{\frac{\alpha}{2}}=\pm u(1-\frac{\alpha}{2})$.</td></tr>
<tr><td rowspan="2">单侧</td><td>左侧</td><td>$P\{U\geqslant u_\alpha\}=\alpha$，
$\lambda_2=u_\alpha=u(1-\alpha)$.</td></tr>
<tr><td>右侧</td><td>$P\{U\leqslant -u_\alpha\}=\alpha$，
$\lambda_1=-u_\alpha=-u(1-\alpha)$.</td></tr>
<tr><td rowspan="3">χ^2
统计量</td><td rowspan="3">$\chi^2=\sum\limits_{i=1}^{n}\xi_i\sim\chi^2(n)$，
其中 $\xi_i\sim N(\mu,\sigma^2)$，$i=1,2,\cdots,n$，
且 $\xi_1,\xi_2,\cdots,\xi_n$ 相互独立</td><td>双侧</td><td colspan="2">$P\{\lambda_1<\chi^2<\lambda_2\}=1-\alpha$，
$\lambda_1=\chi^2(1-\frac{\alpha}{2};n)$，$\lambda_2=\chi^2(\frac{\alpha}{2};n)$.</td></tr>
<tr><td rowspan="2">单侧</td><td>左侧</td><td>$P\{\chi^2\geqslant\lambda_2\}=\alpha$，
$\lambda_2=\chi^2(\alpha;n)$.</td></tr>
<tr><td>右侧</td><td>$P\{\chi^2\leqslant\lambda_1\}=\alpha$，
$\lambda_1=\chi^2(1-\alpha;n)$.</td></tr>
<tr><td rowspan="3">t
统计量</td><td rowspan="3">$T=\dfrac{\xi}{\sqrt{\eta/n}}\sim t(n)$，
其中 $\xi\sim N(0,1)$，$\eta\sim\chi^2(n)$，
且 ξ 与 η 相互独立</td><td>双侧</td><td colspan="2">$P\{\vert T\vert\geqslant t_{\frac{\alpha}{2}}\}=\alpha$，
$\lambda_{1,2}=\pm t_{\frac{\alpha}{2}}=\pm t(\frac{\alpha}{2};n)$.</td></tr>
<tr><td rowspan="2">单侧</td><td>左侧</td><td>$P\{T\geqslant t_\alpha\}=\alpha$，
$\lambda_2=t_\alpha=t(\alpha;n)$.</td></tr>
<tr><td>右侧</td><td>$P\{T\leqslant t_\alpha\}=\alpha$，
$\lambda_2=-t_\alpha=-t(\alpha;n)$.</td></tr>
<tr><td rowspan="3">F
统计量</td><td rowspan="3">$F=\dfrac{\xi/m}{\eta/n}\sim F(m,n)$，
其中 $\xi\sim\chi^2(m)$，$\eta\sim\chi^2(n)$，
且 ξ 与 η 相互独立</td><td>双侧</td><td colspan="2">$P\{\lambda_1<F<\lambda_2\}=1-\alpha$，
$\lambda_1=F(1-\frac{\alpha}{2};m,n)=\dfrac{1}{F(\frac{\alpha}{2};n,m)}$，
$\lambda_2=F(\frac{\alpha}{2};m,n)$.</td></tr>
<tr><td rowspan="2">单侧</td><td>左侧</td><td>$P\{F\geqslant\lambda_2\}=\alpha$，
$\lambda_2=F(\alpha;m,n)$.</td></tr>
<tr><td>右侧</td><td>$P\{F\leqslant\lambda_1\}=\alpha$，
$\lambda_1=F(1-\alpha;m,n)=\dfrac{1}{F(\alpha;n,m)}$.</td></tr>
</table>

四、统计量的其他常用形式及分布

1. 单个正态总体下常用统计量形式及分布

设总体 $\xi\sim N(\mu,\sigma^2)$，$(\xi_1,\xi_2,\cdots,\xi_n)$ 是来自于总体 ξ 的简单随机样本，$\bar{\xi}$ 为**样本均值**，S^2 为**样本方差**，S^{*2} 为**样本修正方差**，则 χ^2 统计量的其他常用形式及分布有

$$\chi^2=\frac{(n-1)S^{*2}}{\sigma^2}=\frac{nS^2}{\sigma^2}=\frac{\sum\limits_{i=1}^{n}(\xi_i-\bar{\xi})^2}{\sigma^2}\sim\chi^2(n-1),$$

或
$$\chi^2=\sum_{i=1}^{n}\left(\frac{\xi_i-\mu}{\sigma}\right)^2\sim\chi^2(n).$$

t 统计量的其他常用形式及分布有
$$T=\frac{\bar{\xi}-\mu}{\sqrt{S^{*2}/n}}=\frac{\bar{\xi}-\mu}{\sqrt{S^2/(n-1)}}\sim t(n-1).$$

2. 两个正态总体下常用统计量形式及分布

设总体 $\xi\sim N(\mu_1,\sigma_1^2)$，$(\xi_1,\xi_2,\cdots,\xi_n)$ 是来自于总体 ξ 的简单随机样本，$\bar{\xi}$ 为$(\xi_1,\xi_2,\cdots,\xi_n)$ 样本均值，S_1^2 为$(\xi_1,\xi_2,\cdots,\xi_n)$ 样本方差，S_1^{*2} 为$(\xi_1,\xi_2,\cdots,\xi_n)$ 样本修正方差；总体 $\eta\sim N(\mu_2,\sigma_2^2)$，$(\eta_1,\eta_2,\cdots,\eta_n)$ 是来自于总体 η 的简单随机样本，$\bar{\eta}$ 为$(\eta_1,\eta_2,\cdots,\eta_n)$ 样本均值，S_2^2 为$(\eta_1,\eta_2,\cdots,\eta_n)$ 样本方差，S_2^{*2} 为$(\eta_1,\eta_2,\cdots,\eta_n)$ 样本修正方差. 易证
$$U=\frac{(\bar{\xi}-\bar{\eta})-(\mu_1-\mu_2)}{\sqrt{\sigma_1^2/n_1+\sigma_2^2/n_2}}\sim N(0,1).$$

此外，当两个正态总体 $\sigma_1^2=\sigma_2^2=\sigma^2$ 时，服从 t 分布和 F 分布的统计量有
$$T=\frac{(\bar{\xi}-\bar{\eta})-(\mu_1-\mu_2)}{\sqrt{\frac{(n_1-1)S_1^{*2}+(n_2-1)S_2^{*2}}{n_1+n_2-2}}\sqrt{\frac{1}{n_1}+\frac{1}{n_2}}}$$
$$=\frac{(\bar{\xi}-\bar{\eta})-(\mu_1-\mu_2)}{\sqrt{\frac{n_1S_1^2+n_2S_2^2}{n_1+n_2-2}}\sqrt{\frac{1}{n_1}+\frac{1}{n_2}}}\sim t(n_1+n_2-2);$$

$$F=\frac{S_1^{*2}}{S_2^{*2}}=\frac{\frac{n_1}{n_1-1}S_1^2}{\frac{n_2}{n_2-1}S_2^2}=\frac{\frac{1}{n_1-1}\sum_{i=1}^{n}(\xi_i-\bar{\xi})}{\frac{1}{n_2-1}\sum_{i=1}^{n}(\eta_i-\bar{\eta})}\sim F(n_1-1,n_2-1).$$

以上的统计量及服从的分布的证明十分繁琐，在此不加以证明，但在以后的学习中，会常用到这些统计量. 例如,在给定临界概率下，选择合适的统计量，利用相应的临界值去进行统计分析.

习题 §2－2

1. 对于给定的临界概率 α 及自由度 n 或 m，查附表求符合题意的相应临界值：

(1) 已知 $\alpha=0.05$，分别求 U 统计量的右侧、左侧或双侧临界值；

(2) 已知 $\alpha=0.01$，分别求自由度为 11 的 t 分布的右侧、左侧或双侧临界值；

(3) 已知 $\alpha=0.01$，分别求自由度为 51 的 t 分布的右侧、左侧或双侧临界值；

(4) 已知 $\alpha=0.10,n=23$，求满足 $P\{\lambda_1<\chi^2<\lambda_2\}=1-\alpha$ 的临界值 λ_1,λ_2；

(5) 已知 $\alpha=0.025,n=17$，求满足 $P\{\chi^2\geqslant\lambda_2\}=\alpha$ 的临界值 λ_2；

(6) 已知 $\alpha=0.25,n=17$，求满足 $P\{\chi^2\leqslant\lambda_1\}=\alpha$ 的临界值 λ_1；

(7) 已知 F 分布的第一自由度为 $m=8$，第二自由度为 $n=9$，且 $P\{\lambda_1<F<\lambda_2\}=$

0.90，求 λ_1,λ_2；

(8) 已知 F 分布的第一自由度为 $m=8$，第二自由度为 $n=9$，且 $P\{F<\lambda_2\}=0.95$，求 λ_2；

(9) 已知 F 分布的第一自由度为 $m=8$，第二自由度为 $n=9$，且 $P\{F>\lambda_1\}=0.05$，求 λ_1.

2. 求下列各题中的常数 k：

(1) 设 $\xi\sim\chi^2(24)$，$P(\xi>k)=0.10$；

(2) 设 $\xi\sim\chi^2(40)$，$P(\xi<k)=0.95$；

(3) 设 $\xi\sim t(6)$，$P(\xi>k)=0.05$；

(4) 设 $\xi\sim F(10,10)$，$P(\xi>k)=0.05$；

(5) 设 $\xi\sim t(10)$，$P(\xi>k)=0.95$.

3. 对于给定的临界概率 α 及自由度 m 或 n，查附表求符合题意的相应临界值：

(1) 已知 $\alpha=0.0838$，求 u_α 及 $u_{\frac{\alpha}{2}}$；

(2) 已知 $\alpha=0.01$，$n=51$，求 t_α 及 $t_{\frac{\alpha}{2}}$；

(3) 已知 $\alpha=0.01$，$n=23$，求 λ_2 及 λ_1，使 $P(\chi^2\geqslant\lambda_2)=\frac{\alpha}{2}$，$P(\chi^2\leqslant\lambda_1)=\frac{\alpha}{2}$；

(4) 已知 $\alpha=0.01$，$m=8$，$n=5$，求 λ_2 及 λ_1，使 $P(F\geqslant\lambda_2)=\frac{\alpha}{2}$，$P(F\leqslant\lambda_1)=\frac{\alpha}{2}$.

§2－3 参数估计

一、参数估计的概念

参数估计是统计推断的基本内容之一. 在人们经常遇到的问题中，随机变量(总体)分布的类型往往大致是知道的，如纺织厂细纱机上的断头次数可用泊松分布 $P(\lambda)$ 来描述，灯泡厂生产的灯泡寿命服从指数分布 $E(\lambda)$，某产品的误差服从正态分布 $N(\mu,\sigma^2)$ 等. 但是，其所服从分布确切的分布列或密度函数并不知道，即所服从分布中的参数是未知的. 数理统计的任务就是从所研究的随机变量(总体)中抽取样本，由样本构造适当的统计量，对总体中的未知参数作出符合预定要求的估计，称为**参数估计**. 依据估计形式的不同，参数估计分为点估计和区间估计. 所谓**点估计**，就是以样本函数的某一函数值作为总体中未知参数的估计值；所谓**区间估计**，就是通过构造的样本函数，将未知参数按不同的概率要求，确定在某一区间范围内.

二、点估计

假定总体 ξ 的分布函数为 $F(x,\theta)$ 或密度函数为 $f(x,\theta)$，其中 θ 是未知参数. 所谓参数的点估计，就是利用总体 ξ 的简单随机样本 $(\xi_1,\xi_2,\cdots,\xi_n)$，构造一个用来估计未知

参数的统计量 $g(\xi_1,\xi_2,\cdots,\xi_n)$，我们称 $g(\xi_1,\xi_2,\cdots,\xi_n)$ 为 θ 的估计量，而$(x_1,x_2,\cdots,x_n)$ 是样本的一次试验(或观察)值，我们称 $g(\xi_1,\xi_2,\cdots,\xi_n)$ 的样本值 $g(x_1,x_2,\cdots,x_n)$ 为 θ 估计值. 通常将 θ 的估计量 $g(\xi_1,\xi_2,\cdots,\xi_n)$ 记为 $\hat{\theta}(\xi_1,\xi_2,\cdots,\xi_n)$ 或简记为 $\hat{\theta}$.

若总体 ξ 的分布函数 $F(x;\theta_1,\theta_2,\cdots,\theta_k)$ 或密度函数 $f(x;\theta_1,\theta_2,\cdots,\theta_k)$ 含有 k 个未知参数 $\theta_1,\theta_2,\cdots,\theta_k$，那么 $\theta_1,\theta_2,\cdots,\theta_k$ 的点估计问题就是建立分别作为 $\theta_1,\theta_2,\cdots,\theta_k$ 的估计量的 k 个统计量 $\hat{\theta}_1(\xi_1,\xi_2,\cdots,\xi_n),\hat{\theta}_2(\xi_1,\xi_2,\cdots,\xi_n),\cdots,\hat{\theta}_k(\xi_1,\xi_2,\cdots,\xi_n)$.

点估计也称为定值估计，其方法包括矩估计法和最大似然估计法，本书只介绍应用研究最为广泛的矩估计法.

矩估计法的基本思路是用样本矩作为相应(同类、同阶) 总体矩的估计.

设$(\xi_1,\xi_2,\cdots,\xi_n)$ 是总体 ξ 的简单随机样本，总体的 k 阶原点矩为 μ_k 和 k 阶中心矩为 ν_k，则

$$\mu_k \approx \hat{\mu}_k = A_k = \frac{1}{n}\sum_{i=1}^{n}\xi_i^k \quad (k \in \mathbf{N});$$

$$\nu_k \approx \hat{\nu}_k = B_k = \frac{1}{n}\sum_{i=1}^{n}(\xi_i - \bar{\xi})^k \quad (k \in \mathbf{N}).$$

特别地，样本的一阶原点矩(样本均值)$\bar{\xi}$ 作为总体均值 μ 的估计，即

$$\mu \approx \hat{\mu} = \bar{\xi} = \frac{1}{n}\sum_{i=1}^{n}\xi_i;$$

样本的二阶中心矩(样本方差)S^2 作为总体方差 σ^2 的估计，即

$$\sigma^2 \approx \hat{\sigma}^2 = S^2 = \frac{1}{n}\sum_{i=1}^{n}(\xi_i - \bar{\xi})^2.$$

对于总体方差 σ^2 的估计，也常用样本修正方差 S^{*2} 作为它的估计，即

$$\sigma^2 \approx \hat{\sigma}^2 = S^{*2} = \frac{1}{n-1}\sum_{i=1}^{n}(\xi_i - \bar{\xi})^2.$$

矩估计法是由英国统计学家皮尔逊(Pearson) 于 1894 年提出的. 它简便易行，又具有某些良好的性质，因而这一古老方法至今一直被广泛应用.

例 1 设总体 ξ 服从泊松分布 $P(\lambda)$，即总体 ξ 有分布列

$$P\{\xi = m\} = \frac{\lambda^m}{m!}\mathrm{e}^{-\lambda}, \quad m = 0,1,2,\cdots,$$

其中 $\lambda > 0$ 为待估参数，$(\xi_1,\xi_2,\cdots,\xi_n)$ 为总体的样本. 试求 λ 的矩估计量.

解 由于泊松分布的均值 $\mu = E(\xi) = \lambda$，故有

$$\lambda \approx \hat{\lambda} = \hat{\mu} = \bar{\xi} = \frac{1}{n}\sum_{i=0}^{n}\xi_i.$$

另外，对于泊松分布，还有其方差为 $\sigma^2 = D(\xi) = \lambda$，故 λ 的矩估计量也可为

$$\lambda \approx \hat{\lambda} = \hat{\sigma}^2 = S^2 = \frac{1}{n}\sum_{i=0}^{n}(\xi_i - \bar{\xi})^2;$$

或

$$\lambda \approx \hat{\lambda} = \hat{\sigma}^2 = S^{*2} = \frac{1}{n-1}\sum_{i=0}^{n}(\xi_i - \bar{\xi})^2.$$

由此可见，同一参数的矩估计值不是唯一的. 显然用样本均值 $\bar{\xi}$ 作为 λ 的矩估计量比用样本方差 S^2 或样本修正方差 S^{*2} 计算简便得多，一般都用样本均值 $\bar{\xi}$ 作为泊松分布参数 λ 的矩估计量.

例 2 设总体 ξ 服从两点分布，即

$$\xi=\begin{cases}1, & 若 A 发生,\\ 0, & 若 A 不发生.\end{cases}$$

又设 $P(A)=p$，其中 $0<p<1$ 是未知参数. 试求 p 的矩估计量.

解 设 $(\xi_1,\xi_2,\cdots,\xi_n)$ 是从总体 ξ 中抽取的一个样本. 由于 $\mu=E(\xi)=p$，由矩估计法，易知参数 p 的矩估计量 $\hat{p}$ 为

$$\hat{p}=\bar{\xi}=\frac{1}{n}\sum_{i=1}^{n}\xi_i=\frac{\mu_n}{n}.$$

这里参数 p 的意义即为频率，其中 μ_n 是 n 次独立重复试验中事件 A 发生的次数，$\frac{\mu_n}{n}$ 是 n 次试验中 A 出现的频率，也说明频率可以作为概率 p 的矩估计.

例 3 设总体 ξ 服从 $[0,\theta]$ 上的均匀分布，θ 未知. 试求 θ 的矩估计量.

解 设 $(\xi_1,\xi_2,\cdots,\xi_n)$ 是从总体 ξ 中抽取的一个样本，总体的一阶原点矩为

$$\mu=E(\xi)=\int_0^\theta x\frac{1}{\theta}\mathrm{d}x=\frac{\theta}{2}.$$

按矩估计法
$$\hat{\mu}=\bar{\xi}=\frac{1}{n}\sum_{i=1}^{n}\xi_i,$$

因此
$$\hat{\mu}=\frac{1}{2}\hat{\theta}=\bar{\xi},\quad \hat{\theta}=2\bar{\xi}.$$

例 4 设总体 ξ 有分布密度函数

$$f(x)=\begin{cases}\theta x^{\theta-1}, & 0<x<1;\\ 0, & 其他.\end{cases}$$

其中 $\theta>0$ 为待估参数，(0.11，0.24，0.09，0.43，0.07，0.38) 是 $(\xi_1,\xi_2,\xi_3,\xi_4,\xi_5,\xi_6)$ 的一组样本值. 试求 θ 的矩估计量以及相应的矩估计值.

解 因为总体 ξ 的数学期望 $\mu=E(\xi)=\int_0^1 x\theta x^{\theta-1}\mathrm{d}x=\frac{\theta}{\theta+1}$，由矩估计量知

$$\hat{\mu}=\bar{\xi}=\frac{1}{n}\sum_{i=1}^{n}\xi_i,$$

故有
$$\frac{\hat{\theta}}{\hat{\theta}+1}=\bar{\xi}.$$

于是，从上式中解出 $\hat{\theta}$ 即为 θ 的矩估计量，即

$$\hat{\theta}=\frac{\bar{\xi}}{1-\bar{\xi}}.$$

由题设的样本值可得 $\bar{x}=\frac{1}{6}\sum_{i=1}^{6}x_i=0.22$，故 θ 的矩估计值为

$$\hat{\theta}=\frac{\bar{x}}{1-\bar{x}}=\frac{0.22}{1-0.22}=0.2821.$$

请读者思考例 4 中的参数 θ 是否可以利用分布密度的规范性来确定.

值得注意的是，在实际工作中，有时只需对某些数字特征进行估计，原则上也可使用矩估计法.

例 5　某百货公司准备在某地设置分店，为确定分店的规模和商品的种类，需要知道该地区住户家庭平均每人月收入情况. 为此，在该地区随机抽查了 10 户居民，得每户人均月收入(单位：元) 为

1150　800　970　1020　1100　950　1640　1330　1280　1400

试估计该地区每户人均月收入的均值和方差.

解　该地区每户人均月收入的均值估计值为

$$\begin{aligned}\hat{\mu}&=\bar{x}=\frac{1}{10}\sum_{i=1}^{10}x_i\\&=\frac{1}{10}(1150+800+970+1020+1100+950+1640+1330+1280+1400)\\&=1164(\text{元});\end{aligned}$$

该地区每户人均月收入的方差估计值为

$$\hat{\sigma}^2=s^2=\frac{1}{10}\sum_{i=0}^{10}(x_i-\bar{x})^2=62683.3;$$

或

$$\hat{\sigma}^2=s^{*2}=\frac{1}{10-1}\sum_{i=0}^{10}(x_i-\bar{x})^2=69648.1.$$

例 6　已知从一批电子元件中，抽取 200 个元件，检测元件无故障工作时间，记录数据经分组整理如下表：

数据 x_i(单位：小时)	10	20	30	40	50	60	70	80	$\sum$
频数 n_i	5	18	32	51	46	30	14	4	200

试求这批电子元件平均无故障工作时间及方差的估计值.

解　这批电子元件平均无故障工作时间的估计值为

$$\hat{\mu}=\bar{x}=\frac{1}{200}\sum_{i=1}^{8}x_in_i=44.05(\text{小时});$$

这批电子元件无故障工作时间方差的估计值为

$$\hat{\sigma}^2=s^2=\frac{1}{200}\sum_{i=0}^{8}(x_i-\bar{x})^2n_i=236.10;$$

或

$$\hat{\sigma}^2=s^{*2}=\frac{1}{200-1}\sum_{i=0}^{8}(x_i-\bar{x})^2n_i=237.28.$$

我们知道，样本方差 S^2 或样本修正方差 S^{*2} 都可作为总体 ξ 方差 $D(\xi)=\sigma^2$ 的估计量. 根据例 5、例 6，我们发现，当样本容量 n 较小时，用样本方差 S^2 或样本修正方差 S^{*2} 作为总体方差的估计量的差异较大；当样本容量 n 充分大时，$\dfrac{n-1}{n}$ 趋近于 1，S^2 与

S^{*2} 的差异就很小. 那么,什么样的统计量是更优、更好的估计量呢?

三、参数估计量优良性准则

从上面介绍的参数点估计量的方法,我们知道对某一总体的未知参数 θ,可以用不同的估计量 $\hat{\theta}$ 来估计它,对 θ 不同的估计量 $\hat{\theta}$,需要我们去评判它们的优劣. 一个好的估计量最基本的要求是具有无偏性和有效性.

1. 无偏性

θ 的估计量 $\hat{\theta}(\xi_1,\xi_2,\cdots,\xi_n)$ 是一随机变量,而总体分布中的未知参数是一个确定的常数,当我们用估计量估计未知参数的真值时,我们是在用随机变量去估计常量. 由于估计量的取值具有随机性,估计值未必就等于参数的真值. 为了得到比较理想的估计值,我们自然希望估计量的取值能以参数真值为中心,即希望估计量的数学期望等于参数的真值. 这就是所谓估计量的**无偏性**.

定义 1 设 $\hat{\theta}$ 为未知参数 θ 的一个估计量,若

$$E(\hat{\theta}) = \theta,$$

则称 $\hat{\theta}$ 为参数 θ 的无偏估计量.

无偏估计量的直观意义是样本估计量的数值在参数的真值的周围摆动,而无系统误差.

(1) 总体均值 $\mu = E(\xi)$ 的无偏估计.

定理 1 设$(\xi_1,\xi_2,\cdots,\xi_n)$是总体 ξ 的一个样本,则样本均值 $\bar{\xi}$ 是总体均值 μ 的无偏估计量,即

$$E(\bar{\xi}) = \mu.$$

证 由于$(\xi_1,\xi_2,\cdots,\xi_n)$是总体 ξ 的一个简单随机样本,有

$$E(\xi_i) = E(\xi) = \mu, \quad i = 1,2,\cdots,n.$$

因此 $$E(\bar{\xi}) = E\left(\frac{1}{n}\sum_{i=1}^{n}\xi_i\right) = \frac{1}{n}\sum_{i=1}^{n}E(\xi_i) = \frac{1}{n}nE(\xi) = \mu.$$

故 $\bar{\xi}$ 是 $E(\xi)$ 的无偏估计量.

(2) 总体方差 $\sigma^2 = D(\xi)$ 的无偏估计.

定理 2 设$(\xi_1,\xi_2,\cdots,\xi_n)$是总体 ξ 的一个样本,那么样本方差 S^2 是总体 ξ 方差的有偏估计量,而样本修正方差 S^{*2} 是总体方差的无偏估计量.

证 由于$(\xi_1,\xi_2,\cdots,\xi_n)$是总体 ξ 的一个简单随机样本,有

$$D(\xi_i) = D(\xi) = \sigma^2, \quad i = 1,2,\cdots,n.$$

又由于 $$S^2 = \frac{1}{n}\sum_{i=1}^{n}(\xi_i - \bar{\xi})^2 = \frac{1}{n}\sum_{i=1}^{n}\xi_i - (\bar{\xi})^2,$$

故 $$E(S^2) = \frac{1}{n}\sum_{i=1}^{n}E(\xi_i^2) - E\,(\bar{\xi})^2$$

$$=\frac{1}{n}\sum_{i=1}^{n}\{D(\xi_i)+[E(\xi_i)]^2\}-\{D(\bar{\xi})+[E(\bar{\xi})]^2\}$$

$$=\frac{1}{n}\sum_{i=1}^{n}\{D(\xi)+[E(\xi)]^2\}-\{\frac{1}{n}D(\xi)+[E(\xi)]^2\}$$

$$=\frac{n-1}{n}D(\xi)=\frac{n-1}{n}\sigma^2,$$

因此 S^2 不是 $D(\xi)$ 的无偏估计量. 而

$$S^{*2}=\frac{n}{n-1}S^2=\frac{1}{n-1}\sum_{i=1}^{n}(\xi_i-\bar{\xi})^2,$$

$$E(S^{*2})=E(\frac{n}{n-1}S^2)=\frac{n}{n-1}E(S^2)=\frac{n}{n-1}\times\frac{n-1}{n}\sigma^2=\sigma^2,$$

则样本修正方差 S^{*2} 是 $D(\xi)=\sigma^2$ 的无偏估计量.

2. 有效性

对总体的某一参数 θ 的无偏估计量往往不止一个，参数估计的无偏性仅反映了估计量在参数 θ 真值的附近波动，而没有反映出“集中”的程度. 因此，一个好的估计量不仅应该是待估计参数 θ 的无偏估计量，而且以取值更为密集在参数 θ 附近的估计量 $\hat{\theta}$ 为好，即估计量 $\hat{\theta}$ 的方差应该尽可能小，这就是所谓估计量的**有效性**.

定义 2　设 $\hat{\theta}_1,\hat{\theta}_2$ 是参数 θ 的两个无偏估计量，若对任意的样本容量 n 有方差

$$D(\hat{\theta}_1)<D(\hat{\theta}_2),$$

则称 $\hat{\theta}_1$ 较 $\hat{\theta}_2$ 有效.

有效性表明，这样的估计量除了无系统偏差外，还有较高的估计精度.

例 7　设总体 ξ 有数学期望 $E(\xi)=\mu$，方差 $D(\xi)=\sigma^2$. 试比较总体 ξ 的均值 μ 的两个估计量

$$\hat{\mu}_1=\bar{\xi}=\frac{1}{n}\sum_{i=1}^{n}\xi_i,\quad \hat{\mu}_2=\sum_{i=1}^{n}b_i\xi_i,$$

其中

$$\sum_{i=1}^{n}b_i=1$$

的无偏性和有效性.

解　由于 $\sum\limits_{i=1}^{n}b_i=1$，显然 $\hat{\mu}_1$ 与 $\hat{\mu}_2$ 均有 $E(\xi)=\mu$，所以 $\hat{\mu}_1$ 与 $\hat{\mu}_2$ 都是 μ 的无偏估计量.

同理，由于 $(\xi_1,\xi_2,\cdots,\xi_n)$ 是总体 ξ 的一个简单随机样本，则有

$$D(\xi_i)=D(\xi)=\sigma^2,\quad i=1,2,\cdots,n,$$

$$D(\hat{\mu}_1)=D(\bar{\xi})=\frac{1}{n^2}\sum_{i=1}^{n}D(\xi_i)=\frac{1}{n^2}nD(\xi)=\frac{D(\xi)}{n},$$

$$D(\hat{\mu}_2)=D(\sum_{i=1}^{n}b_i\xi_i)=\sum_{i=1}^{n}b_i^2D(\xi_i)=D(\xi)\sum_{i=1}^{n}b_i^2.$$

因为
$$\sum_{i=1}^{n} b_i = 1,$$
从而
$$\sum_{i=1}^{n} b_i^2 \geqslant \frac{1}{n}.$$
故
$$D(\hat{\mu}_2) \geqslant D(\hat{\mu}_1).$$
因此，$\hat{\mu}_1$ 较 $\hat{\mu}_2$ 有效.

从例7中知，$\hat{\mu}_1$ 是样本均值，也是样本的算术平均，$\hat{\mu}_2$ 是以 $b_1, b_2, \cdots, b_n$ 为权的加权平均，即概率平均. 由此可见，在总体均值 μ 的线性无偏估计量中，算术平均较加权平均更为有效.

四、区间估计

1. 区间估计的意义

用点估计法来估计总体参数，给出了参数 θ 的近似值明确的数量描述，但即使参数 θ 的估计量 $\hat{\theta}$ 是一个具有无偏性和有效性的估计量，也会由于样本的随机性，由一个样本值算出的估计量值不一定恰是所要估计的参数真值. 而且，因为点估计没有给出这种近似的精确程度和可信程度，使这种方法在实际应用中受到了很大的限制. 基于以上原因,我们提出了区间估计的概念.

区间估计仍从总体 ξ 的随机简单样本 $(\xi_1, \xi_2, \cdots, \xi_n)$ 出发，构造两个合适的样本函数 $\hat{\theta}_1(\xi_1, \xi_2, \cdots, \xi_n)$，$\hat{\theta}_2(\xi_1, \xi_2, \cdots, \xi_n)$，使得由此产生的随机区间 $(\hat{\theta}_1, \hat{\theta}_2)$ 能以足够大的概率 $1-\alpha$ 包含待估参数 θ.

定义 3 设 θ 是总体 ξ 分布的一个参数，$(\xi_1, \xi_2, \cdots, \xi_n)$ 是取自总体 ξ 的简单随机样本，$\alpha(0<\alpha<1)$ 为事先给定的小概率. 如果统计量 $\hat{\theta}_1(\xi_1, \xi_2, \cdots, \xi_n)$，$\hat{\theta}_2(\xi_1, \xi_2, \cdots, \xi_n)$ 满足
$$P(\hat{\theta}_1 < \theta < \hat{\theta}_2) = 1-\alpha,$$
则称随机区间 $(\hat{\theta}_1, \hat{\theta}_2)$ 为 θ 的置信区间，而小概率 α 称为信度，$1-\alpha$ 称为置信区间 $(\hat{\theta}_1, \hat{\theta}_2)$ 的置信水平(或置信度)，$\hat{\theta}_1$ 和 $\hat{\theta}_2$ 称为 θ 的置信限. 其中,$\hat{\theta}_1$ 称为置信下限，$\hat{\theta}_2$ 称为置信上限.

置信水平 $1-\alpha$ 在区间估计中的作用是说明区间 $(\hat{\theta}_1, \hat{\theta}_2)$ 包含 θ 的可靠程度. 其意义是：若在相同的样本容量下，反复抽样多次，每次取得一个样本值，确定一个区间 $(\hat{\theta}_1, \hat{\theta}_2)$，每个这样的区间或者包含 θ 的真值，或者不包含 θ 的真值. 从频率角度解释就是，在这样多的区间中，包含 θ 真值的约占 $100(1-\alpha)\%$，不包含 θ 真值的仅占 $100\alpha\%$. 例如，若 $\alpha=0.05$，重复抽样100次，则在得到的100个随机区间中包含 θ 真值的约占95个，不包含 θ 真值的仅占5个. 在实际应用时，α 取得都较小，如取0.01，0.05，0.1等. 一般来说,在样本容量一定的情况下，置信度给得不同，置信区间的长短就不同. 置信度越高，

置信区间就越长. 即对应于较大的 α 的置信区间较短，而较短置信区间表明这种估计有较高的精确程度和较低的可信程度；反之，在较小的 α 下，对应着较长的置信区间，从而这种估计的精确程度较低而可信程度较高.

下面我们仅讨论正态总体的均值和方差的区间估计问题.

2. 正态总体均值 μ 的置信区间

(1)σ^2 已知的情况.

我们知道 $\bar{\xi}$ 是均值 μ 的无偏估计，且包含未知参数 μ 的样本函数

$$U=\frac{\bar{\xi}-\mu}{\sqrt{\sigma^2/n}}\sim N(0,1),$$

因此，对于给定的置信水平 $1-\alpha$，查附表 2“标准正态分布表”确定临界值 $u_{\frac{\alpha}{2}}=u(1-\frac{\alpha}{2})$，有

$$P\{|U|<u_{\frac{\alpha}{2}}\}=1-\alpha.$$

图 2－9 给出 U 的置信区间的图形，即

$$P\left\{\left|\frac{\bar{\xi}-\mu}{\sqrt{\sigma^2/n}}\right|<u_{\frac{\alpha}{2}}\right\}=1-\alpha.$$

于是有

$$P\{\bar{\xi}-u_{\frac{\alpha}{2}}\frac{\sigma}{\sqrt{n}}<\mu<\bar{\xi}+u_{\frac{\alpha}{2}}\frac{\sigma}{\sqrt{n}}\}=1-\alpha,$$

所以均值 μ 的置信度为 $1-\alpha$ 的置信区间为

$$(\bar{\xi}-u_{\frac{\alpha}{2}}\frac{\sigma}{\sqrt{n}},\quad \bar{\xi}+u_{\frac{\alpha}{2}}\frac{\sigma}{\sqrt{n}}).$$

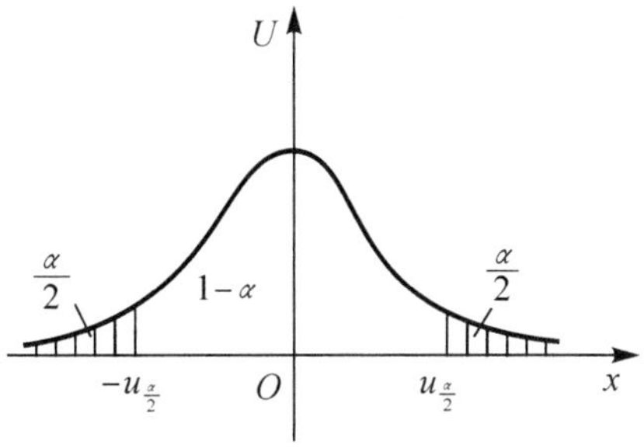

图 2－9

例 8　某商店每天每百元投资的利润服从正态分布，均值为 μ，方差为 σ^2，长期以来 σ^2 稳定为 0.4. 现随机抽取五天的利润为：−0.2，0.1，0.8，−0.6，0.9. 试求商店每天每百元投资的平均利润 μ 的置信水平为 0.95 的置信区间.

解　已知总体 $\xi\sim N(\mu,0.4)$，$n=5$，$\alpha=0.05$，由样本值求得

$$\bar{x}=0.2.$$

查附表 2 得 $u_{\frac{\alpha}{2}}=u_{0.025}=u(1-0.025)=u(0.975)=1.96$. μ 的置信水平为 0.95 的置信区间为 $(\bar{\xi}-u_{\frac{\alpha}{2}}\frac{\sigma}{\sqrt{n}},\quad \bar{\xi}+u_{\frac{\alpha}{2}}\frac{\sigma}{\sqrt{n}})$，即

$$(0.2-1.96\times\frac{\sqrt{0.4}}{\sqrt{5}},0.2+1.96\times\frac{\sqrt{0.4}}{\sqrt{5}}).$$

故在置信水平为 0.95 下，商店每天每百元投资的平均利润 μ 为(−0.354，0.754).

为了探索置信区间的精确程度和可信程度，现将例 8 中的置信水平由 95% 改为 99%，于是对应的临界值为

$$u_{\frac{\alpha}{2}}=u_{0.005}=u(1-0.005)=u(0.995)=2.58,$$

所以 $$\hat{\theta}_1=\bar{\xi}-u_{\frac{\alpha}{2}}\frac{\sigma}{\sqrt{n}}=0.2-2.58\times\frac{\sqrt{0.4}}{\sqrt{5}}=-0.5297,$$

$$\hat{\theta}_2=\bar{\xi}+u_{\frac{\alpha}{2}}\frac{\sigma}{\sqrt{n}}=0.2+2.58\times\frac{\sqrt{0.4}}{\sqrt{5}}=0.9297,$$

由此得到的置信水平为 99% 的置信区间为$(-0.5297, 0.9297)$.

综上可知，总体均值μ的置信度为$1-\alpha$的置信区间是以$\bar{\xi}$为中心，长度为$2u_{\frac{\alpha}{2}}\frac{\sigma}{\sqrt{n}}$的开区间. 在一个确定的样本点上，置信区间的长度与事先给出的信度α直接有关.

试以$\alpha=0.0026$为例，此时的临界值

$$u_{\frac{\alpha}{2}}=u_{0.0013}=u(1-0.0013)=u(0.9987)=3,$$

故有 $$P\{\bar{\xi}-3\frac{\sigma}{\sqrt{n}}<\mu<\bar{\xi}+3\frac{\sigma}{\sqrt{n}}\}=0.9974.$$

上式表明，由此构成的随机区间$(\bar{\xi}-3\frac{\sigma}{\sqrt{n}},\ \bar{\xi}+3\frac{\sigma}{\sqrt{n}})$包含总体均值$\mu$几乎一定会发生，这就是在概率论中的“$3\sigma$原则”在数理统计研究中的体现.

(2)σ^2未知的情况.

由于σ^2未知，这时U已不是统计量，因此，我们很自然地用σ^2的无偏估计量S^{*2}来代替σ^2，而选取样本函数

$$T=\frac{\bar{\xi}-\mu}{S^*/\sqrt{n}}\sim t(n-1).$$

因此，对于给定的α，查附表 4 得临界值$t_{\frac{\alpha}{2}}=t(\frac{\alpha}{2};n-1)$，统计量$T$的置信区间如图 2－10 所示. 于是有

$$P\{|T|<t_{\frac{\alpha}{2}}\}=1-\alpha,$$

即 $$P\{\bar{\xi}-t_{\frac{\alpha}{2}}\frac{S^*}{\sqrt{n}}<\mu<\bar{\xi}+t_{\frac{\alpha}{2}}\frac{S^*}{\sqrt{n}}\}=1-\alpha.$$

故得μ的置信水平为$1-\alpha$的置信区间为

$$(\bar{\xi}-t_{\frac{\alpha}{2}}\frac{S^*}{\sqrt{n}},\ \bar{\xi}+t_{\frac{\alpha}{2}}\frac{S^*}{\sqrt{n}}).$$

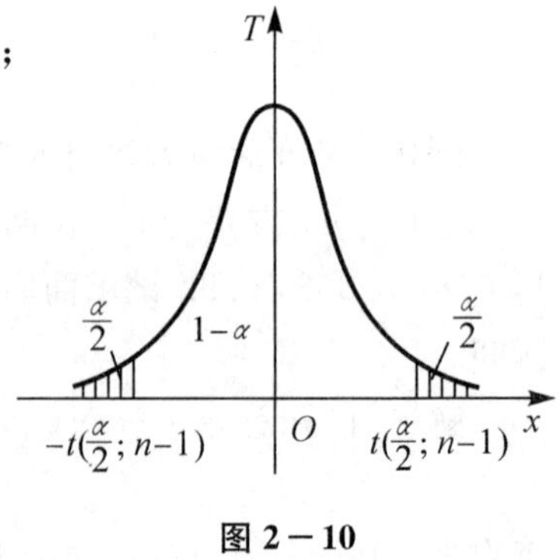

图 2－10

例 9 抽取某班 28 名学生的语文考试成绩，得样本均值为 80 分，样本标准差为 8. 试求该班学生语文平均成绩置信水平为 0.98 的置信区间(假定该年级语文考试成绩服从正态分布).

解 已知$n=28,\bar{x}=80,s^2=64,\alpha=0.02$，则

$$s^{*2}=\frac{n}{n-1}s^2=\frac{28}{27}\times 64\approx 66.37,\quad s^*\approx 8.147.$$

对于$\alpha=0.02$，查附表 4 得

$$t_{\frac{\alpha}{2}}=t(\frac{\alpha}{2};n-1)=t(0.01;27)=2.4727,$$

由 μ 在置信水平 $1-\alpha$ 的置信区间为

$$\left(\bar{\xi}-t_{\frac{\alpha}{2}}\frac{S^*}{\sqrt{n}},\quad \bar{\xi}+t_{\frac{\alpha}{2}}\frac{S^*}{\sqrt{n}}\right),$$

则该班学生语文平均成绩置信水平为 0.98 的置信区间为

$$\left(80-2.4727\times\frac{8.147}{\sqrt{28}},80+2.4727\times\frac{8.147}{\sqrt{28}}\right).$$

因此该班学生语文平均成绩置信水平为 0.98 的置信区间为(76.1925，83.8075).

3. 正态总体方差的置信区间

设$(\xi_1,\xi_2,\cdots,\xi_n)$是总体 $N(\mu,\sigma^2)$ 的一个样本.

(1)μ 未知的情况.

我们已知 S^{*2} 是 σ^2 的一个无偏估计，由本章 §2－2 节单个正态总体下常用统计量形式及分布知

$$\chi^2=\frac{(n-1)S^{*2}}{\sigma^2}\sim\chi^2(n-1).$$

因此，对于给定的置信水平 $1-\alpha$，查附表 3 "χ^2 分布临界值表"，得临界值$\lambda_1=\chi^2(1-\frac{\alpha}{2};n-1)$和 $\lambda_2=\chi^2(\frac{\alpha}{2};n-1)$，如图 2－11 所示. 所以

$$P\left\{\lambda_1<\frac{(n-1)S^{*2}}{\sigma^2}<\lambda_2\right\}=1-\alpha,$$

即 $P\left\{\frac{(n-1)S^{*2}}{\lambda_2}<\sigma^2<\frac{(n-1)S^{*2}}{\lambda_1}\right\}=1-\alpha$，

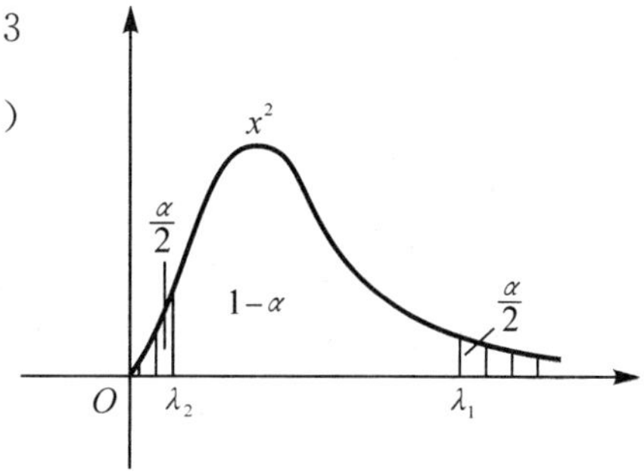

图 2－11

于是得 σ^2 的置信水平为 $1-\alpha$ 的置信区间为

$$\left[\frac{(n-1)S^{*2}}{\lambda_2},\quad \frac{(n-1)S^{*2}}{\lambda_1}\right];$$

标准差 σ 的一个置信水平为 $1-\alpha$ 的置信区间为

$$\left(\sqrt{\frac{(n-1)S^{*2}}{\lambda_2}},\quad \sqrt{\frac{(n-1)S^{*2}}{\lambda_1}}\right);$$

σ^2 的置信水平为 $1-\alpha$ 的置信区间等价的表达式为

$$\left(\frac{\sum\limits_{i=1}^{n}(\xi_i-\bar{\xi})^2}{\lambda_2},\quad \frac{\sum\limits_{i=1}^{n}(\xi_i-\bar{\xi})^2}{\lambda_1}\right).$$

(2)μ 已知的情况.

由本章 §2－2 节知

$$\chi^2=\sum_{i=1}^{n}\left(\frac{\xi_i-\mu}{\sigma}\right)^2\sim\chi^2(n),$$

作为估计 σ^2 的样本函数，于是得 σ^2 的置信水平为 $1-\alpha$ 的置信区间为

$$\left(\frac{\sum_{i=1}^{n}(\xi_i-\mu)^2}{\lambda_2},\quad \frac{\sum_{i=1}^{n}(\xi_i-\mu)^2}{\lambda_1}\right).$$

其中的 λ_1,λ_2 为信度为 α、自由度为 n 的 χ^2 分布的双侧问题的临界值.

例 10 设维尼纶纤度在正常生产条件下服从正态分布 $N(\mu,\sigma^2)$，某日抽取 5 根纤维，测得其纤度为

1.32　1.36　1.56　1.44　1.40

试求 σ^2 的置信水平为 90% 的置信区间.

解 已知 $n=5$，$\alpha=0.10$，$\xi\sim N(a,\sigma^2)$，a 未知. 由 $\alpha=0.10$，查附表 3 中 $\chi^2(4)$ 得

$$\chi^2_{\frac{\alpha}{2}}=\chi^2(0.05;4)=9.4877,\quad \chi^2_{1-\frac{\alpha}{2}}=\chi^2(4;0.95)=0.7107,$$

由于
$$(n-1)s^{*2}=\sum_{i=1}^{5}(x_i-\bar{x})^2=0.03112,$$

$$\frac{(n-1)s^{*2}}{\chi^2_{\frac{\alpha}{2}}}=\frac{0.03112}{9.4877}=0.0033,$$

$$\frac{(n-1)s^{*2}}{\chi^2_{1-\frac{\alpha}{2}}}=\frac{0.03112}{0.7107}=0.0438,$$

故 σ^2 的置信水平为 90% 的置信区间为(0.0033, 0.0438).

为了使用方便，现将正态总体(μ,σ^2)下的双侧置信区间的各种类型，包括题设条件、估计用样本函数及其服从的分布、置信区间的求法等，汇总成表 2－2 以供查阅.

表 2－2　正态总体参数区间估计的各种类型

待估参数及其条件		估计用样本函数及其服从的分布	置信水平为 $1-\alpha$ 的置信区间
总体均值 μ	σ^2 已知	$U=\dfrac{\bar{\xi}-\mu}{\sigma/\sqrt{n}}\sim N(0,1)$	$(\bar{\xi}-u_{\frac{\alpha}{2}}\dfrac{\sigma}{\sqrt{n}},\ \bar{\xi}+u_{\frac{\alpha}{2}}\dfrac{\sigma}{\sqrt{n}})$， 其中 $u_{\frac{\alpha}{2}}=u(1-\dfrac{\alpha}{2})$
	σ^2 未知	$T=\dfrac{\bar{\xi}-\mu}{S^*/\sqrt{n}}\sim t(n-1)$	$(\bar{\xi}-t_{\frac{\alpha}{2}}\dfrac{S^*}{\sqrt{n}},\ \bar{\xi}+t_{\frac{\alpha}{2}}\dfrac{S^*}{\sqrt{n}})$， 其中 $t_{\frac{\alpha}{2}}=t(\dfrac{\alpha}{2};n-1)$
总体方差 σ^2	μ 已知	$\chi^2=\sum_{i=1}^{n}\left(\dfrac{\xi_i-\mu}{\sigma}\right)^2\sim\chi^2(n)$	$\left(\dfrac{\sum_{i=1}^{n}(\xi_i-\mu)^2}{\lambda_2},\ \dfrac{\sum_{i=1}^{n}(\xi_i-\mu)^2}{\lambda_1}\right)$， 其中 $\lambda_1=\chi^2(1-\dfrac{\alpha}{2};n)$， $\lambda_2=\chi^2(\dfrac{\alpha}{2};n)$
	μ 未知	$\chi^2=\dfrac{(n-1)S^{*2}}{\sigma^2}\sim\chi^2(n-1)$	$\left[\dfrac{(n-1)S^{*2}}{\lambda_2},\ \dfrac{(n-1)S^{*2}}{\lambda_1}\right]$， 其中 $\lambda_1=\chi^2(1-\dfrac{\alpha}{2};n-1)$， $\lambda_2=\chi^2(\dfrac{\alpha}{2};n-1)$

习题 §2－3

1. 设总体 ξ 的分布列为 $\begin{pmatrix} -2 & 1 & 5 \\ 3\theta & 1-4\theta & \theta \end{pmatrix}$，式中 $0<\theta<0.25$ 为待估参数，$(\xi_1, \xi_2, \cdots, \xi_n)$ 为样本. 试求 θ 的矩估计量.

2. 设总体 ξ 的分布密度为 $p(x)=\begin{cases}\theta x^{\theta-1}, & 0<x<1, \\ 0, & 其他,\end{cases}$ $\theta>0$ 为待估参数，$(\xi_1, \xi_2, \cdots, \xi_n)$ 为 ξ 的一个样本. 试求 θ 的矩估计量.

3. 对于总体 ξ 有 $E(\xi)=\mu$，$D(\xi)=\sigma^2$，(ξ_1, ξ_2) 是 ξ 的样本. 试讨论下列统计量的无偏性与有效性：

(1)$\hat{\mu}_1=\frac{1}{3}\xi_1+\frac{2}{3}\xi_2$；(2)$\hat{\mu}_2=\frac{1}{3}\xi_1+\frac{1}{4}\xi_2$；(3)$\hat{\mu}_3=\frac{1}{4}\xi_1+\frac{3}{4}\xi_2$.

4. 某水域由于工业排水而受污染，现对捕获的 10 条鱼样进行检测，得蛋白质中含汞浓度(%) 为

0.213	0.228	0.167	0.766	0.054
0.037	0.266	0.135	0.095	0.101

若生活在这个区域的鱼的蛋白质中含汞浓度 $\xi\sim N(\mu, \sigma^2)$. 试求 $\mu=E(\xi)$，$\sigma^2=D(\xi)$ 的无偏估计.

5. 用某仪器测量某零件的温度，重复测量 5 次，量得温度如下(单位：℃)：

1250　　1265　　1245　　1260　　1275

假定测量温度服从正态分布，且测量精度为11. 试找出平均温度的置信区间($\alpha=0.05$).

6. 已知灯泡寿命的标准差 $\sigma=50$ 小时，从中抽取 25 个灯泡检验，其平均寿命是 500 小时. 试以 95% 的可靠性对灯泡的平均寿命进行区间估计.

7. 已知某炼铁厂的铁水含铁量 $\xi\sim N(\mu, \sigma^2)$，现随机测量了 5 炉铁水，其含铁量为

4.28　　4.40　　4.42　　4.35　　4.37

试求 μ 的置信度为 0.95 的置信区间.

8. 设某种电子管的使用寿命服从 $N(\mu, \sigma^2)$，从中随机抽取 30 个进行检验，测得平均使用寿命为 25000 小时，标准差为 700 小时，以 95% 的可靠性. 试求整批电子管 μ 与 σ^2 的置信区间.

9. 已知某种木材横纹抗压力的实验值服从正态分布，对 10 个试件作横纹抗压力试验，得数据如下(单位：kg/cm^2)：

578　　572　　570　　568　　572　　570　　570　　596　　584　　572

(1) 若横纹抗压力 $\xi\sim N(580, \sigma^2)$，试对 σ^2 进行区间估计($\alpha=0.05$)；

(2) 若横纹抗压力 $\xi\sim N(\mu, \sigma^2)$，试对 σ^2 进行区间估计($\alpha=0.05$).

§2－4 假设检验

在实际应用问题中，有一类问题要求对总体的某参数的性质做出一种判断，如自动包装机的工作是否正常，一种药物同另一种药物的疗效是否一致，工艺改革前后产品的某指标是否提高(增大)或降低(减少)的比较. 这类问题是统计推断的另一组成部分，其处理方法是在总体的分布完全未知或只知其类型但不知其参数的情况下，对总体做出某种假设，然后借助总体的简单随机样本，通过样本所提供的信息以及构造适当的统计量，应用统计分析方法对总体特性的某些"假设"做出拒绝或接受的判断. 这就是假设检验问题.

一、假设检验的基本概念

1. 假设检验的基本思想

通过下列引例给出假设检验的基本思想.

引例 预测产量.

某地在水稻收割前，根据水稻的长势估计该地区平均亩产为 310 kg. 收割时，随机地抽取了 10 块地，测出每块地的实际亩产量为 $x_1, x_2, \cdots, x_{10}$，计算出 $\bar{x} = \frac{1}{10}\sum_{i=1}^{10} x_i = 310$ kg. 如果已知亩产量 ξ 服从正态分布 $N(\mu, 144)$，试问所估计的产量是否准确?

这是一个假设检验问题. 已知亩产量 ξ 服从正态分布 $N(\mu, 144)$，其正态分布的参数 μ 为估计值，所要解决的问题是参数 μ 估计为 310 kg 是否准确，以及得出其估计准确或不准确有多少可信度.

我们先假设平均亩产为 310 kg 的估计是准确的，即做出假设 $H_0: \mu = 310$，该假设的反面为 $H_1: \mu \neq 310$. 在该地区水稻收割时，随机抽取 10 块地为总体 ξ 中的 10 个简单随机样本 $\xi_1, \xi_2, \cdots, \xi_{10}$，由此构造统计量 $U = \frac{\bar{\xi} - \mu}{\sigma/\sqrt{n}} \sim N(0,1)$，对于给定的小概率 $\alpha = 0.05$，有

$$P\{|U| < u_{\frac{\alpha}{2}}\} = 1 - \alpha = 95\%.$$

其中，$u_{\frac{\alpha}{2}} = u(1 - \frac{\alpha}{2}) = u(0.975) = 1.96$，是查"标准正态分布表"确定的临界值.

式子 $P\{|U| < 1.96\} = 95\%$ 说明"$|U| \geqslant 1.96$"事件是一个小概率事件，我们知道小概率事件几乎不发生，而如果在一次试验或观察中小概率事件居然发生，说明我们的假设是错误的. 因此，做出拒绝 $H_0: \mu = 310$，即接受 $H_1: \mu \neq 310$ 的判断.

如引例中的一次抽样，测出每块地的实际亩产量为 $x_1, x_2, \cdots, x_{10}$ 为样本的一组观测值，计算出 $\bar{x} = \frac{1}{10}\sum_{i=1}^{10} x_i = 310$ kg，则统计量的观测值为

$$U_0=\frac{\overline{x}-\mu}{\sigma/\sqrt{n}}=\frac{320-310}{12/\sqrt{10}}=2.6352>1.96,$$

故应拒绝 $H_0:\mu=310$，即认为收割之前根据长势估计该地区平均亩产为310 kg不准确.

由引例的分析可以得出，假设检验的基本思想有以下两个特点：

一是利用了反证法的思想. 要检验总体的某一特征是否正确、合理，先假设其正确或合理，如果由此导致了一个不合理的现象出现(小概率事件出现)，则表明原假设 H_0 不能成立，因此，我们就拒绝这个假设 H_0；若不合理的现象没有出现(小概率事件没发生)，则说明原假设 H_0 是成立的，因此，我们就接受这个假设 H_0.

二是运用了小概率事件原理，即“小概率事件在一次试验(或观察)中几乎是不可能发生的”. 在进行假设检验时，必须先确定小概率 α，称之为显著水平.

那么，多小的概率才算是小概率呢?这应根据具体问题而定. 例如天气预报，即使下雨的概率达20%，有人也不会带雨具，因为他认为会下雨的可能性太小；但如果交通事故率为1%的话，人们就会因为出事的可能性太大而不愿出门了. 在一般情况下，认为概率不超过0.05的事件是小概率事件. 常用给定 α 的值为0.10，0.05，0.01等.

2. 假设检验的一般步骤

由引例的分析过程，可以归纳出假设检验方法的一般步骤：

第一步：做出假设. 将实际需检验的问题表示成待验假设 H_0 和与之对立的备择假设 H_1.

第二步：求拒绝域. 构造适当的统计量，由检验总体的抽样样本$(\xi_1,\xi_2,\cdots,\xi_n)$构造统计量 $T(\xi_1,\xi_2,\cdots,\xi_n)$，使得当 H_0 为真时，由统计量服从的抽样分布相对于给定的显著水平 α，查表得临界值，确定 H_0 的拒绝域 W，使

$$P\{T\in W\}=\alpha.$$

第三步：求函数值. 由样本观察值$(x_1,x_2,\cdots,x_n)$，计算所构造统计量 T 的函数值

$$T_0=T(x_1,x_2,\cdots,x_n).$$

第四步：做出推断. 当 $T_0\in W$ 时，拒绝 H_0，而接受 H_1；当 $T_0\notin W$ 时，接受 H_0.

值得注意的是，统计推断的判断接受 H_0，并不说明 H_0 一定是正确的，而是因为抽样结果不足以拒绝 H_0 才不得不接受. 更恰当的说法是：若 $T_0\notin W$ 时，认为 H_0 与实际情况没有显著差异. 当统计推断认为原假设 H_0 与实际情况没有显著差异，与事先给出的显著水平 α 是有关的.

3. 假设检验的错误

假设检验的根据是“小概率事件几乎不可能发生”原理，然而小概率事件并非不可能事件，我们并不能完全排斥它发生的可能性，因而假设检验的结果就有可能出现错误，这种错误可以分为以下两类.

第一类错误：当假设 H_0 为真时，我们却做出拒绝 H_0 的判断，从而可能会犯“弃真”的错误，统计学上称它为“第一类错误”. 因为

$$P\{T(\xi_1,\xi_2,\cdots,\xi_n)\in W\mid H_0\}=\alpha,$$

所以犯第一类错误的概率等于(或不超过)检验水平 α.

第二类错误：当假设 H_0 不真时，我们做出接受 H_0 的判断，从而可能犯了“存伪”的错误，统计学上称它为“第二类错误”. 犯第二类错误的概率为

$$\beta = P\{T(\xi_1,\xi_2,\cdots,\xi_n) \notin W | H_1\}.$$

现列表 2－3 说明这两类错误.

表 2－3　假设检验的两类错误

真实情况＼判断	接受 H_0 $T(x_1,x_2,\cdots,x_n) \notin W$	拒绝 H_0 $T(x_1,x_2,\cdots,x_n) \in W$
H_0 为真	正确判断	第一类错误
H_0 为不真	第二类错误	正确判断

犯第二类错误的概率 β 的计算通常很复杂.

在统计推断时，我们当然希望犯两类错误的概率都很小，但遗憾的是，当样本容量 n 固定时，α，β 不能同时都很小. 而且已证明：当 α 增大时，β 将随之减小；反之，当 α 减小时，则 β 将随之增大. 若样本容量无限地加大，可以使 α，β 同时都很小，但这样做又将失去抽样的意义. 对此，奈曼·皮尔逊曾提出一个处理原则：在控制犯弃真错误 α 的条件下，使犯存伪错误的概率 β 尽可能地小一点. 因此，一般情况下我们只对犯第一类错误的概率 α 加以限制(如限定 $\alpha = 0.10$，0.05，0.01 等较小的数值)，而不考虑犯第二类错误的概率. 在这种情况下，确定拒绝域时只涉及原假设 H_0，我们也称这种统计假设检验问题为显著性检验问题. 在显著性检验中，我们把犯第一类错误的概率 α 称为显著水平. 人们常把 $\alpha = 0.05$ 时拒绝 H_0 称为“显著”，即实际情况“显著”异于 H_0；而将 $\alpha = 0.01$ 时拒绝 H_0 称为“高度显著”，即实际情况“高度显著”异于 H_0. 然而，并不是 α 越小越好，我们知道 α 越小 β 就会增大，在实际问题中，如何选择犯这两类错误的概率还得根据具体问题具体分析. 如“医生诊断”这类问题，就应该严格控制犯弃真错误的概率 α；反之，在“药品检验”中，不合格产品漏检出厂会导致严重后果，α 可适当取大些(如可取 $\alpha = 0.10$)，严格控制犯存伪错误的概率 β.

4. 假设检验的两类检验法

当将显著水平 α 对半平分后置于分布密度曲线的右、左两侧，从而拒绝域设置在分布密度曲线两侧的假设检验，称为双侧检验. 对于事先给定的显著水平 α，集中置于密度曲线的右侧或左侧，从而拒绝域设置在分布密度曲线的一侧的假设检验，称为单侧检验.

一般情况下，对于单个总体的情形，当被考察参数 θ 相对于标准 θ_0，既不允许偏大又不允许偏小，如引例中实际亩产比估计的亩产偏大或偏小，其估计都是不准确的. 待验假设为 $H_0:\theta = \theta_0$，此假设可理解为 θ 与 θ_0 无显著差异；对于两个总体的同类参数的检验，待验假设为 $H_0:\theta_1 = \theta_2$，即假设同类参数无显著差异. 总之，双侧检验仅限于检

验参数的差异是否显著，待验假设用等式给出.

若对于考察参数 θ 相对于标准 θ_0，可以允许偏大或偏小，如电子产品的使用寿命通常认为越长越好，生产成本却希望越小越好. 此时，用双侧检验无法解决. 单侧检验不以考察参数的差异是否显著为目的，而是侧重于分辨所考察参数是否达标(合格)，或者做出在技术革新前、后参数是否有所提高(增大)或降低(减少)的比较. 待验假设用不等式给出. 对于单个总体，当被考察参数 θ 相对于标准 θ_0 允许偏大，待验假设为 $H_0:\theta \geqslant \theta_0$；当被考察参数 θ 相对于标准 θ_0 允许偏小，待验假设为 $H_0:\theta \leqslant \theta_0$. 这种认定合格或达标的假设方式称为“乐观原则”. 对于两个总体的同类参数在考察其变化情况时，如在技术革新后某参数为 θ_1，而技术革新前该参数为 θ_2，当考察该类参数是否提高(增加)时，待验假设为 $H_0:\theta_1 \leqslant \theta_2$；当考察该类参数是否降低(减少)时，待验假设为 $H_0:\theta_1 \geqslant \theta_2$. 这种假设方式是从维护老工艺、老配方的角度，称为“保守原则”.

对于 H_0 用“$\leqslant$”号给出，其显著水平 α 放在密度曲线的右侧，即拒绝域设置在右侧，称为单侧右侧检验；对于 H_0 用“$\geqslant$”号给出，其显著水平 α 放在密度曲线的左侧，即拒绝域设置在左侧，称为单侧左侧检验.

下面我们讨论正态总体均值和方差的双侧检验和单侧检验问题.

二、正态总体均值的假设检验

1. 单个正态总体均值的假设检验

(1) σ^2 已知时，均值 μ 的检验(U 检验).

设总体 $\xi \sim N(\mu,\sigma^2)$，μ 为待验参数，σ^2 为已知参数，$(\xi_1,\xi_2,\cdots,\xi_n)$ 为样本，对于双侧检验，待验假设为 $H_0:\mu = \mu_0$；对于单侧检验，待验假设为 $H_0:\mu \leqslant \mu_0$(或 $H_0:\mu \geqslant \mu_0$). 其中 μ_0 是待验参数的标准，为已知常数. 在 H_0 成立的假设下，构造统计量为

$$U = \frac{\bar{\xi} - \mu_0}{\sqrt{\sigma^2/n}} \sim N(0,1).$$

对于给定的显著水平 α，查附表 2 得临界值，其双侧检验和单侧检验的拒绝域如图 2－12 所示.

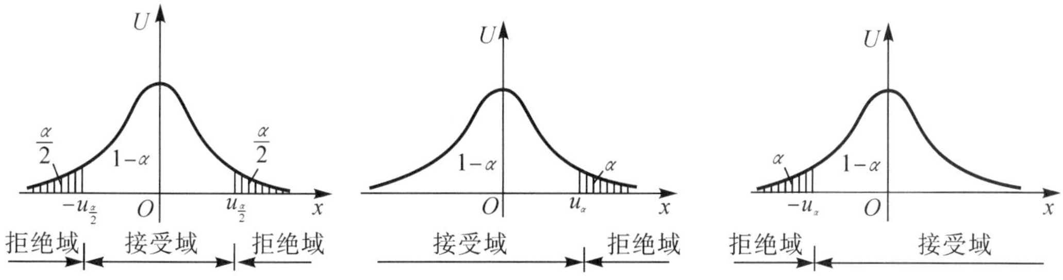

图 2－12

对于双侧检验，临界值为 $-u_{\frac{\alpha}{2}}$ 和 $u_{\frac{\alpha}{2}}$，其拒绝域为 $W = (-\infty, -u_{\frac{\alpha}{2}}] \cup [u_{\frac{\alpha}{2}}, +\infty)$；

对于待验假设 $H_0:\mu\leqslant\mu_0$ 的单侧右侧检验，临界值为 u_α，其拒绝域为 $W=[u_\alpha,+\infty)$；

对于待验假设 $H_0:\mu\geqslant\mu_0$ 的单侧左侧检验，临界值为 $-u_\alpha$，其拒绝域为 $W=(-\infty,-u_\alpha]$.

由题设的样本值 $(x_1,x_2,\cdots,x_n)$，计算出统计量观察值 $U_0=\dfrac{\bar{x}-\mu_0}{\sqrt{\sigma^2/n}}$，当 $U_0\in W$ 时，拒绝 H_0，而接受 H_1；当 $U_0\notin W$ 时，接受 H_0.

利用 U 统计量所作的假设检验称为 U 检验.

例 1 假设某厂生产一种钢索，它的断裂强度 $\xi(\mathrm{kg/cm^2})$ 服从正态分布 $N(\mu,40^2)$. 从中选取一个容量为 9 的样本，得 $\bar{x}=780\ \mathrm{kg/cm^2}$，能否据此样本认为这批钢索的断裂强度为 $800\ \mathrm{kg/cm^2}(\alpha=0.05)$？

解 依题意，这是个双侧检验问题，应设待验假设为 $H_0:\mu=800$.

选取检验函数 $U=\dfrac{\bar{\xi}-800}{40/\sqrt{9}}$，在 H_0 成立的条件下 $U\sim N(0,1)$，因为 $\alpha=0.05$，查附表 2，可求得满足 $P\{|U|\geqslant u_{\frac{\alpha}{2}}\}=\alpha$ 的临界值为

$$u_{\frac{\alpha}{2}}=u(1-\frac{\alpha}{2})=u(0.975)=1.96,$$

故拒绝域为

$$W=(-\infty,-1.96]\cup[1.96,+\infty).$$

又因为

$$|U_0|=\left|\frac{\bar{x}-800}{40/\sqrt{9}}\right|=\left|\frac{780-800}{40/\sqrt{9}}\right|=1.5<1.96,$$

由于 $U_0\notin W$，因而可以接受 H_0，即可以认为这批钢索的断裂强度为 $800\ \mathrm{kg/cm^2}$.

例 2 按部颁标准，某一型号电子元件的寿命(单位：h)$\xi\sim N(1000,400)$. 现从中任抽取 8 个元件，测得寿命为

997　975　1108　934　1025　1083　996　963

试在显著水平 $\alpha=0.10$ 下，检验这批元件是否合格？

解 元件是合格品，即元件的寿命应不显著低于标准平均寿命，因此，该问题是一个单侧检验. 设待验假设为 $H_0:\mu\geqslant 1000$.

选取检验函数 $U=\dfrac{\bar{\xi}-1000}{20/\sqrt{8}}\sim N(0,1)$，因为 $\alpha=0.05$，应设置在标准正态分布密度曲线的左边，查附表 2 可求得临界值为

$$-u_\alpha=-u(1-\alpha)=-u(0.90)=-1.28,$$

故拒绝域为

$$W=(-\infty,-1.28].$$

由抽样检验的 8 个产品，即样本观测值的均值为

$$\bar{x}=\frac{1}{8}(997+975+1108+934+1025+1083+996+963)=1010.125,$$

故统计量的观测值为

$$U_0=\frac{\bar{x}-\mu_0}{\sqrt{\sigma^2/n}}=\frac{1010.125-1000}{\sqrt{20^2/8}}=1.43>-1.28.$$

因为 $U_0\notin W$，因而可以接受 H_0，即可以认为这批元件是合格的.

(2) σ^2 未知时，均值 μ 的检验(t 检验).

设总体 $\xi \sim N(\mu,\sigma^2)$，μ 为待验参数，σ^2 为未知参数，$(\xi_1,\xi_2,\cdots,\xi_n)$ 为样本. 对于双侧检验，待验假设为 $H_0:\mu=\mu_0$；对于单侧检验，待验假设为 $H_0:\mu \leqslant \mu_0$(或 $H_0:\mu \geqslant \mu_0$). 其中 μ_0 是待验参数的标准，为已知常数.

由于 σ^2 为未知，在 U 统计量中的 σ^2 用它的无偏估计 S^{*2} 替代. 在 H_0 成立的假设下，构造统计量为

$$T=\frac{\bar{\xi}-\mu_0}{\sqrt{S^{*2}/n}} \sim t(n-1).$$

完成对 H_0 的检验. 由 t 统计完成的检验称为 t 检验.

由于 t 分布与标准正态分布的密度曲线类似，其拒绝域的确定与 U 检验的方法相同. 对于事先给定的显著水平 α，由附表 4 查到双侧问题或单侧问题的临界值，其拒绝域如图 2－13 所示.

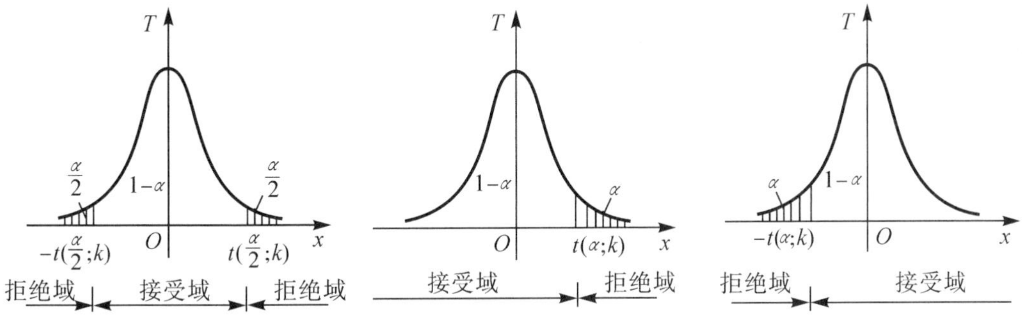

图 2－13

例 3　某区高一英语统一测试平均分数为 65 分，现从某中学随机抽取 20 份试卷，其分数为

72	76	68	78	62	59	64	85	70	75
61	74	87	83	54	76	56	66	68	62

试问该校高一英语平均分数与全区是否基本相同($\alpha=0.05$)?

解　设该校高一英语测试成绩 $\xi \sim N(\mu,\sigma^2)$，其中 σ^2 未知，需检验的问题是平均成绩是否与标准 65 分基本相同，因此应为双侧检验.

设待验假设为 $H_0:\mu=65$.

选择统计量 $T=\dfrac{\bar{\xi}-\mu_0}{\sqrt{S^{*2}}} \sim t(n-1)$，对于 $\alpha=0.05$，查附表 4，可求得满足 $P\{|T| \geqslant t_\alpha\}=\alpha$ 的临界值为

$$t_{\frac{\alpha}{2}}=t(\frac{\alpha}{2};n-1)=t(0.025;19)=2.0930,$$

故拒绝域为　$W=(-\infty,-2.093] \cup [2.093,+\infty)$.

由样本值计算得 $\bar{x}=69.8$，$s^*=9.474$，故

$$T_0 = \frac{69.8 - 65}{9.474/\sqrt{20}} = 2.266 > 2.093.$$

由于 $T_0 \in W$，故拒绝 H_0，即可以认为该校高一英语平均分数与全区平均分数有显著差异.

例 4 某工厂生产的固体燃料的燃烧率服从正态分布 $\xi \sim N(40,\sigma^2)$(单位：cm/s)，σ^2 为未知参数. 现在改进工艺后，从中随机抽取 25 个样本，测得燃烧率的样本均值 $\bar{x} = 41.25$ cm/s，$s = 2.04$ cm/s. 试问工艺改进后的燃料的平均燃烧率是否有显著提高？($\alpha = 0.05$)

解 这是一个单侧检验问题. 由于新工艺处在试验阶段，其效果尚待验证，因此以保守原则提出待验假设为 $H_0: \mu \leqslant 40$，其备择假设为 $H_1: \mu > 40$.

由于方差 σ^2 未知，所以选择 T 统计量为

$$T = \frac{\bar{\xi} - \mu_0}{\sqrt{s^{*2}/n}} = \frac{\bar{\xi} - \mu_0}{\sqrt{S^2/(n-1)}} \sim t(n-1).$$

对于显著水平 $\alpha = 0.05$，由于待验假设用的“$\leqslant$”，应将 α 放置在 t 分布密度曲线的右侧，查附表 4，可求得其临界值为

$$t_\alpha = t(\alpha; n-1) = t(0.05; 24) = 1.7109,$$

故拒绝域为

$$W = [1.7109, +\infty).$$

由抽样数据得统计量 T 的观测值为

$$T_0 = \frac{\bar{x} - \mu_0}{\sqrt{s^2/(n-1)}} = \frac{41.25 - 40}{2.04/\sqrt{25}} = 3.0018.$$

由于 $T_0 \in W$，故拒绝 H_0，即可以认为工艺改进后的燃料的平均燃烧率有显著提高.

假设检验与参数区间估计有着密切的联系. 在区间估计中，假定参数是未知的，要用样本构造出统计量对其进行估计；而假设检验对参数值作了假设，认为它是已知的，同样用样本构造出统计量对假设作检验. 因此，导出假设检验的统计量与导出参数区间估计的统计量形式上完全相同，而且，这两个问题均事先给出一个小概率 α，它在假设检验中称为显著水平，在参数估计中称为信度. 从某种意义上讲，假设检验是参数区间估计的反面，假设检验的拒绝域是小概率 α 的区域，而参数区间估计是利用大概率 $1-\alpha$ 的范围.

2. 两个正态总体均值的假设检验

设有两个正态总体 $\xi \sim N(\mu_1,\sigma^2)$，$\eta \sim N(\mu_2,\sigma^2)$，其中 μ_1 和 μ_2 为待验参数，两个正态总体的方差相等. $(\xi_1,\xi_2,\cdots,\xi_n)$ 为总体 ξ 的样本，$(\eta_1,\eta_2,\cdots,\eta_n)$ 为总体 η 的样本. $(x_1,x_2,\cdots,x_n)$ 为样本 $(\xi_1,\xi_2,\cdots,\xi_n)$ 的一组样本值，$(y_1,y_2,\cdots,y_n)$ 为样本 $(\eta_1,\eta_2,\cdots,\eta_n)$ 的一组样本值.

若正态总体的方差 σ^2 已知，则检验用统计量为

$$U = \frac{\bar{\xi} - \bar{\eta}}{\sqrt{\sigma_1^2/n_1 + \sigma_2^2/n_2}} \sim N(0,1);$$

若正态总体的方差 σ^2 未知，则检验用统计量为

$$T=\frac{\bar{\xi}-\bar{\eta}}{\sqrt{\frac{(n_1-1)S_1^{*2}+(n_2-1)S_2^{*2}}{n_1+n_2-2}}\sqrt{\frac{1}{n_1}+\frac{1}{n_2}}}$$
$$=\frac{\bar{\xi}-\bar{\eta}}{\sqrt{\frac{n_1S_1^2+n_2S_2^2}{n_1+n_2-2}(\frac{1}{n_1}+\frac{1}{n_2})}}\sim t(n_1+n_2-2).$$

对于两个正态总体均值的假设检验，若总体方差已知，用U检验；若总体方差未知，用 t 检验.

三、正态总体方差的假设检验

1. 单个正态总体方差的假设检验(χ^2 检验)

设总体$\xi\sim N(\mu,\sigma^2)$，σ^2 为待验参数，$(\xi_1,\xi_2,\cdots,\xi_n)$为样本，$(x_1,x_2,\cdots,x_n)$为样本$(\xi_1,\xi_2,\cdots,\xi_n)$的一组样本值.

对于正态总体方差 σ^2 的假设检验，直观的想法是 σ^2 的无偏估计为样本修正方差 S^{*2}，那么样本修正方差S^{*2}与总体方差σ_0^2的比值不能太大，也不能太小. 若比值$\frac{S^{*2}}{\sigma_0^2}$偏大或偏小到一定程度,就要拒绝待验假设 H_0.

在μ未知条件下，检验用统计量为

$$\chi^2=\frac{(n-1)S^{*2}}{\sigma_0^2}=\frac{nS^2}{\sigma_0^2}=\frac{\sum_{i=1}^{n}(\xi_i-\bar{\xi})^2}{\sigma_0^2}\sim\chi^2(n-1).$$

对于待验假设$H_0:\sigma^2=\sigma_0^2$，这是双侧检验. 对显著水平α，临界值为$\lambda_1=\chi^2(1-\frac{\alpha}{2};n-1)$，$\lambda_2=\chi^2(\frac{\alpha}{2};n-1)$，拒绝域为$W=[0,\lambda_1]\cup[\lambda_2,+\infty)$.

对于待验假设 $H_0:\sigma^2\leqslant\sigma_0^2$，这是单侧右侧检验. 对显著水平 α，临界值为 $\lambda_2=\chi^2(\alpha;n-1)$，拒绝域为$W=[\lambda_2,+\infty)$.

对于待验假设 $H_0:\sigma^2\geqslant\sigma_0^2$，这是单侧左侧检验. 对显著水平 α，临界值为 $\lambda_1=\chi^2(1-\frac{\alpha}{2};n-1)$，拒绝域为$W=[0,\lambda_1]$.

在μ未知条件下，σ^2 的假设检验的双侧、单侧检验的拒绝域如图 2－14 所示.

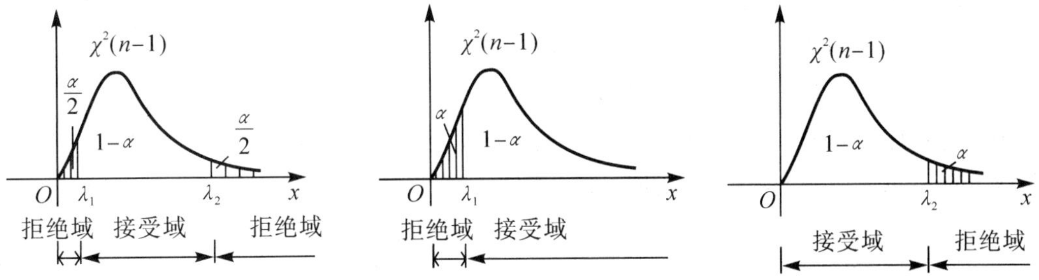

图 2－14

在μ已知的条件下，检验用统计量为

$$\chi^2=\frac{\sum_{i=1}^{n}(\xi_i-\mu)^2}{\sigma_0^2}=\sum_{i=1}^{n}\left(\frac{\xi_i-\mu}{\sigma_0}\right)^2\sim\chi^2(n).$$

总体方差σ^2的双侧、单侧检验与μ未知时类似，但应注意的是，此时对于显著水平α，查附表3可得自由度为n的双侧问题或单侧问题的临界值.

利用χ^2统计量所作的假设检验称为χ^2检验.

例5 某纺织厂生产的维尼纤度用ξ表示，在稳定生产情况下，可假定ξ服从$N(\mu,\sigma^2)$，其标准差σ按往常资料暂定为0.048. 现在随机抽取5根纤维，测得其纤度为

1.32　　1.55　　1.36　　1.40　　1.44

试问总体ξ的方差σ^2是否正常($\alpha=0.10$)?

解 设待验假设为$H_0:\sigma^2=0.048^2$，由于μ未知，选择统计量为

$$\chi^2=\frac{\sum_{i=1}^{n}(\xi_i-\bar{\xi})^2}{\sigma_0^2}\sim\chi^2(n-1).$$

由 $$n=5,\quad \bar{x}=1.414,$$

有 $$\sum_{i=1}^{5}(x_i-\bar{x})^2=0.03112,$$

故 $$\chi_0^2=\frac{\sum_{i=1}^{5}(x_i-\bar{x})^2}{\sigma_0^2}=\frac{0.03112}{0.002304}=13.5.$$

由$\alpha=0.10$，查附表3，可求得临界值为

$$\lambda_1=\chi^2(1-\alpha/2;n-1)=\chi^2(0.95;4)=0.7107,$$
$$\lambda_2=\chi^2(\alpha/2;n-1)=\chi^2(0.05;4)=9.4877,$$

故拒绝域为 $$W=(-\infty,0.7107]\cup[9.4877,+\infty).$$

因$\chi_0^2=13.5>9.4877$，即$\chi_0^2\in W$，故拒绝H_0，即可以认为总体ξ的方差σ^2不正常.

2. 两个正态总体方差的假设检验(F检验)

设有两个正态总体$\xi\sim N(\mu_1,\sigma_1^2)$，$\eta\sim N(\mu_2,\sigma_2^2)$，其中$\mu_1$，$\mu_2$未知. $(\xi_1,\xi_2,\cdots,\xi_n)$为总体$\xi$的样本，$(\eta_1,\eta_2,\cdots,\eta_n)$为总体$\eta$的样本. $(x_1,x_2,\cdots,x_n)$为样本$(\xi_1,\xi_2,\cdots,\xi_n)$的一组样本值，$(y_1,y_2,\cdots,y_n)$为样本$(\eta_1,\eta_2,\cdots,\eta_n)$的一组样本值.

双侧检验下的待验假设$H_0:\sigma_1^2=\sigma_2^2$(备择假设$H_1:\sigma_1^2\neq\sigma_2^2$)，主要用于考察两个正态总体方差的差异显著性，并同时作为方差未知时两个正态总体均值检验的补充. 因为当两个正态总体方差未知时，所用的t检验法是以两个正态总体方差相等为前提的. 因此，若两个正态总体均值检验中对未知方差未说明相等，检验要分两步完成. 首先通过检验确定接受$H_0:\sigma_1^2=\sigma_2^2$，然后再运用$t$检验法检验待验假设$H_0:\mu_1=\mu_2$.

待验假设$H_0:\sigma_1^2=\sigma_2^2$的假设检验，现在的主要问题是选择一个合适的检验统计量. 仿照单个单体总体方差检验的思维方式，将$H_0:\sigma_1^2=\sigma_2^2$转化为$\sigma_1^2/\sigma_2^2$来思考，而$\sigma_1^2$，$\sigma_2^2$

的无偏估计为其修正方差 S_1^{*2}，S_2^{*2}. 考虑两个样本的修正方差的比值 S_1^{*2}/S_2^{*2}，当 S_1^{*2}/S_2^{*2} 偏大或偏小至一定程度时，就要拒绝 $H_0:\sigma_1^2=\sigma_2^2$. 由

$$F=\frac{S_1^{*2}}{S_2^{*2}}=\frac{\frac{n_1}{n_1-1}S_1^2}{\frac{n_2}{n_2-1}S_2^2}=\frac{\frac{1}{n_1-1}\sum_{i=1}^{n}(\xi_i-\bar{\xi})}{\frac{1}{n_2-1}\sum_{i=1}^{n}(\eta_i-\bar{\eta})}\sim F(n_1-1,n_2-1),$$

为检验统计量. 对于双侧检验，显著水平 α 的临界值为

$$\lambda_1=F(1-\frac{\alpha}{2};\ n_1-1,\ n_2-1)=\frac{1}{F(\alpha/2;n_2-1,n_1-1)},$$

$$\lambda_2=F(\frac{\alpha}{2};n_1-1,n_2-1),$$

故双侧检验的拒绝域为

$$W=[0,\lambda_1]\cup[\lambda_2,+\infty);$$

对于单侧右侧检验，待验假设为 $H_0:\sigma_1^2\leqslant\sigma_2^2$，显著水平 α 的临界值为

$$\lambda_2=F(\alpha;n_1-1,n_2-1),$$

故单侧右侧检验的拒绝域为

$$W=[\lambda_2,+\infty);$$

对于单侧左侧检验，待验假设为 $H_0:\sigma_1^2\geqslant\sigma_2^2$，显著水平 α 的临界值为

$$\lambda_1=F(1-\alpha;n_1-1,n_2-1)=\frac{1}{F(\alpha;n_2-1,n_1-1)},$$

故单侧左侧检验的拒绝域为

$$W=[0,\lambda_1].$$

运用 F 统计量所作的检验称为 F 检验. 双侧检验与单侧检验的拒绝域如图 2－15 所示.

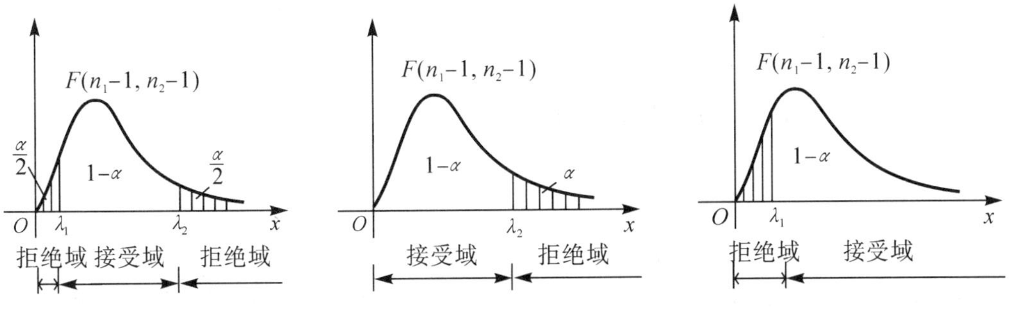

图 2－15

若 μ_1，μ_2 已知，用 μ_1，μ_2 替代 $\bar{\xi}$，$\bar{\eta}$ 的统计量服从第一自由度为 n_1，第二自由度为 n_2 的 F 分布，即

$$F=\frac{\frac{1}{n_1}\sum_{i=1}^{n}(\xi_i-\mu_1)}{\frac{1}{n_2}\sum_{i=1}^{n}(\eta_i-\mu_2)}\sim F(n_1,n_2).$$

对于事先给定的显著水平 α 的双侧检验或单侧检验的拒绝域与图 2－15 类似，但应注意的是，此时的自由度就为样本容量.

例 6 假定甲厂灯泡寿命(单位：h)$\xi \sim N(\mu_1,\sigma_1^2)$，乙厂灯泡寿命(单位：h)$\eta \sim N(\mu_2,\sigma_2^2)$. 现分别从两个厂的产品中抽取样本拟进行 μ_1 和 μ_2 差异显著性的考察，其样本数据经整理后为

甲厂样本(ξ)：$n_1 = 13$，$\bar{x}_1 = 1412$，$s_1 = 380$；

乙厂样本(η)：$n_2 = 9$，$\bar{x}_2 = 1532$，$s_2 = 423$.

在 $\alpha = 0.05$ 下，试问这两个厂的灯泡平均寿命是否有显著差异?

解 本题为两个正态总体的均值的双侧检验，但由于题设中未指明未知方差是否相等，因此检验分为两步进行.

第一步：检验两个正态总体方差是否有显著差异.

待验假设为 $H_0:\sigma_1^2 = \sigma_2^2$，备择假设为 $H_1:\sigma_1^2 \neq \sigma_2^2$；

F 检验，选择统计量

$$F = \frac{\dfrac{n_1}{n_1-1}S_1^2}{\dfrac{n_2}{n_2-1}S_2^2} \sim F(n_1-1,n_2-1),$$

由显著水平 $\alpha = 0.05$，查附表 5 得临界值为

$$\lambda_1 = F(1-\frac{\alpha}{2};n_1-1,n_2-1) = \frac{1}{F(\frac{\alpha}{2};n_2-1,n_1-1)}$$

$$= \frac{1}{F(0.025;8,12)} = \frac{1}{3.5118} = 0.2848,$$

$$\lambda_2 = F(\frac{\alpha}{2};n_1-1,n_2-1) = F(0.025;12,8) = 4.1997,$$

故双侧检验的拒绝域为

$$W = [0,0.2848] \cup [4.1997,+\infty);$$

由题所给样本数据，得统计量观测值为

$$F_0 = \frac{\dfrac{n_1}{n_1-1}s_1^2}{\dfrac{n_2}{n_2-1}s_2^2} = \frac{\dfrac{13}{12}\times 380^2}{\dfrac{9}{8}\times 423^2} = 0.78.$$

因为 $F_0 \notin W$，故接受 $H_0:\sigma_1^2 = \sigma_2^2$，即可以认为这两个厂的灯泡寿命方差无显著差异.

第二步：检验两个正态总体均值是否有显著差异.

待验假设为 $H_0:\mu_1 = \mu_2$，备择假设为 $H_1:\mu_1 \neq \mu_2$；

t 检验，选择统计量

$$T = \frac{\bar{\xi}-\bar{\eta}}{\sqrt{\dfrac{n_1S_1^2+n_2S_2^2}{n_1+n_2-2}}\sqrt{\dfrac{1}{n_1}+\dfrac{1}{n_2}}} \sim t(n_1+n_2-2),$$

由显著水平 $\alpha=0.05$，查附表 5 得临界值为

$$t_{\frac{\alpha}{2}}=t(\frac{\alpha}{2};n_1+n_2-2)=t(0.025;20)=2.0860,$$

故双侧检验的拒绝域为

$$W=(-\infty,-2.086]\cup[2.086,+\infty);$$

由题所给样本数据，得统计量观测值为

$$T_0=\frac{\bar{x}_1-\bar{x}_2}{\sqrt{\frac{n_1s_1^2+n_2s_2^2}{n_1+n_2-2}}\sqrt{\frac{1}{n_1}+\frac{1}{n_2}}}=\frac{1412-1532}{\sqrt{\frac{13\times380^2+9\times423^2}{13+9-2}(\frac{1}{13}+\frac{1}{9})}}=-0.66.$$

因为 $F_0\notin W$，故接受 $H_0:\mu_1=\mu_2$，即可以认为这两个厂的灯泡平均寿命无显著差异.

为了使用方便，现将正态总体的参数检验的各种类型，包括检验方法、适用范围及相应条件、所选统计量及服从的分布、拒绝域等，汇总成表 2－4 以供查阅.

表 2－4　正态总体参数检验的各种类型及方法

方法与类型							临界值及拒绝域		所选统计量及分布
被验参数	检验法	适用范围及相应条件		待验假设 H_0			显著水平 α 对应分布的临界值	拒绝域	
总体均值 μ	U 检验法	一总体	σ^2 已知	双侧		$\mu=\mu_0$	$u_{\alpha/2}=u(1-\frac{\alpha}{2})$	$(-\infty,-u_{\alpha/2}]\cup[u_{\alpha/2},+\infty)$	$U=\frac{\bar{\xi}-\mu_0}{\sigma/\sqrt{n}}\sim N(0,1)$
				单侧	右侧	$\mu\leqslant\mu_0$	$u_\alpha=u(1-\alpha)$	$[u_\alpha,+\infty)$	
					左侧	$\mu\geqslant\mu_0$		$(-\infty,-u_\alpha]$	
		二总体	σ_1^2，σ_2^2 已知	双侧		$\mu_1=\mu_2$	$u_{\alpha/2}=u(1-\frac{\alpha}{2})$	$(-\infty,-u_{\alpha/2}]\cup[u_{\alpha/2},+\infty)$	$U=\frac{\bar{\xi}-\bar{\eta}}{\sqrt{\frac{\sigma_1^2}{n_1}+\frac{\sigma_2^2}{n_2}}}\sim N(0,1)$
				单侧	右侧	$\mu_1\leqslant\mu_2$	$u_\alpha=u(1-\alpha)$	$[u_\alpha,+\infty)$	
					左侧	$\mu_1\geqslant\mu_2$		$(-\infty,-u_\alpha]$	
	t 检验法	一总体	σ^2 未知	双侧		$\mu=\mu_0$	$t_{\alpha/2}=t(\frac{\alpha}{2};k)$	$(-\infty,-t_{\alpha/2}]\cup[t_{\alpha/2},+\infty)$	$T=\frac{\bar{\xi}-\mu_0}{\sqrt{S^{*2}/n}}\sim t(k)$，$k=n-1$
				单侧	右侧	$\mu\leqslant\mu_0$	$t_\alpha=t(\alpha;k)$	$(t_\alpha,+\infty]$	
					左侧	$\mu\geqslant\mu_0$		$(-\infty,-t_\alpha]$	
		二总体	σ_1^2，σ_2^2 未知但相等	双侧		$\mu_1=\mu_2$	$t_{\alpha/2}=t(\frac{\alpha}{2};k)$	$(-\infty,-t_{\alpha/2}]\cup[t_{\alpha/2},+\infty)$	$T=\frac{\bar{\xi}-\bar{\eta}}{\sqrt{\frac{n_1S_1^2+n_2S_2^2}{n_1+n_2-2}(\frac{1}{n_1}+\frac{1}{n_2})}}\sim t(k)$，$k=n_1+n_2-2$
				单侧	右侧	$\mu_1\leqslant\mu_2$	$t_\alpha=t(\alpha;k)$	$[t_\alpha,+\infty)$	
					左侧	$\mu_1\geqslant\mu_2$		$(-\infty,-t_\alpha]$	

续表2-4

方法与类型							临界值及拒绝域		所选统计量及分布
被验参数	检验法	适用范围及相应条件		待验假设 H_0			显著水平 α 对应分布的临界值	拒绝域	
总体方差	χ^2 检验法	一总体	μ 已知	双侧		$\sigma^2=\sigma_0^2$	$\lambda_1=\chi^2(1-\frac{\alpha}{2};n)$ $\lambda_2=\chi^2(\frac{\alpha}{2};n)$	$[0,\lambda_1]\cup[\lambda_2,+\infty)$	$\chi^2=\frac{\sum_{i=1}^{n}(\xi_i-\mu)^2}{\sigma_0^2}\sim\chi^2(n)$
				单侧	右侧	$\sigma^2\leqslant\sigma_0^2$	$\lambda_2=\chi^2(\alpha;n)$	$[\lambda_2,+\infty)$	
					左侧	$\sigma^2\geqslant\sigma_0^2$	$\lambda_1=\chi^2(1-\alpha;n)$	$[0,\lambda_1]$	
			μ 未知	双侧		$\sigma^2=\sigma_0^2$	$\lambda_1=\chi^2(1-\frac{\alpha}{2};k)$ $\lambda_2=\chi^2(\frac{\alpha}{2};k)$	$[0,\lambda_1]\cup[\lambda_2,+\infty)$	$\chi^2=\frac{(n-1)s^{*2}}{\sigma_0^2}\sim\chi^2(k)$, $k=n-1$
				单侧	右侧	$\sigma^2\leqslant\sigma_0^2$	$\lambda_2=\chi^2(\alpha;k)$	$[\lambda_2,+\infty)$	
					左侧	$\sigma^2\geqslant\sigma_0^2$	$\lambda_1=\chi^2(1-\alpha;k)$	$(0,\lambda_1]$	
	F 检验法	二总体	μ_1,μ_2 已知	双侧		$\sigma_1^2=\sigma_2^2$	$\lambda_1=\frac{1}{F(\frac{\alpha}{2};n_2,n_1)}$ $\lambda_2=F(\frac{\alpha}{2};n_1,n_2)$	$[0,\lambda_1]\cup[\lambda_2,+\infty)$	$F=\frac{\frac{1}{n_1}\sum_{i=1}^{n}(\xi_i-\mu_1)}{\frac{1}{n_2}\sum_{i=1}^{n}(\eta_i-\mu_2)}\sim F(n_1,n_2)$
				单侧	右侧	$\sigma_1^2\leqslant\sigma_2^2$	$\lambda_2=F(\alpha;n_1,n_2)$	$[\lambda_2,+\infty)$	
					左侧	$\sigma_1^2\geqslant\sigma_2^2$	$\lambda_2=F(\alpha;n_1,n_2)$	$[0,\lambda_1]$	
			μ_1,μ_2 未知	双侧		$\sigma_1^2=\sigma_2^2$	$\lambda_1=\frac{1}{F(\frac{\alpha}{2};k_2,k_1)}$ $\lambda_2=F(\frac{\alpha}{2};k_1,k_2)$	$[0,\lambda_1]\cup[\lambda_2,+\infty)$	$F=\frac{S_1^{*2}}{S_2^{*2}}\sim F(k_1,k_2)$, $k_1=n_1-1$, $k_2=n_2-1$
				单侧	右侧	$\sigma_1^2\leqslant\sigma_2^2$	$\lambda_2=F(\alpha;k_1,k_2)$	$[\lambda_2,+\infty)$	
					左侧	$\sigma_1^2\geqslant\sigma_2^2$	$\lambda_2=F(\alpha;k_1,k_2)$	$[0,\lambda_1]$	

习题 §2-4

1. 已知在正常生产情况下某种汽车零件的质量服从正态分布 $N(54, 0.75^2)$. 在某日生产的零件中抽取 10 件，测得质量(单位：g) 如下：

54.0　55.1　53.8　54.2　52.1　54.2　55.0　55.8　55.1　55.3

如果标准差不变，试问该日生产的零件质量的均值是否有显著差异?($\alpha=0.05$)

2. 化肥厂用自动打包机包装化肥. 某日测得 9 包化肥的质量(单位：kg) 如下：

49.7　49.8　50.3　50.5　49.7　50.1　49.9　50.5　50.4

已知每包化肥的质量服从正态分布，试问是否可以认为每包化肥的平均质量为50 kg?($\alpha=0.05$)

3. 进行5次试验，测得锰的熔化点(单位：℃)如下：

1269　1271　1256　1265　1254

已知锰的熔化点服从正态分布，试问是否可以认为锰的熔化点显著高于1250℃?($\alpha=0.01$)

4. 已知某炼铁厂铁水含碳量服从正态分布$N(4.40,0.05^2)$，现在测定了5炉铁水，其含碳量为

4.34　4.40　4.42　4.30　4.35

如果估计方差没有变化，试问是否可以认为现在生产的铁水平均含碳量为4.40?($\alpha=0.05$)

5. 已知某一试验，其温度(℃)服从正态分布$N(\mu,\sigma^2)$，现在测量了温度的5个值为

1250　1265　1245　1260　1275

试问是否可以认为$\mu=1277$?($\alpha=0.05$)

6. 打包机装糖入包，每包标准重为100 g，每天开工后，要检验所装糖包的总体期望值是否合乎标准(100 g). 某日开工后，测得9包糖质量(单位：g)如下：

99.3　98.7　100.5　101.2　98.3　99.7　99.5　102.1　100.5

如果打包机装糖的质量服从正态分布，试问该日打包机工作是否正常?($\alpha=0.05$)

7. 某种导线的电阻服从正态分布$N(\mu,\sigma^2)$，要求电阻的标准差不得超过0.004 Ω. 今从新生产的一批导线中抽取10根，测其电阻，得$s^*=0.006$ Ω. 试问是否可以否认这批导线电阻的标准差显著偏大?($\alpha=0.05$)

8. 从一批灯泡中抽取50个灯泡的随机样本，算得样本平均数$x=1900$小时，$s^*=490$小时，以$\alpha=1\%$的水平，检验整批灯泡的使用寿命是否为2000小时?

9. 某种羊毛在处理前后，各抽取样本，测得含脂率(单位：%)如下：

处理前：19　18　21　30　66　42　8　12　30　27

处理后：19　24　7　8　20　12　31　29　13　4

若羊毛含脂率按正态分布，试问处理后含脂率有无显著变化?($\alpha=0.05$)

10. 两台车床生产同一种滚珠(滚珠直径按正态分布)，从中分别抽取6个和9个产品，试比较两台车床生产的滚珠直径的方差是否相等?($\alpha=0.10$)

甲车床：34.5　38.2　34.2　34.1　35.1　33.8

乙车床：34.5　42.3　41.7　43.1　42.4　42.2　41.8　43.0　42.9

11. 甲、乙两个铸造厂生产同一种铸件，假设两厂铸件的质量都服从正态分布，测得质量(单位：kg)如下：

甲厂：85.6　85.9　85.7　85.7　86.0　85.5　85.4　85.8

乙厂：86.2　85.7　86.5　85.8　86.3　86.0　85.8　85.7

试问两厂铸件的平均质量有无显著差别?($\alpha = 0.05$)

复习题二

一、填空题

1. 设容量 $n = 10$ 的样本的观察值为(8, 7, 6, 9, 8, 7, 5, 9, 6),则样本均值________,样本方差____________,样本修正方差____________.

2. 设总体 $X \sim b(n,p)$,$0 < p < 1$,且$(X_1, X_2, \cdots, X_n)$为总体 X 的样本,n 及 p 的矩估计分别是______.

3. 设总体 $X \sim N(\mu, 0.9^2)$,$(X_1, X_2, \cdots, X_9)$是总体容量为 9 的简单随机样本,且样本均值 $\overline{x} = 5$,则未知参数 μ 的置信水平为 0.95 的置信区间是__________.

4. 测得自动车床加工的 10 个零件的尺寸与规定尺寸的偏差(μm) 如下:

$$+2,\ +1,\ -2,\ +3,\ +2,\ +4,\ -2,\ +5,\ +3,\ +4$$

则零件尺寸偏差的数学期望的无偏估计量是____________,零件尺寸偏差的方差的无偏估计量是____________.

5. 设$(X_1, X_2, \cdots, X_n)$是来自正态总体 $N(\mu, \sigma^2)$ 的简单随机样本,μ 和σ^2 均未知,记 $\overline{X} = \frac{1}{n}\sum_{i=1}^{n} X_i$,$\theta^2 = \sum_{i=1}^{n}(X_i - \overline{X})^2$,则假设 $H_0: \mu = 0$ 的 t 检验使用统计量 $T =$ __________.

6. 设 $\overline{X} = \frac{1}{m}\sum_{i=1}^{m} X_i$ 和 $\bar{Y} = \frac{1}{n}\sum_{i=1}^{n} Y_i$ 分别来自两个正态总体 $N(\mu_1, \sigma_1^2)$ 和 $N(\mu_2, \sigma_2^2)$ 的样本均值,参数 μ_1,μ_2 未知,两正态总体相互独立,欲检验 $H_0: \sigma_1^2 = \sigma_2^2$,应用__________检验法,其检验统计量是__________.

7. 设总体 $X \sim N(\mu, \sigma^2)$,μ 和σ^2 为未知参数,从 X 中抽取的容量为n 的样本均值记为 $\overline{x}$,修正样本标准差为 S_n^*,在显著水平 α 下,检验假设 $H_0: \mu = 80$,$H_1: \mu \neq 80$ 的拒绝域为__________,在显著水平 α 下,检验假设 $H_0: \sigma^2 = \sigma_0^2$($\sigma_0$ 已知),$H_1: \sigma_1 \neq \sigma_0^2$ 的拒绝域为__________.

二、选择题

1. 设(ξ_1, ξ_2, ξ_3)是正态总体 $N(\mu, \sigma^2)$ 的一个样本,其中μ 是未知量,σ^2 是已知量,下列各式不是统计量的是(　　).

(A) $\sum_{i=1}^{3}\xi_i - \mu$　　　(B) $\min\{\xi_1, \xi_2, \xi_3\}$

(C) $\xi_1 + 2\xi_2 - 3\xi_3$　　　(D) $\xi_1 + 2\xi_2 - \sigma^2 \cdot \xi_3$

2. 设 $X_1, X_2, \cdots, X_n$ 为来自正态总体 $N(\mu, \sigma^2)$ 的简单随机样本,$\overline{X}$ 是样本均值,记 $S_1^2 = \frac{1}{n-1}\sum_{i=1}^{n}(X_i - \overline{X})^2$,$S_2^2 = \frac{1}{n}\sum_{i=1}^{n}(X_i - \overline{X})^2$,$S_3^2 = \frac{1}{n-1}\sum_{i=1}^{n}(X_i - \mu)^2$,$S_4^2 =$

$\frac{1}{n}\sum_{i=1}^{n}(X_i-\mu)^2$，则服从自由度为 $n-1$ 的 t 分布的随机变量是(　　).

(A) $t=\frac{\overline{X}-\mu}{S_1/\sqrt{n-1}}$　　(B) $t=\frac{\overline{X}-\mu}{S_2/\sqrt{n-1}}$

(C) $t=\frac{\overline{X}-\mu}{S_3/\sqrt{n}}$　　(D) $t=\frac{\overline{X}-\mu}{S_4/\sqrt{n}}$

3. 在对单个正态总体均值的假设检验中，当总体方差已知时，选用(　　).

(A)t 检验法　　(B)U 检验法

(C)F 检验法　　(D)χ^2 检验法

4. 在一个确定的假设检验中，与判断结果相关的因素有(　　).

(A) 样本值与样本容量　　(B) 显著水平 α

(C) 检验统计量　　(D)A，B，C 同时成立

5. 对正态总体的数学期望 μ 进行假设检验，如果在显著水平 0.05 下接受 $H_0:\mu=\mu_0$，那么在显著水平 0.01 下，下列结论中正确的是(　　).

(A) 必须接受 H_0　　(B) 可能接受，也可能拒绝 H_0

(C) 必须拒绝 H_0　　(D) 不接受，也不拒绝 H_0

三、判断题

1. 假设检验的结论接受 H_0，但此时可能会犯存伪错误.　(　　)

2. 总体均值的无偏估计是样本均值，而样本方差可作为总体方差的无偏估计.　(　　)

3. 由总体的简单随机样本构成的函数一定是统计量.　(　　)

4. 置信区间的大小与信度有关.　(　　)

5. 假设检验是利用小概率事件几乎不发生这一理论作为基本思想的.　(　　)

四、计算题

1. 若总体 X 的分布密度为

$$f(x)=\begin{cases}\frac{2x}{\theta^2}, & 0<x<\theta;\\ 0, & \text{其他}.\end{cases}$$

其中 θ 为待估参数，$(x_1,x_2,\cdots,x_n)$ 为样本. 试求 θ 的矩估计量.

2. 公共汽车车门的高度是按男子与车门碰头的机会在 0.01 以下来设计的. 设男子的身高 $R.V.\ \xi\sim N(168,49)$，试问车门的高度应如何确定?

3. 随机地从一批零件中抽取 16 个，测得长度(单位：cm) 为：2.14，2.10，2.13，2.15，2.13，2.12，2.13，2.10，2.15，2.12，2.14，2.10，2.13，2.11，2.14，2.11. 设零件长度分布为正态分布，试求总体 μ 的 90% 的置信区间：(1) 若 $\sigma=0.01$(cm)；(2) 若 σ 未知.

4. 设某产品的某项质量指标服从正态分布，已知它的标准差 $\sigma=150$，现从一批产

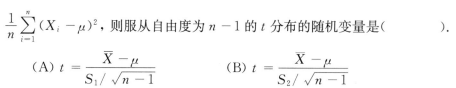

品中随机抽取了26个，测得该项指标的平均值为1637. 试问能否认为这批产品的该项指标值为1600?($\alpha=0.05$)

5. 某台机器加工某种零件，规定零件长度为100 cm，标准差不超过2 cm，每天定时检查机器运行情况. 某日抽取10个零件，测得平均长度$\bar{x}=101$ cm，样本标准差$s=2$ cm. 设加工的零件长度服从正态分布，试问该日机器工作是否正常?($\alpha=0.05$)

6. 设制药厂试制一种新的抗菌素，根据别厂经验，主要指标$\xi\sim N(\mu,\sigma^2)$，其中μ，σ^2未知，均值$\mu_0=23.0$，$\xi_1,\xi_2,\cdots,\xi_n$是来自总体ξ的一个样本. 某日开工后测得9瓶数据的均值$\bar{x}=21.8$，标准差$s^*=0.2386$，试问该日生产是否正常?($\alpha=0.01$)

第三章　矩阵与行列式

学习要求：

一、理解矩阵的基本概念，了解几种特殊的矩阵；

二、掌握矩阵的基本运算，包括矩阵加减法、矩阵数乘、矩阵乘法以及转置运算；

三、熟悉矩阵的初等变换，掌握通过初等变换将矩阵化为阶梯形、求逆矩阵、求矩阵秩的方法；

四、掌握行列式的概念、性质及求解方法.

§3－1　矩阵的概念

矩阵是线性代数的研究对象之一，是现代数学各分支中不可或缺的一部分. 随着科学技术的进步，线性代数广泛应用于自然科学、工程技术、经济管理以及社会科学等诸多领域. 本节主要介绍矩阵的概念.

一、矩阵的定义

引例　某大型超市今年一季度每月百货、食品、服装的营业额见表3－1所示.

表3－1　某超市一季度营业额

单位：百万元

营业额　月份 类型	1月	2月	3月
百货	5	7	6
食品	8	5	6
服装	9	6	4

如果保持表中数字的位置不变，去除表中其他内容，则可以将表3－1变成一个3行

3 列的数表：

$$\begin{pmatrix} 5 & 7 & 6 \\ 8 & 5 & 6 \\ 9 & 6 & 4 \end{pmatrix},$$

这种数表在数学上称为矩阵.

定义 1 由 $m \times n$ 个数 a_{ij} $(i = 1,2,\cdots, m;j = 1,2,\cdots,n)$ 排列成一个 m 行 n 列的数表

$$\boldsymbol{A} = \begin{pmatrix} a_{11} & a_{12} & \cdots & a_{1n} \\ a_{21} & a_{22} & \cdots & a_{2n} \\ \vdots & \vdots & & \vdots \\ a_{m1} & a_{m2} & \cdots & a_{mn} \end{pmatrix},$$

称为 m 行 n 列**矩阵**，简称 $m \times n$ 矩阵. 其中，m 称为矩阵的行数，n 称为矩阵的列数. 数 a_{ij} 表示矩阵的第 i 行第 j 列元素，i 称为元素 a_{ij} 的行下标，j 称为列下标. $m \times n$ 矩阵通常记作 $\boldsymbol{A}_{m\times n}$ 或 $(a_{ij})_{m\times n}$，有时简记为 $\boldsymbol{A}$. 通常用大写字母 $\boldsymbol{A},\boldsymbol{B},\boldsymbol{C},\cdots$ 表示矩阵.

定义 2 如果两个矩阵 $\boldsymbol{A},\boldsymbol{B}$ 的行数与列数对应相等，并且对应位置上的元素也相等，则称矩阵 $\boldsymbol{A}$ 与矩阵 $\boldsymbol{B}$ 相等，记作 $\boldsymbol{A} = \boldsymbol{B}$.

行数与列数对应相等的两个矩阵，又称为同型矩阵.

二、特殊矩阵

下面介绍几种常见的特殊矩阵.

1. 行矩阵

只有一行元素的矩阵,即

$$(a_{11} \quad a_{12} \quad \cdots \quad a_{1n}).$$

2. 列矩阵

只有一列元素的矩阵,即

$$\begin{pmatrix} a_{11} \\ a_{21} \\ a_{31} \\ a_{41} \end{pmatrix}.$$

3. 方阵

当 $m = n$，即矩阵的行数和列数相等时，矩阵 $\boldsymbol{A} = (a_{ij})_{n\times n}$ 称为 n 阶方阵，即

$$\boldsymbol{A} = \begin{pmatrix} a_{11} & a_{12} & \cdots & a_{1n} \\ a_{21} & a_{22} & \cdots & a_{2n} \\ \vdots & \vdots & & \vdots \\ a_{n1} & a_{n2} & \cdots & a_{nn} \end{pmatrix}.$$

在 n 阶方阵中，从左上到右下的对角线称为主对角线，从右上到左下的对角线称为次对角线或副对角线．主对角线上的元素称为主对角元.

4. **单位矩阵**

主对角元全为 1，其余元素均为 0 的 n 阶方阵称为单位矩阵，记作$\boldsymbol{E}_n$，如

$$\boldsymbol{E}_2=\begin{pmatrix}1&0\\0&1\end{pmatrix},\ \boldsymbol{E}_3=\begin{pmatrix}1&0&0\\0&1&0\\0&0&1\end{pmatrix}.$$

5. **对角方阵**

除主对角元以外，其余元素均为 0 的 n 阶方阵，即

$$\boldsymbol{A}=\begin{pmatrix}a_{11}&0&\cdots&0\\0&a_{22}&\cdots&0\\\vdots&\vdots&&\vdots\\0&0&\cdots&a_{nn}\end{pmatrix}.$$

6. **零矩阵**

所有元素都为 0 的矩阵，记作$\mathbf{0}_{m\times n}$，如

$$\mathbf{0}_{2\times2}=\begin{pmatrix}0&0\\0&0\end{pmatrix},\ \mathbf{0}_{3\times4}=\begin{pmatrix}0&0&0&0\\0&0&0&0\\0&0&0&0\end{pmatrix}.$$

7. **三角矩阵**

主对角线下方的元素均为 0 的矩阵称为上三角矩阵，即

$$\boldsymbol{A}=\begin{pmatrix}a_{11}&a_{12}&\cdots&a_{1n}\\0&a_{22}&\cdots&a_{2n}\\\vdots&\vdots&&\vdots\\0&0&\cdots&a_{nn}\end{pmatrix};$$

类似地，有下三角矩阵，即

$$\boldsymbol{A}=\begin{pmatrix}a_{11}&0&\cdots&0\\a_{21}&a_{22}&\cdots&0\\\vdots&\vdots&&\vdots\\a_{n1}&a_{n2}&\cdots&a_{nn}\end{pmatrix}.$$

上(下) 三角矩阵统称为三角矩阵.

习题 §3－1

一、判断题.

(1) 矩阵是一个数表，没有大小；　(　　)

(2) 若两个矩阵都是零矩阵，则这两个矩阵相等；　(　　)

(3) 两个矩阵相等，则对应的元素也相等.　　(　　)

2. 指出下列矩阵的型及特点：

(1) $\begin{pmatrix} 0 & 0 \\ 0 & 0 \\ 0 & 0 \end{pmatrix}$；　(2) $\begin{pmatrix} 1 & 0 & 0 \\ 0 & 1 & 0 \\ 0 & 0 & 1 \end{pmatrix}$；　(3) $\begin{pmatrix} 1 \\ 2 \\ 3 \\ 4 \end{pmatrix}$；　(4) $\begin{pmatrix} a_1 & & 0 \\ & \ddots & \\ 0 & & a_n \end{pmatrix}$.

3. 已经矩阵 $\boldsymbol{A}$ 和矩阵 $\boldsymbol{B}$ 相等，其中 $\boldsymbol{A} = \begin{pmatrix} 2 & x+2y \\ 3x-y & 1 \end{pmatrix}$，$\boldsymbol{B} = \begin{pmatrix} 2 & 3 \\ 2 & 1 \end{pmatrix}$，求 x,y 的值.

§3－2　矩阵的基本运算

矩阵广泛应用于自然科学、工程技术、经济管理等领域，是进行理论研究和解决实际问题的有力工具.

一、矩阵的加、减法

某机械加工厂下属的甲、乙两个车间，生产 ①②③ 三种不同规格的轴承，2011 年三、四两个季度的产量情况见表 3－2、表 3－3.

表 3－2　第三季度轴承产量

单位：万个

车间	①	②	③
甲	8	6	5
乙	9	6	4

表 3－3　第四季度轴承产量

单位：万个

车间	①	②	③
甲	11	7	5
乙	12	8	6

如果要求甲、乙两个车间三、四两个季度每种产品总的产量，则需要做加法运算，得三、四两个季度总产量见表 3－4.

表 3－4　三、四两个季度总产量

单位：万个

车间	①	②	③
甲	$8+11=19$	$6+7=13$	$5+5=10$
乙	$9+12=21$	$6+8=14$	$4+6=10$

将其写成矩阵的形式，有

$$\begin{pmatrix} 8 & 6 & 5 \\ 9 & 6 & 4 \end{pmatrix}+\begin{pmatrix} 11 & 7 & 5 \\ 12 & 8 & 6 \end{pmatrix}=\begin{pmatrix} 19 & 13 & 10 \\ 21 & 14 & 10 \end{pmatrix}.$$

定义 1　设 $\boldsymbol{A}=\begin{pmatrix} a_{11} & a_{12} & \cdots & a_{1n} \\ a_{21} & a_{22} & \cdots & a_{2n} \\ \vdots & \vdots & & \vdots \\ a_{m1} & a_{m2} & \cdots & a_{mn} \end{pmatrix}$，$\boldsymbol{B}=\begin{pmatrix} b_{11} & b_{12} & \cdots & b_{1n} \\ b_{21} & b_{22} & \cdots & b_{2n} \\ \vdots & \vdots & & \vdots \\ b_{m1} & b_{m2} & \cdots & b_{mn} \end{pmatrix}$是两个 m 行 n 列的同型矩阵，定义

$$\boldsymbol{A}+\boldsymbol{B}=\begin{pmatrix} a_{11}+b_{11} & a_{12}+b_{12} & \cdots & a_{1n}+b_{1n} \\ a_{21}+b_{21} & a_{22}+b_{22} & \cdots & a_{2n}+b_{2n} \\ \vdots & \vdots & & \vdots \\ a_{m1}+b_{m1} & a_{m2}+b_{m2} & \cdots & a_{mn}+b_{mn} \end{pmatrix}$$

为矩阵 $\boldsymbol{A}$ 与矩阵 $\boldsymbol{B}$ 的和. 类似地，定义

$$\boldsymbol{A}-\boldsymbol{B}=\begin{pmatrix} a_{11}-b_{11} & a_{12}-b_{12} & \cdots & a_{1n}-b_{1n} \\ a_{21}-b_{21} & a_{22}-b_{22} & \cdots & a_{2n}-b_{2n} \\ \vdots & \vdots & & \vdots \\ a_{m1}-b_{m1} & a_{m2}-b_{m2} & \cdots & a_{mn}-b_{mn} \end{pmatrix}$$

为矩阵 $\boldsymbol{A}$ 与矩阵 $\boldsymbol{B}$ 的差.

由定义，对于零矩阵 $\boldsymbol{0}$，若该零矩阵 $\boldsymbol{0}$ 与矩阵 $\boldsymbol{A}$ 为同型矩阵，则有

$$\boldsymbol{A}+\boldsymbol{0}=\boldsymbol{A}-\boldsymbol{0}=\boldsymbol{A}.$$

注意：只有同型矩阵才能进行加法和减法运算.

例 1　已知矩阵 $\boldsymbol{A}=\begin{pmatrix} 1 & 0 & 2 \\ 3 & 5 & 6 \\ 1 & 7 & 2 \end{pmatrix}$，矩阵 $\boldsymbol{B}=\begin{pmatrix} 0 & 1 & 7 \\ 2 & 6 & 9 \\ 3 & 2 & 5 \end{pmatrix}$，又有 $\boldsymbol{C}=\boldsymbol{A}+\boldsymbol{B}$，$\boldsymbol{D}=\boldsymbol{A}-\boldsymbol{B}$，求矩阵 $\boldsymbol{C}$，$\boldsymbol{D}$.

解　根据矩阵加、减法的定义，有

$$\boldsymbol{C}=\boldsymbol{A}+\boldsymbol{B}=\begin{pmatrix} 1 & 0 & 2 \\ 3 & 5 & 6 \\ 1 & 7 & 2 \end{pmatrix}+\begin{pmatrix} 0 & 1 & 7 \\ 2 & 6 & 9 \\ 3 & 2 & 5 \end{pmatrix}=\begin{pmatrix} 1 & 1 & 9 \\ 5 & 11 & 15 \\ 4 & 9 & 7 \end{pmatrix},$$

$$D = A - B = \begin{pmatrix} 1 & 0 & 2 \\ 3 & 5 & 6 \\ 1 & 7 & 2 \end{pmatrix} - \begin{pmatrix} 0 & 1 & 7 \\ 2 & 6 & 9 \\ 3 & 2 & 5 \end{pmatrix} = \begin{pmatrix} 1 & -1 & -5 \\ 1 & -1 & -3 \\ -2 & 5 & -3 \end{pmatrix}.$$

二、数乘矩阵

上述机械厂轴承产量的矩阵中，设 2011 年每个季度生产量的平均值恰好是第三季度的生产量. 如果要求该厂 2011 年的总产量，则需要将第三季度的产量乘以 4，即

$$\begin{pmatrix} 8\times 4 & 6\times 4 & 5\times 4 \\ 9\times 4 & 6\times 4 & 4\times 4 \end{pmatrix} = \begin{pmatrix} 32 & 24 & 20 \\ 36 & 24 & 16 \end{pmatrix}.$$

定义 2 设 A 是一个 $m\times n$ 阶矩阵，k 是一个常数，则

$$kA = \begin{pmatrix} ka_{11} & ka_{12} & \cdots & ka_{1n} \\ ka_{21} & ka_{22} & \cdots & ka_{2n} \\ \vdots & \vdots & & \vdots \\ ka_{m1} & ka_{m2} & \cdots & ka_{mn} \end{pmatrix}$$

称为矩阵 A 与数 k 的乘积. 要注意的是，数乘矩阵定义为用数乘以矩阵的每一个元素.

例 2 已知 $A = \begin{pmatrix} 1 & 2 & 3 \\ 4 & 5 & 6 \end{pmatrix}$，求 $4A$.

解 $4A = 4\times\begin{pmatrix} 1 & 2 & 3 \\ 4 & 5 & 6 \end{pmatrix} = \begin{pmatrix} 4 & 8 & 12 \\ 16 & 20 & 24 \end{pmatrix}$.

数乘矩阵和矩阵的加法，统称为矩阵的线性运算. 矩阵线性运算的本质是对矩阵元素的加法和乘法运算.

定理 1 设 A，B 是同型矩阵，k，l 为常数，则有以下运算规律：

(1) 交换律 $A+B=B+A$；

(2) 结合律 $(A+B)+C=A+(B+C)$；

(3) 数对矩阵的分配律 $k(A+B)=kA+kB$；

(4) 矩阵对数的分配律 $(k+l)A=kA+lA$.

三、矩阵的乘法

在 §3－2 节中，知道某机械厂第三季度的生产矩阵为 $A = \begin{pmatrix} 8 & 6 & 5 \\ 9 & 6 & 4 \end{pmatrix}$，三种规格轴承的单价分别为 10，15，20(单位：元)，其规格 ① 的轴承每个获利 2 元，规格 ② 的轴承每个获利 3 元，规格 ③ 的轴承每个获利 5 元，将其写成矩阵的形式有 $B = \begin{pmatrix} 10 & 2 \\ 15 & 3 \\ 20 & 5 \end{pmatrix}$，则该季度甲、乙两个车间各自的产值及利润，用矩阵 $C=(c_{ij})_{2\times 2}$ 表示，即

$$\boldsymbol{C}=\begin{pmatrix} c_{11} & c_{12} \\ c_{21} & c_{22} \end{pmatrix}\begin{matrix}\text{甲车间}\\ \text{乙车间}\end{matrix}$$

（列：产值　利润）

则 $\boldsymbol{C}$ 中的元素分别为

该季度的总产值：$\begin{cases} c_{11}=8\times10+6\times15+5\times20=270, \\ c_{21}=9\times10+6\times15+4\times20=260. \end{cases}$

该季度的总利润：$\begin{cases} c_{12}=8\times2+6\times3+5\times5=59, \\ c_{22}=9\times2+6\times3+4\times5=56. \end{cases}$

即

$$\begin{aligned}\boldsymbol{C}&=\begin{pmatrix} c_{11} & c_{12} \\ c_{21} & c_{22} \end{pmatrix}\\ &=\begin{pmatrix} 8\times10+6\times15+5\times20 & 8\times2+6\times3+5\times5 \\ 9\times10+6\times15+4\times20 & 9\times2+6\times3+4\times5 \end{pmatrix}=\begin{pmatrix} 270 & 59 \\ 260 & 56 \end{pmatrix}.\end{aligned}$$

其中，矩阵 $\boldsymbol{C}$ 的元素 c_{ij} 是矩阵 $\boldsymbol{A}$ 的第 i 行元素与矩阵 $\boldsymbol{B}$ 的第 j 列对应元素的乘积之和.

定义 3　设 $\boldsymbol{A}$ 是一个 $m\times k$ 的矩阵，$\boldsymbol{B}$ 是一个 $k\times n$ 的矩阵，

$$\boldsymbol{A}=\begin{pmatrix} a_{11} & a_{12} & \cdots & a_{1k} \\ a_{21} & a_{22} & \cdots & a_{2k} \\ \vdots & \vdots & & \vdots \\ a_{m1} & a_{m2} & \cdots & a_{mk} \end{pmatrix},\ \boldsymbol{B}=\begin{pmatrix} b_{11} & b_{12} & \cdots & b_{1n} \\ b_{21} & b_{22} & \cdots & b_{2n} \\ \vdots & \vdots & & \vdots \\ b_{k1} & b_{k2} & \cdots & b_{kn} \end{pmatrix}.$$

则称 $m\times n$ 阶矩阵 $\boldsymbol{C}=(c_{ij})$ 为矩阵 $\boldsymbol{A}$ 与 $\boldsymbol{B}$ 的乘积，其中

$$c_{ij}=a_{i1}b_{1j}+a_{i2}b_{2j}+\cdots+a_{ik}b_{kj}=\sum_{l=1}^{k}a_{il}b_{lj}\quad(i=1,2,\cdots,m;j=1,2,\cdots,n),$$

记作：

$$\boldsymbol{C}=\boldsymbol{AB}.$$

由定义知，只有当左矩阵 $\boldsymbol{A}$ 的列数与右矩阵 $\boldsymbol{B}$ 的行数相等时，$\boldsymbol{A}$，$\boldsymbol{B}$ 矩阵才能做乘法运算. 两个矩阵的乘积也是矩阵，乘积矩阵的行数为左矩阵 $\boldsymbol{A}$ 的行数，列数为右矩阵 $\boldsymbol{B}$ 的列数. 乘积矩阵 $\boldsymbol{C}$ 中的元素 c_{ij} 是左矩阵 $\boldsymbol{A}$ 的第 i 行元素与右矩阵 $\boldsymbol{B}$ 的第 j 列对应元素的乘积之和.

例 3　设矩阵 $\boldsymbol{A}=\begin{pmatrix} 1 & -3 \\ 2 & 5 \\ 7 & 4 \end{pmatrix}$，矩阵 $\boldsymbol{B}=\begin{pmatrix} 2 & 3 \\ 1 & 4 \end{pmatrix}$，求 $\boldsymbol{AB}$.

解

$$\begin{aligned}\boldsymbol{AB}&=\begin{pmatrix} 1 & -3 \\ 2 & 5 \\ 7 & 4 \end{pmatrix}\begin{pmatrix} 2 & 3 \\ 1 & 4 \end{pmatrix}\\ &=\begin{pmatrix} 1\times2+(-3)\times1 & 1\times3+(-3)\times4 \\ 2\times2+5\times1 & 2\times3+5\times4 \\ 7\times2+4\times1 & 7\times3+4\times4 \end{pmatrix}=\begin{pmatrix} -1 & -9 \\ 9 & 26 \\ 18 & 37 \end{pmatrix}.\end{aligned}$$

例 3 中，矩阵 $\boldsymbol{B}$ 有两列，矩阵 $\boldsymbol{A}$ 有三行，因为 $\boldsymbol{B}$ 的列数 $\neq \boldsymbol{A}$ 的行数，所以 $\boldsymbol{BA}$ 无意义.

例 4 设矩阵 $\boldsymbol{A}=\begin{pmatrix}1&2&3\\4&5&6\\7&8&9\end{pmatrix}$，矩阵 $\boldsymbol{B}=\begin{pmatrix}2&3&4\\1&2&8\\3&6&4\end{pmatrix}$，求 $\boldsymbol{AB}$ 和 $\boldsymbol{BA}$.

解 $$\boldsymbol{AB}=\begin{pmatrix}1&2&3\\4&5&6\\7&8&9\end{pmatrix}\begin{pmatrix}2&3&4\\1&2&8\\3&6&4\end{pmatrix}$$

$$=\begin{pmatrix}1\times2+2\times1+3\times3 & 1\times3+2\times2+3\times6 & 1\times4+2\times8+3\times4\\4\times2+5\times1+6\times3 & 4\times3+5\times2+6\times6 & 4\times4+5\times8+6\times4\\7\times2+8\times1+9\times3 & 7\times3+8\times2+9\times6 & 7\times4+8\times8+9\times4\end{pmatrix}$$

$$=\begin{pmatrix}13&25&32\\31&58&80\\49&91&128\end{pmatrix};$$

$$\boldsymbol{BA}=\begin{pmatrix}2&3&4\\1&2&8\\3&6&4\end{pmatrix}\begin{pmatrix}1&2&3\\4&5&6\\7&8&9\end{pmatrix}$$

$$=\begin{pmatrix}2\times1+3\times4+4\times7 & 2\times2+3\times5+4\times8 & 2\times3+3\times6+4\times9\\1\times1+2\times4+8\times7 & 1\times2+2\times5+8\times8 & 1\times3+2\times6+8\times9\\3\times1+6\times4+4\times7 & 3\times2+6\times5+4\times8 & 3\times3+6\times6+4\times9\end{pmatrix}$$

$$=\begin{pmatrix}42&51&60\\65&76&87\\55&68&81\end{pmatrix}.$$

由例 3、例 4 可知，当乘积矩阵 $\boldsymbol{AB}$ 有意义时，$\boldsymbol{BA}$ 不一定有意义；即使 $\boldsymbol{BA}$ 有意义，$\boldsymbol{AB}$ 与 $\boldsymbol{BA}$ 往往也不相等. 因此，矩阵乘法不满足交换律，在进行矩阵乘法运算时，一定要注意次序.

例 5 设矩阵 $\boldsymbol{A}=\begin{pmatrix}-2&4\\-1&2\end{pmatrix}$，$\boldsymbol{B}=\begin{pmatrix}2&10\\1&5\end{pmatrix}$，$\boldsymbol{C}=\begin{pmatrix}-12&4\\-6&2\end{pmatrix}$，求 $\boldsymbol{AB}$ 和 $\boldsymbol{AC}$.

解 $$\boldsymbol{AB}=\begin{pmatrix}-2&4\\-1&2\end{pmatrix}\begin{pmatrix}2&10\\1&5\end{pmatrix}=\begin{pmatrix}0&0\\0&0\end{pmatrix};$$

$$\boldsymbol{AC}=\begin{pmatrix}-2&4\\-1&2\end{pmatrix}\begin{pmatrix}-12&4\\-6&2\end{pmatrix}=\begin{pmatrix}0&0\\0&0\end{pmatrix}.$$

例 6 矩阵 $\boldsymbol{A}=\begin{pmatrix}0&1\\0&0\end{pmatrix}$，求矩阵 $\boldsymbol{A}^2$.

解 $$\boldsymbol{A}^2=\boldsymbol{AA}=\begin{pmatrix}0&1\\0&0\end{pmatrix}\begin{pmatrix}0&1\\0&0\end{pmatrix}=\begin{pmatrix}0&0\\0&0\end{pmatrix}.$$

由例 5、例 6 可知，两个非零矩阵的乘积矩阵可能是零矩阵. 一般地，当乘积矩阵满足 $\boldsymbol{AB}=\boldsymbol{AC}$，且 $\boldsymbol{A}$ 不为零矩阵 $\boldsymbol{0}$ 时，不能像代数运算一样消去 $\boldsymbol{A}$ 而得到 $\boldsymbol{B}=\boldsymbol{C}$；同样，从 $\boldsymbol{AB}=\boldsymbol{0}$ 中，也不能得出 $\boldsymbol{A}=\boldsymbol{0}$ 或者 $\boldsymbol{B}=\boldsymbol{0}$ 的结论. 因此，矩阵的乘法不满足消去律.

定理 2　矩阵乘法满足以下运算规律：

(1) 乘法结合律　$(\boldsymbol{AB})\boldsymbol{C}=\boldsymbol{A}(\boldsymbol{BC})$；

(2) 左乘分配律　$\boldsymbol{A}(\boldsymbol{B}+\boldsymbol{C})=\boldsymbol{AB}+\boldsymbol{AC}$；

(3) 右乘分配律　$(\boldsymbol{B}+\boldsymbol{C})\boldsymbol{A}=\boldsymbol{BA}+\boldsymbol{CA}$；

(4) 数乘结合律　$k(\boldsymbol{AB})=(k\boldsymbol{A})\boldsymbol{B}=\boldsymbol{A}(k\boldsymbol{B})$，其中 k 为常数.

例 7　已知：单位矩阵 $\boldsymbol{E}_3=\begin{pmatrix}1&0&0\\0&1&0\\0&0&1\end{pmatrix}$，$\boldsymbol{B}=\begin{pmatrix}a_{11}&a_{12}&a_{13}\\a_{21}&a_{22}&a_{23}\\a_{31}&a_{32}&a_{33}\end{pmatrix}$，求 $\boldsymbol{E}_3\boldsymbol{B}$.

解　$\boldsymbol{E}_3\boldsymbol{B}=\begin{pmatrix}1&0&0\\0&1&0\\0&0&1\end{pmatrix}\begin{pmatrix}a_{11}&a_{12}&a_{13}\\a_{21}&a_{22}&a_{23}\\a_{31}&a_{32}&a_{33}\end{pmatrix}=\begin{pmatrix}a_{11}&a_{12}&a_{13}\\a_{21}&a_{22}&a_{23}\\a_{31}&a_{32}&a_{33}\end{pmatrix}$.

读者可自己求 $\boldsymbol{BE}_3$，并得出 $\boldsymbol{E}_3\boldsymbol{B}=\boldsymbol{BE}_3=\boldsymbol{B}$. 单位矩阵是矩阵乘法运算的单位元，其作用类似于代数乘法中的数 1.

四、矩阵的转置

对于一个给定的 $m\times n$ 阶矩阵 $\boldsymbol{A}$，如果将其行与列依次对换，可以得到一个新的 $n\times m$ 阶矩阵 $\boldsymbol{B}$. 矩阵 $\boldsymbol{B}$ 的行数是矩阵 $\boldsymbol{A}$ 的列数，矩阵 $\boldsymbol{B}$ 的列数是矩阵 $\boldsymbol{A}$ 的行数.

定义 4　把 $m\times n$ 矩阵 $\boldsymbol{A}$ 的行列依次互换，即矩阵 $\boldsymbol{A}$ 第一行作为新矩阵的第一列，矩阵 $\boldsymbol{A}$ 第二行作为新矩阵的第二列 …… 得到的矩阵称为 $\boldsymbol{A}$ 的转置矩阵，记为 $\boldsymbol{A}^{\mathrm{T}}$，即

$$\boldsymbol{A}^{\mathrm{T}}=\begin{pmatrix}a_{11}&a_{21}&\cdots&a_{m1}\\a_{12}&a_{22}&\cdots&a_{m2}\\\vdots&\vdots&&\vdots\\a_{1n}&a_{2n}&\cdots&a_{mn}\end{pmatrix}.$$

若 $\boldsymbol{A}=\begin{pmatrix}1&2&3\\4&5&6\end{pmatrix}$，则 $\boldsymbol{A}^{\mathrm{T}}=\begin{pmatrix}1&4\\2&5\\3&6\end{pmatrix}$.

定理 3　矩阵的转置满足下列性质：

(1)　$(\boldsymbol{A}^{\mathrm{T}})^{\mathrm{T}}=\boldsymbol{A}$；

(2)　$(k\boldsymbol{A})^{\mathrm{T}}=k\boldsymbol{A}^{\mathrm{T}}$；

(3)　$(\boldsymbol{A}+\boldsymbol{B})^{\mathrm{T}}=\boldsymbol{A}^{\mathrm{T}}+\boldsymbol{B}^{\mathrm{T}}$；

(4)　$(\boldsymbol{AB})^{\mathrm{T}}=\boldsymbol{B}^{\mathrm{T}}\boldsymbol{A}^{\mathrm{T}}$.

若矩阵与其转置矩阵相等，即 $\boldsymbol{A}=\boldsymbol{A}^{\mathrm{T}}$，则称这一矩阵为对称矩阵. 例如，矩阵

$\boldsymbol{A}=\begin{pmatrix}1&4&7\\4&2&9\\7&9&3\end{pmatrix}$是对称矩阵.

习题 §3-2

一、判断题

1. 如果$\boldsymbol{A}^2=\boldsymbol{0}$，则$\boldsymbol{A}=\boldsymbol{0}$. (　　)

2. 如果$\boldsymbol{AB}=\boldsymbol{0}$，那么$\boldsymbol{A}=\boldsymbol{0}$或$\boldsymbol{B}=\boldsymbol{0}$. (　　)

3. 若$\boldsymbol{AB}=\boldsymbol{BA}$，则$(\boldsymbol{AB})^n=\boldsymbol{A}^n\boldsymbol{B}^n$. (　　)

4. $(\boldsymbol{A}+\boldsymbol{E})(\boldsymbol{A}-\boldsymbol{E})=(\boldsymbol{A}-\boldsymbol{E})(\boldsymbol{A}+\boldsymbol{E})$. (　　)

5. 若$\boldsymbol{A}^2=\boldsymbol{A}$，则$\boldsymbol{A}=\boldsymbol{0}$或$\boldsymbol{A}=\boldsymbol{E}$. (　　)

6. 若$\boldsymbol{AX}=\boldsymbol{AY}$，且$\boldsymbol{A}\neq\boldsymbol{0}$，则$\boldsymbol{X}=\boldsymbol{Y}$. (　　)

二、计算题

1. 设$\boldsymbol{A}=\begin{pmatrix}1&2\\3&4\end{pmatrix}$，$\boldsymbol{B}\begin{pmatrix}1&3\\2&4\end{pmatrix}$，$\boldsymbol{C}=\begin{pmatrix}3&1\\2&4\end{pmatrix}$，求$\boldsymbol{B}(2\boldsymbol{A}-\boldsymbol{C})$.

2. 设$\boldsymbol{A}=\begin{pmatrix}0&1&0\\0&0&1\\0&0&0\end{pmatrix}$，求$\boldsymbol{A}^2$和$\boldsymbol{A}^3$，它们之间有什么规律?

3. 设有矩阵$\boldsymbol{A}_{3\times2}$，$\boldsymbol{B}_{2\times2}$，$\boldsymbol{C}_{4\times3}$，下列乘法运算有意义的有哪些?

(1)$\boldsymbol{AB}$；　(2)$\boldsymbol{AC}$；　(3)$\boldsymbol{BC}$；　(4)$\boldsymbol{CA}$.

§3-3　矩阵的初等变换

矩阵的初等变换是矩阵的一种十分重要的变换，是对矩阵的一种最基本的化简方式. 在后续课程如化矩阵为最简阶梯形矩阵、逆矩阵的求法及线性方程组的学习中有着重要的作用. 本节引入矩阵初等变换与初等矩阵的概念，为后续课程的学习打下基础.

一、矩阵初等变换的定义

首先，我们来求解如下的三元一次方程组：

$$\begin{cases}2x_1+x_2-x_3=0 & ①\\ x_1+x_2+2x_3=11 & ②\\ 4x_1+x_2-2x_3=-2 & ③\end{cases}$$

运用消元法，求解的过程如下：

$$\begin{cases}2x_1+x_2-x_3=0\\x_1+x_2+2x_3=11\\4x_1+x_2-2x_3=-2\end{cases}\xrightarrow{\text{交换 ①②}}\begin{cases}x_1+x_2+2x_3=11\\2x_1+x_2-x_3=0\\4x_1+x_2-2x_3=-2\end{cases}\xrightarrow[\text{方程 ① 的 }-4\text{ 倍加到方程 ③}]{\text{方程 ① 的 }-2\text{ 倍加到方程 ②}}$$

$$\begin{cases}x_1+x_2+2x_3=11\\-x_2-5x_3=-22\\-3x_2-10x_3=-46\end{cases}\xrightarrow[\text{方程 ③ 乘以 }-1]{\text{方程 ② 乘以 }-1}\begin{cases}x_1+x_2+2x_3=11\\x_2+5x_3=22\\3x_2+10x_3=46\end{cases}\xrightarrow[\text{加到方程 ③}]{\text{方程 ② 的 }-3\text{ 倍}}$$

$$\begin{cases}x_1+x_2+2x_3=11\\x_2+5x_3=22\\-5x_3=-20\end{cases}$$，接着依次往回代，有

$$\begin{cases}x_1+x_2+2x_3=11\\x_2+5x_3=22\\x_3=4\end{cases}\longrightarrow\begin{cases}x_1+x_2+2x_3=11\\x_2=2\\x_3=4\end{cases}\longrightarrow\begin{cases}x_1=1\\x_2=2.\\x_3=4\end{cases}$$

从上述用消元法求解线性方程组的过程可以得出，消元法的每一步，实质是三个未知数系数的变化，未知数本身并没有变化，从始至终都是这三个变量. 如果将每个未知数的系数从方程组中提取出来，构成一个矩阵，则消元法的过程实质就是一个矩阵的变换过程.

我们还可以看出，以上求解过程不外乎有以下三种操作：

(1) 交换两个方程的次序；

(2) 用一个常数乘以某一个方程；

(3) 一个方程的 k 倍加到另外一个方程.

与此相对应，我们给出如下的定义.

定义 1　矩阵的初等行(列) 变换是对矩阵的行(列) 施行下列三种类型的变换：

(1) 交换矩阵的两行(列)，记作 $r_i\leftrightarrow r_j\,(c_i\leftrightarrow c_j)$；

(2) 用实数 $k\,(k\neq 0)$ 乘矩阵的某一行(列)，记作 $kr_i\,(kc_i)$；

(3) 用实数 k 乘以矩阵的某一行(列) 后，再加到另一行(列) 上，记作 $kr_i+r_j\,(kc_i+c_j)$.

定义中给出了矩阵初等变换的三种类型，都可以选择对矩阵任意的行(列) 进行运算. 其中，对一个矩阵施以初等行变换的目的，是要将它化简为**阶梯形矩阵**，进而将其化简为**最简阶梯形矩阵**.

定义 2　如果一个矩阵满足下列两个条件，则称该矩阵为**阶梯形矩阵**：

(1) 元素全为零的行位于非零行的下方；

(2) 每一行的第一个非零元素的列标随行标的递增而严格增大.

例如，矩阵

$$A=\begin{pmatrix}1&0&3&5&1\\0&2&6&4&7\\0&0&0&2&1\\0&0&0&0&0\end{pmatrix},\qquad B=\begin{pmatrix}2&5&8&0\\0&-1&3&4\\0&0&2&1\end{pmatrix}$$

都是阶梯形矩阵，虚线形象地表示了“阶梯形”.

例 1 用矩阵的初等行变换，将矩阵 $A=\begin{pmatrix}0&1&2\\2&4&0\\1&2&2\end{pmatrix}$ 化为阶梯形矩阵.

解 利用矩阵的初等行变换，对矩阵 A 依次做如下的变换：

$$A=\begin{pmatrix}0&1&2\\2&4&0\\1&2&2\end{pmatrix}\xrightarrow{r_1\leftrightarrow r_3}\begin{pmatrix}1&2&2\\2&4&0\\0&1&2\end{pmatrix}\xrightarrow{-2r_1+r_2}\begin{pmatrix}1&2&2\\0&0&-4\\0&1&2\end{pmatrix}\xrightarrow{r_2\leftrightarrow r_3}\begin{pmatrix}1&2&2\\0&1&2\\0&0&-4\end{pmatrix}=A_1.$$

按定义 2，A_1 是阶梯形矩阵.

矩阵相等是指两个矩阵是同型矩阵，并且对应的位置的元素相等. 因此，在进行矩阵的初等变换时，要注意只能通过箭头连接，不能用等号连接.

由例 1 可知，通过矩阵的初等行变换，可以将任意的矩阵化为阶梯形. 在阶梯形矩阵的基础上，还可以继续对矩阵施行初等行变换. 例如，对矩阵 $\begin{pmatrix}1&1&2&1\\4&1&4&2\\2&-1&2&4\end{pmatrix}$ 施行一系列的初等行变换，将其化为阶梯形：

$$\begin{pmatrix}1&1&2&1\\4&1&4&2\\2&-1&2&4\end{pmatrix}\xrightarrow[-2r_1+r_3]{-4r_1+r_2}\begin{pmatrix}1&1&2&1\\0&-3&-4&-2\\0&-3&-2&2\end{pmatrix}\xrightarrow{-r_2+r_3}\begin{pmatrix}1&1&2&1\\0&-3&-4&-2\\0&0&2&4\end{pmatrix},$$

再进行如下的初等行变换：

$$\begin{pmatrix}1&1&2&1\\0&-3&-4&-2\\0&0&2&4\end{pmatrix}\xrightarrow[\frac{1}{2}r_3]{-\frac{1}{3}r_2}\begin{pmatrix}1&1&2&1\\0&1&\frac{4}{3}&\frac{2}{3}\\0&0&1&2\end{pmatrix}$$

$$\xrightarrow[-2r_3+r_1]{-\frac{4}{3}r_3+r_2}\begin{pmatrix}1&1&0&-3\\0&1&0&-2\\0&0&1&2\end{pmatrix}\xrightarrow{-r_2+r_1}\begin{pmatrix}1&0&0&-1\\0&1&0&-2\\0&0&1&2\end{pmatrix},$$

我们称其为最简阶梯形矩阵. 下面我们给出它的定义.

定义 3 对于阶梯形矩阵，若满足以下两个条件：

(1) 各非零行的第一个非零元素均为 1；

(2) 各非零行的第一个非零元素所在列的其他元素全为 0.

称这样的矩阵为**最简阶梯形矩阵**.

例 2　将矩阵 $\boldsymbol{A}=\begin{pmatrix}0&0&1&3\\2&6&-8&0\\1&3&-2&1\end{pmatrix}$ 化为最简阶梯形矩阵.

解　利用初等变换，有

$$\begin{pmatrix}0&0&1&3\\2&6&-8&0\\1&3&-2&1\end{pmatrix}\xrightarrow{r_1\leftrightarrow r_3}\begin{pmatrix}1&3&-2&1\\2&6&-8&0\\0&0&1&3\end{pmatrix}\xrightarrow{-2r_1+r_2}\begin{pmatrix}1&3&-2&1\\0&0&-4&-2\\0&0&1&3\end{pmatrix}$$

$$\xrightarrow{r_2\leftrightarrow r_3}\begin{pmatrix}1&3&-2&1\\0&0&1&3\\0&0&-4&-2\end{pmatrix}\xrightarrow[4r_2+r_3]{2r_2+r_1}\begin{pmatrix}1&3&0&7\\0&0&1&3\\0&0&0&10\end{pmatrix}$$

$$\xrightarrow{\frac{1}{10}r_3}\begin{pmatrix}1&3&0&7\\0&0&1&3\\0&0&0&1\end{pmatrix}\xrightarrow[-3r_3+r_2]{-7r_3+r_1}\begin{pmatrix}1&3&0&0\\0&0&1&0\\0&0&0&1\end{pmatrix}.$$

从例 2 中，我们可以得出将一个矩阵化为阶梯形的基本思路：第一步，先使 a_{11} 位置上的元素不为 0，若 a_{11} 位置上的元素为 0，则通过初等行变换 $r_i\leftrightarrow r_j$，将不为 0 的元素换到 a_{11}，利用 a_{11} 将第一列的其余元素化为 0；第二步，从上至下，利用每一行的首个非零元素将该列下方的其余元素化为 0；如此依次操作，可以得到阶梯形矩阵.

在阶梯形矩阵的基础上，将每行的首位非零元素化为 1，再从下至上，将该列上方的其余元素化为 0. 这样就得到了最简阶梯形矩阵.

需要注意的是，一个矩阵可以化为多个不同的阶梯形矩阵，即矩阵的阶梯形不是唯一的，但在初等行变换下，它的最简阶梯形矩阵是唯一的. 同时，应注意到经过初等变换后的矩阵一般与变换前的矩阵不相等，所以两变换矩阵之间只能用符号"$\rightarrow$"连接，不能用等号连接.

定理 1　任意矩阵总可以经过有限次初等行变换化为阶梯形矩阵，进而化为最简阶梯形矩阵.

定义 4　若矩阵 $\boldsymbol{A}$ 经过有限次初等变换可以变成矩阵 $\boldsymbol{B}$，就称矩阵 $\boldsymbol{A}$ 和矩阵 $\boldsymbol{B}$ 等价.

例 3　运用矩阵的初等变换，将矩阵 $\boldsymbol{B}=\begin{pmatrix}0&0&1&2\\1&3&-2&2\\2&6&-8&0\end{pmatrix}$ 化为最简阶梯形矩阵.

解
$$\begin{pmatrix}0&0&1&2\\1&3&-2&2\\2&6&-8&0\end{pmatrix}\xrightarrow{r_1\leftrightarrow r_2}\begin{pmatrix}1&3&-2&2\\0&0&1&2\\2&6&-8&0\end{pmatrix}\xrightarrow{-2r_1+r_3}\begin{pmatrix}1&3&-2&2\\0&0&1&2\\0&0&-4&-4\end{pmatrix}\xrightarrow{4r_2+r_3}$$

$$\begin{pmatrix}1&3&-2&2\\0&0&1&2\\0&0&0&4\end{pmatrix}\xrightarrow{\frac{1}{4}r_3}\begin{pmatrix}1&3&-2&2\\0&0&1&2\\0&0&0&1\end{pmatrix}\xrightarrow[-2r_3+r_1]{-2r_3+r_2}\begin{pmatrix}1&3&-2&0\\0&0&1&0\\0&0&0&1\end{pmatrix}\xrightarrow{2r_2+r_1}\begin{pmatrix}1&3&0&0\\0&0&1&0\\0&0&0&1\end{pmatrix}.$$

由例2和例3可知，不相等的两个矩阵$\boldsymbol{A}=\begin{pmatrix}0&0&1&3\\2&6&-8&0\\1&3&-2&1\end{pmatrix}$和$\boldsymbol{B}=\begin{pmatrix}0&0&1&2\\1&3&-2&2\\2&6&-8&0\end{pmatrix}$，可以具有相同的最简阶梯形矩阵.

二、初等矩阵

矩阵的初等变换是矩阵的一种最基本的运算，有着广泛的应用. 下面我们进一步介绍初等矩阵的概念.

定义5　对单位矩阵$\boldsymbol{E}$施行一次初等变换所得的矩阵称为**初等矩阵**.

对应三种类型初等变换，分别有三种类型的初等矩阵，它们是：

(1) 交换单位矩阵$\boldsymbol{E}$的i,j两行，所得到的初等矩阵记为$\boldsymbol{E}(i,j)$.

如对3阶单位矩阵$\boldsymbol{E}_3=\begin{pmatrix}1&0&0\\0&1&0\\0&0&1\end{pmatrix}$，交换第1行和第3行，得$\boldsymbol{E}(1,3)=\begin{pmatrix}0&0&1\\0&1&0\\1&0&0\end{pmatrix}$.

设矩阵$\boldsymbol{A}_{3\times3}=\begin{pmatrix}a_{11}&a_{12}&a_{13}\\a_{21}&a_{22}&a_{23}\\a_{31}&a_{32}&a_{33}\end{pmatrix}$，用初等矩阵$\boldsymbol{E}(1,3)$左乘$\boldsymbol{A}$，得

$$\boldsymbol{E}(1,3)\boldsymbol{A}=\begin{pmatrix}0&0&1\\0&1&0\\1&0&0\end{pmatrix}\begin{pmatrix}a_{11}&a_{12}&a_{13}\\a_{21}&a_{22}&a_{23}\\a_{31}&a_{32}&a_{33}\end{pmatrix}=\begin{pmatrix}a_{31}&a_{32}&a_{33}\\a_{21}&a_{22}&a_{23}\\a_{11}&a_{12}&a_{13}\end{pmatrix},$$

其结果交换了矩阵$\boldsymbol{A}$的第1行和第3行，相当于对矩阵$\boldsymbol{A}$施行第一种类型初等行变换.

用初等矩阵$\boldsymbol{E}(1,3)$右乘矩阵$\boldsymbol{A}$，得

$$\boldsymbol{AE}(1,3)=\begin{pmatrix}a_{11}&a_{12}&a_{13}\\a_{21}&a_{22}&a_{23}\\a_{31}&a_{32}&a_{33}\end{pmatrix}\begin{pmatrix}0&0&1\\0&1&0\\1&0&0\end{pmatrix}=\begin{pmatrix}a_{13}&a_{12}&a_{11}\\a_{23}&a_{22}&a_{21}\\a_{33}&a_{32}&a_{31}\end{pmatrix},$$

其结果交换了第1列和第3列，相当于对矩阵$\boldsymbol{A}$施行第一种类型初等列变换.

由此可知，一个矩阵左乘初等矩阵$\boldsymbol{E}(i,j)$，相当于对该矩阵施行第一种类型初等行变换($r_i\leftrightarrow r_j$)；右乘初等矩阵$\boldsymbol{E}(i,j)$，相当于对该矩阵施行第一种类型初等列变换($c_i\leftrightarrow c_j$).

(2) 用一个非零常数k乘以单位矩阵$\boldsymbol{E}$的第i行，所得的矩阵记为$\boldsymbol{E}[i(k)]$.

如对3阶单位矩阵$\boldsymbol{E}_3=\begin{pmatrix}1&0&0\\0&1&0\\0&0&1\end{pmatrix}$，用常数2乘以矩阵的第1行，得

$$\boldsymbol{E}[1(2)]=\begin{pmatrix}2&0&0\\0&1&0\\0&0&1\end{pmatrix}.$$

用 $\boldsymbol{E}[1(2)]$ 左乘矩阵 $\boldsymbol{A}$，得

$$\boldsymbol{E}[1(2)]\boldsymbol{A}=\begin{pmatrix}2&0&0\\0&1&0\\0&0&1\end{pmatrix}\begin{pmatrix}a_{11}&a_{12}&a_{13}\\a_{21}&a_{22}&a_{23}\\a_{31}&a_{32}&a_{33}\end{pmatrix}=\begin{pmatrix}2a_{11}&2a_{12}&2a_{13}\\a_{21}&a_{22}&a_{23}\\a_{31}&a_{32}&a_{33}\end{pmatrix},$$

其结果是对矩阵 $\boldsymbol{A}$ 第一行元素都乘以常数 2，相当于对矩阵 $\boldsymbol{A}$ 施行第二种类型初等行变换. 而用 $\boldsymbol{E}[1(2)]$ 右乘矩阵 $\boldsymbol{A}$，得

$$\boldsymbol{A}\boldsymbol{E}[1(2)]=\begin{pmatrix}a_{11}&a_{12}&a_{13}\\a_{21}&a_{22}&a_{23}\\a_{31}&a_{32}&a_{33}\end{pmatrix}\begin{pmatrix}2&0&0\\0&1&0\\0&0&1\end{pmatrix}=\begin{pmatrix}2a_{11}&a_{12}&a_{13}\\2a_{21}&a_{22}&a_{23}\\2a_{31}&a_{32}&a_{33}\end{pmatrix},$$

其结果是对矩阵 $\boldsymbol{A}$ 第一列元素都乘以常数 2，相当于对矩阵 $\boldsymbol{A}$ 施行第二种类型初等列变换.

由此可知，一个矩阵左乘初等矩阵 $\boldsymbol{E}[i(k)]$，相当于对该矩阵施行第二种类型初等行变换(kr_i)；右乘初等矩阵 $\boldsymbol{E}[i(k)]$，相当于对该矩阵施行第二种类型初等列变换(kc_i).

(3) 用数 k 乘以单位矩阵 $\boldsymbol{E}$ 的第 j 行后加到第 i 行，记为 $\boldsymbol{E}[j(k)+i]$.

如对 3 阶单位矩阵 $\boldsymbol{E}_3=\begin{pmatrix}1&0&0\\0&1&0\\0&0&1\end{pmatrix}$，用常数 3 乘以矩阵的第 1 行后，加到第 2 行，得

$$\boldsymbol{E}[1(3)+2]=\begin{pmatrix}1&0&0\\3&1&0\\0&0&1\end{pmatrix}.$$

用 $\boldsymbol{E}[1(3)+2]$ 左乘矩阵 $\boldsymbol{A}$，得

$$\boldsymbol{E}[1(3)+2]\boldsymbol{A}=\begin{pmatrix}1&0&0\\3&1&0\\0&0&1\end{pmatrix}\begin{pmatrix}a_{11}&a_{12}&a_{13}\\a_{21}&a_{22}&a_{23}\\a_{31}&a_{32}&a_{33}\end{pmatrix}=\begin{pmatrix}a_{11}&a_{12}&a_{13}\\3a_{11}+a_{21}&3a_{12}+a_{22}&3a_{13}+a_{23}\\a_{31}&a_{32}&a_{33}\end{pmatrix},$$

其结果是将矩阵 $\boldsymbol{A}$ 第 1 行元素 3 倍后加到第 2 行上，相当于施行第三种类型初等行变换.

用 $\boldsymbol{E}[1(3)+2]$ 右乘矩阵 $\boldsymbol{A}$，得

$$\boldsymbol{A}\boldsymbol{E}[1(3)+2]=\begin{pmatrix}a_{11}&a_{12}&a_{13}\\a_{21}&a_{22}&a_{23}\\a_{31}&a_{32}&a_{33}\end{pmatrix}\begin{pmatrix}1&0&0\\3&1&0\\0&0&1\end{pmatrix}=\begin{pmatrix}a_{11}+3a_{12}&a_{12}&a_{13}\\a_{21}+3a_{22}&a_{22}&a_{23}\\a_{31}+3a_{32}&a_{32}&a_{33}\end{pmatrix},$$

其结果是将矩阵 $\boldsymbol{A}$ 第 2 列元素 3 倍后加到第 1 列上，相当于施行第三种类型初等列变换.

由此可知，一个矩阵左乘初等矩阵 $\boldsymbol{E}[j(k)+i]$，相当于对该矩阵施行第三种类型初等行变换(kr_j+r_i)，即将该矩阵第 j 行的 k 倍加到第 i 行；一个矩阵右乘初等矩阵 $\boldsymbol{E}[j(k)+i]$，相当于对该矩阵施行第三种类型初等列变换(kc_i+c_j)，注意此时与第三种类型初等行变换不同的是，应将该矩阵第 i 列的 k 倍加到第 j 列.

三、矩阵的秩

对一个矩阵作初等变换，可以得到多种阶梯形矩阵. 这些阶梯形矩阵有一个共同点，就是非零行的行数是一定的，这个非零行的行数，就是矩阵的秩. 下面，我们给出矩阵秩的概念.

定义 6 利用初等行变换把矩阵 $\boldsymbol{A}$ 化简为阶梯形矩阵，阶梯矩阵中的非零行的行数为 r，称 r 为矩阵 $\boldsymbol{A}$ 的秩，记作 $r(\boldsymbol{A})=r$.

例 4 设矩阵 $\boldsymbol{A}=\begin{pmatrix}1&-1&1&2\\2&1&1&2\\1&2&2&1\end{pmatrix}$，求 $r(\boldsymbol{A})$.

解 先作如下的初等行变换：

$$\boldsymbol{A}=\begin{pmatrix}1&-1&1&2\\2&1&1&2\\1&2&2&1\end{pmatrix}\xrightarrow[-r_1+r_3]{-2r_1+r_2}\begin{pmatrix}1&-1&1&2\\0&3&-1&-2\\0&3&1&-1\end{pmatrix}\xrightarrow{-r_2+r_3}\begin{pmatrix}1&-1&1&2\\0&3&-1&-2\\0&0&2&1\end{pmatrix},$$

显然，非零行的行数为 3 行，所以 $r(\boldsymbol{A})=3$.

对 $m\times n$ 阶矩阵 $\boldsymbol{A}$，若 $r(\boldsymbol{A})=m$，称 $\boldsymbol{A}$ 为行满秩矩阵；若 $r(\boldsymbol{A})=n$，称 $\boldsymbol{A}$ 为列满秩矩阵；当 $m=n$，即 $\boldsymbol{A}$ 为 n 阶方阵时，若 $r(\boldsymbol{A})=n$，称 $\boldsymbol{A}$ 为满秩矩阵.

前面给出矩阵等价的定义，等价矩阵的秩有下面的关系.

定理 2 若矩阵 $\boldsymbol{A}$ 和矩阵 $\boldsymbol{B}$ 等价，则 $r(\boldsymbol{A})=r(\boldsymbol{B})$.

根据矩阵等价的定义和定理：矩阵 $\boldsymbol{A}$ 可以通过有限次初等行变换，得到阶梯形矩阵 $\boldsymbol{B}$，矩阵 $\boldsymbol{A}$ 和矩阵 $\boldsymbol{B}$ 等价，即初等变换不会改变矩阵的秩. 这就为我们求解矩阵的秩提供了一种方法，可以先运用初等行变换，将矩阵化为阶梯形，再观察得出矩阵的秩.

例 5 求下列矩阵的秩.

(1) $\boldsymbol{A}=\begin{pmatrix}1&-2&3\\2&-5&1\\1&-4&-7\end{pmatrix}$； (2) $\boldsymbol{B}=\begin{pmatrix}1&-2&1&1&2\\-1&3&0&2&-2\\0&1&1&3&4\\1&2&5&13&5\end{pmatrix}$.

解 (1) 运用初等变换，将原矩阵化为阶梯形，进而通过观察得到矩阵的秩.

(1) $\boldsymbol{A}=\begin{pmatrix}1&-2&3\\2&-5&1\\1&-4&-7\end{pmatrix}\to\begin{pmatrix}1&-2&3\\0&1&5\\0&0&0\end{pmatrix}$，得 $r(\boldsymbol{A})=2$；

(2) $\boldsymbol{B}=\begin{pmatrix}1&-2&1&1&2\\-1&3&0&2&-2\\0&1&1&3&4\\1&2&5&13&5\end{pmatrix}\to\begin{pmatrix}1&-2&1&1&2\\0&1&1&3&0\\0&0&0&0&1\\0&0&0&0&0\end{pmatrix}$，得 $r(\boldsymbol{B})=3$.

习题 §3－3

1. 下列矩阵中，哪些是初等矩阵？并指出它是哪一种类型的初等矩阵？

(1) $\begin{pmatrix} 0 & 0 & 1 \\ 0 & 1 & 0 \\ 1 & 0 & 0 \end{pmatrix}$；　(2) $\begin{pmatrix} 2 & 0 \\ 0 & 3 \end{pmatrix}$；　(3) $\begin{pmatrix} 1 & 3 \\ 0 & 1 \end{pmatrix}$；

(4) $\begin{pmatrix} 0 & 0 & 1 \\ 2 & 1 & 0 \\ 6 & 0 & 0 \end{pmatrix}$；　(5) $\begin{pmatrix} 1 & 0 & 0 \\ 0 & 1 & 0 \\ 0 & 0 & 6 \end{pmatrix}$.

2. 对下列的每一组矩阵 $\boldsymbol{A}$ 和 $\boldsymbol{B}$，找一个适当的初等矩阵 $\boldsymbol{P}$，使得 $\boldsymbol{PA}=\boldsymbol{B}$.

(1) $\boldsymbol{A}=\begin{pmatrix} 1 & 2 \\ 3 & 4 \end{pmatrix}$，$\boldsymbol{B}=\begin{pmatrix} 2 & 1 \\ 4 & 3 \end{pmatrix}$；

(2) $\boldsymbol{A}=\begin{pmatrix} 3 & 0 & 1 & 2 \\ 0 & 0 & 1 & 2 \\ 0 & 0 & -4 & -4 \end{pmatrix}$，$\boldsymbol{B}=\begin{pmatrix} 3 & 0 & 1 & 2 \\ 0 & 0 & 1 & 2 \\ 0 & 0 & 0 & 4 \end{pmatrix}$；

(3) $\boldsymbol{A}=\begin{pmatrix} 1 & 3 & -2 & 2 \\ 0 & 3 & 6 & 9 \\ 0 & 0 & 0 & 1 \end{pmatrix}$，$\boldsymbol{B}=\begin{pmatrix} 1 & 3 & -2 & 2 \\ 0 & 1 & 2 & 3 \\ 0 & 0 & 0 & 1 \end{pmatrix}$.

3. 求下列矩阵的秩：

(1) $\begin{pmatrix} 7 & 3 & 2 \\ 1 & -2 & 5 \\ 9 & 1 & 4 \end{pmatrix}$；　(2) $\begin{pmatrix} 1 & 2 & 0 & 4 \\ 1 & 0 & 3 & 1 \\ 2 & 2 & 3 & 5 \end{pmatrix}$.

§3－4　方阵的行列式

对于每一个方阵 $\boldsymbol{A}=(a_{ij})_{n\times n}$，都可以定义一个由 $\boldsymbol{A}$ 决定的数，这个数就是 $\boldsymbol{A}$ 的行列式. 本节将给出行列式的定义、性质，以及一些基本的计算方法.

一、方阵的行列式

n 阶方阵的行列式是一个数，称为 n 阶行列式，记作 $\det\boldsymbol{A}$ 或者 $|\boldsymbol{A}|$. 例如，3 阶方阵的行列式通常也写作 $\det(\boldsymbol{A})=\begin{vmatrix} a_{11} & a_{12} & a_{13} \\ a_{21} & a_{22} & a_{23} \\ a_{31} & a_{32} & a_{33} \end{vmatrix}$，即用竖线“|　　|”加到数表的两边，表示行列式. 与矩阵不同的是，行列式的“|　　|”中，只能是行数和列数相等的数表，即方阵，并且行列式表示的是一个数，而矩阵表示的是一个数表. n 阶行列式通常用大写字母 D 表示.

定义 1 在 n 阶行列式中，把元素 a_{ij} 所在的第 i 行和第 j 列划去，剩下的 $n-1$ 阶行列式称为 a_{ij} 元的余子式，记作M_{ij}；记$A_{ij}=(-1)^{i+j}M_{ij}$，A_{ij} 称为 a_{ij} 元的代数余子式.

例如，三阶行列式

$$A=\begin{vmatrix} a_{11} & a_{12} & a_{13} \\ a_{21} & a_{22} & a_{23} \\ a_{31} & a_{32} & a_{33} \end{vmatrix},$$

第一行元素的余子式为

$$M_{11}=\begin{vmatrix} a_{22} & a_{23} \\ a_{32} & a_{33} \end{vmatrix},\quad M_{12}=\begin{vmatrix} a_{21} & a_{23} \\ a_{31} & a_{33} \end{vmatrix},\quad M_{13}=\begin{vmatrix} a_{21} & a_{22} \\ a_{31} & a_{32} \end{vmatrix};$$

第一行元素的代数余子式为

$$A_{11}=(-1)^{1+1}\begin{vmatrix} a_{22} & a_{23} \\ a_{32} & a_{33} \end{vmatrix},A_{12}=(-1)^{1+2}\begin{vmatrix} a_{21} & a_{23} \\ a_{31} & a_{33} \end{vmatrix},A_{13}=(-1)^{1+3}\begin{vmatrix} a_{21} & a_{22} \\ a_{31} & a_{32} \end{vmatrix}.$$

对于一个 n 阶行列式，可利用代数余子式，递归地给出行列式定义.

定义 2 一个 $n\times n$ 阶方阵$\boldsymbol{A}$ 的行列式 $\det(\boldsymbol{A})$，其定义如下：

$$\det(\boldsymbol{A})=\begin{cases} a_{11}, & 若\ n=1; \\ a_{i1}A_{i1}+a_{i2}A_{i2}+\cdots+a_{in}A_{in}(i=1,2,\cdots,n), & \\ 或\ a_{1j}A_{1j}+a_{2j}A_{2j}+\cdots+a_{nj}A_{nj}(j=1,2,\cdots,n), & 若\ n>1. \end{cases}$$

其中，A_{ij} 为行列式 $\det(\boldsymbol{A})=|a_{ij}|$元素$a_{ij}$ 的代数余子式.

同时，称 $\det(\boldsymbol{A})=a_{i1}A_{i1}+a_{i2}A_{i2}+\cdots+a_{in}A_{in}(i=1,2,\cdots,n)$为行列式 $\det(\boldsymbol{A})$ 按行展开式；称 $\det(\boldsymbol{A})=a_{1j}A_{1j}+a_{2j}A_{2j}+\cdots+a_{nj}A_{nj}(j=1,2,\cdots,n)$为行列式 $\det(\boldsymbol{A})$ 按列展开式.

如果 D 是一个 2 阶行列式，即 $D=\begin{vmatrix} a_{11} & a_{12} \\ a_{21} & a_{22} \end{vmatrix}$，由定义 2 有

$$D=a_{11}|a_{22}|-a_{12}|a_{21}|=a_{11}a_{22}-a_{12}a_{21}.$$

由此，2 阶行列式对角展开法则为主对角元素乘积与副对角线元素乘积之差.

读者自己可推出 3 阶行列式的对角展开法则.

例 1 设$\boldsymbol{A}=\begin{pmatrix} 5 & -1 & 2 \\ 4 & 2 & -1 \\ 3 & -1 & 1 \end{pmatrix}$，求 $\det(\boldsymbol{A})$.

解 根据定义 2，按第 1 行展开：

$$A_{11}=\begin{vmatrix} 2 & -1 \\ -1 & 1 \end{vmatrix}=2-1=1,\quad A_{12}=-\begin{vmatrix} 4 & -1 \\ 3 & 1 \end{vmatrix}=-(4+3)=-7,$$

$$A_{13}=\begin{vmatrix} 4 & 2 \\ 3 & -1 \end{vmatrix}=-4-6=-10,$$

所以

$$\det(\boldsymbol{A})=5A_{11}-A_{12}+2A_{13}=5\times1-(-7)+2\times(-10)=-8.$$

例 2　求行列式 $D=\begin{vmatrix} a_{11} & 0 & 0 \\ 0 & a_{22} & 0 \\ 0 & 0 & a_{33} \end{vmatrix}$ 的值.

解　根据定义 2，按第 1 列展开：

$$A_{11}=(-1)^{1+1}\begin{vmatrix} a_{22} & 0 \\ 0 & a_{33} \end{vmatrix}=a_{22}a_{33}-0=a_{22}a_{33},$$

$$A_{21}=(-1)^{2+1}\begin{vmatrix} 0 & 0 \\ 0 & a_{33} \end{vmatrix}=0,\quad A_{31}=(-1)^{3+1}\begin{vmatrix} 0 & 0 \\ a_{22} & 0 \end{vmatrix}=0,$$

所以

$$D=a_{11}A_{11}+a_{21}A_{21}+a_{31}A_{31}=a_{11}a_{22}a_{33}.$$

对角矩阵的行列式称为对角行列式. 通过上例，说明 3 阶对角行列式的值等于它的主对角线上元素的乘积. 用数学归纳法，容易证明结论对 n 阶对角行列式仍然成立，即

$$\begin{vmatrix} a_1 & & 0 \\ & \ddots & \\ 0 & & a_n \end{vmatrix}=a_{11}a_{22}\cdots a_{nn}.$$

同理可证，对于上三角或者下三角行列式的值也等于它的主对角线上元素的乘积，即

$$\begin{vmatrix} a_{11} & a_{12} & \cdots & a_{1n} \\ 0 & a_{22} & \cdots & a_{2n} \\ \vdots & \vdots & & \vdots \\ 0 & 0 & \cdots & a_{nn} \end{vmatrix}=\begin{vmatrix} a_{11} & 0 & \cdots & 0 \\ a_{21} & a_{22} & \cdots & 0 \\ \vdots & \vdots & & \vdots \\ a_{n1} & a_{n2} & \cdots & a_{nn} \end{vmatrix}=a_{11}a_{22}\cdots a_{nn}.$$

二、行列式的性质

设 n 阶行列式

$$D=\begin{vmatrix} a_{11} & a_{12} & \cdots & a_{1n} \\ a_{21} & a_{22} & \cdots & a_{2n} \\ \vdots & \vdots & & \vdots \\ a_{n1} & a_{n2} & \cdots & a_{nn} \end{vmatrix}.$$

类似于矩阵转置，将 D 的行列对换，得到

$$D^{\mathrm{T}}=\begin{vmatrix} a_{11} & a_{21} & \cdots & a_{n1} \\ a_{12} & a_{22} & \cdots & a_{n2} \\ \vdots & \vdots & & \vdots \\ a_{1n} & a_{2n} & \cdots & a_{nn} \end{vmatrix},$$

D^{T} 称为 D 的转置行列式.

性质 1 行列式与它的转置行列式相等，即 $D = D^{\mathrm{T}}$.

对于 2 阶行列式，有

$$D = \begin{vmatrix} a_{11} & a_{12} \\ a_{21} & a_{22} \end{vmatrix} = a_{11}a_{22} - a_{21}a_{12},$$

$$D^{\mathrm{T}} = \begin{vmatrix} a_{11} & a_{21} \\ a_{12} & a_{22} \end{vmatrix} = a_{11}a_{22} - a_{21}a_{12}.$$

可以验证，对于 n 阶行列式，性质 1 仍然成立. 这个性质说明了行列式中行列地位的对称性. 由于转置不改变行列式的值，因此对于行列式，凡是对于行成立的性质对于列也成立.

性质 2 互换行列式的两行(列)，行列式的值改变符号.

对于 2 阶行列式

$$D = \begin{vmatrix} a_{11} & a_{12} \\ a_{21} & a_{22} \end{vmatrix} = a_{11}a_{22} - a_{21}a_{12},$$

交换行列式的第 1 行与第 2 行，得

$$\begin{vmatrix} a_{21} & a_{22} \\ a_{11} & a_{12} \end{vmatrix} = a_{21}a_{12} - a_{11}a_{22} = -(a_{11}a_{22} - a_{21}a_{12}) = -D.$$

与矩阵初等运算中交换行(列) 的记号一致，我们用 r_i 表示行列式的第 i 行，用 c_j 表示行列式的第 j 列，交换 i, j 两行记作 $r_i \leftrightarrow r_j$，交换两列记作 $c_i \leftrightarrow c_j$.

例如，

$$\begin{vmatrix} a_{11} & a_{12} & a_{13} \\ a_{21} & a_{22} & a_{23} \\ a_{31} & a_{32} & a_{33} \end{vmatrix} \xlongequal{c_1 \leftrightarrow c_2} \begin{vmatrix} a_{12} & a_{11} & a_{13} \\ a_{22} & a_{21} & a_{23} \\ a_{32} & a_{31} & a_{33} \end{vmatrix}.$$

推论 1 如果行列式有两行(列) 对应元素完全相同，则此行列式等于零.

证 由性质 2，把这两行(列) 互换，即有 $D = -D$，$D = 0$.

性质 3 用一个数 k 乘以行列式，等于行列式的某一行(列) 中所有的元素都乘以数 k.

例如，

$$k\begin{vmatrix} a_{11} & a_{12} & a_{13} \\ a_{21} & a_{22} & a_{23} \\ a_{31} & a_{32} & a_{33} \end{vmatrix} = \begin{vmatrix} ka_{11} & ka_{12} & ka_{13} \\ a_{21} & a_{22} & a_{23} \\ a_{31} & a_{32} & a_{33} \end{vmatrix}.$$

性质 3 说明行列式中某一行(列) 的所有元素的公因数可以提到行列式符号的外面.

推论 2 行列式中某一行(列) 中所有元素都为零，则 $D = 0$.

推论 3 如果行列式的任意两行(列) 成比例，则 $D = 0$.

证 不妨设 n 阶行列式的第 1 列与第 2 列成比例，即

$$D=\begin{vmatrix} a_{11} & a_{12} & \cdots & a_{1n} \\ a_{21} & a_{22} & \cdots & a_{2n} \\ \vdots & \vdots & & \vdots \\ a_{m1} & a_{m2} & \cdots & a_{mn} \end{vmatrix}=\begin{vmatrix} a_{11} & ka_{11} & \cdots & a_{1n} \\ a_{21} & ka_{21} & \cdots & a_{2n} \\ \vdots & \vdots & & \vdots \\ a_{m1} & ka_{m1} & \cdots & a_{mn} \end{vmatrix}=k\begin{vmatrix} a_{11} & a_{11} & \cdots & a_{1n} \\ a_{21} & a_{21} & \cdots & a_{2n} \\ \vdots & \vdots & & \vdots \\ a_{m1} & a_{m1} & \cdots & a_{mn} \end{vmatrix},$$

应用推论 1，得 $D=k\times 0=0$，证毕.

性质 4　若行列式的某一行(列)的每一个元素都是两数之和，则该行列式可拆分为两个行列式之和.

例如，

$$\begin{vmatrix} a_{11}+b_{11} & a_{12} & a_{13} \\ a_{21}+b_{21} & a_{22} & a_{23} \\ a_{31}+b_{31} & a_{32} & a_{33} \end{vmatrix}=\begin{vmatrix} a_{11} & a_{12} & a_{13} \\ a_{21} & a_{22} & a_{23} \\ a_{31} & a_{32} & a_{33} \end{vmatrix}+\begin{vmatrix} b_{11} & a_{12} & a_{13} \\ b_{21} & a_{22} & a_{23} \\ b_{31} & a_{32} & a_{33} \end{vmatrix}.$$

例 3　计算行列式 $D=\begin{vmatrix} a_1+b_1 & b_1 & ka_1 \\ a_2+b_2 & b_2 & ka_2 \\ a_3+b_3 & b_3 & ka_3 \end{vmatrix}$ 的值.

解　$D=\begin{vmatrix} a_1+b_1 & b_1 & ka_1 \\ a_2+b_2 & b_2 & ka_2 \\ a_3+b_3 & b_3 & ka_3 \end{vmatrix}=\begin{vmatrix} a_1 & b_1 & ka_1 \\ a_2 & b_2 & ka_2 \\ a_3 & b_3 & ka_3 \end{vmatrix}+\begin{vmatrix} b_1 & b_1 & ka_1 \\ b_2 & b_2 & ka_2 \\ b_3 & b_3 & ka_3 \end{vmatrix}=0+0=0.$

性质 5　把行列式的某一行(列)的各元素的 k 倍加到另一行(列)对应元素上去，行列式的值不变.

类似于矩阵的操作，数 k 乘以行列式的第 i 行(列)加到第 j 行(列)，记作 $kr_i+r_j(kc_i+c_j)$.

下面，以三阶行列式为例：

$$\begin{vmatrix} a_{11} & a_{12} & a_{13} \\ a_{21} & a_{22} & a_{23} \\ a_{31} & a_{32} & a_{33} \end{vmatrix}\xlongequal{kc_1+c_3}\begin{vmatrix} a_{11} & a_{12} & ka_{11}+a_{13} \\ a_{21} & a_{22} & ka_{21}+a_{23} \\ a_{31} & a_{32} & ka_{31}+a_{33} \end{vmatrix}.$$

性质 5 可由推论 3 和性质 4 证明.

$$\begin{vmatrix} a_{11} & a_{12} & a_{13} \\ a_{21} & a_{22} & a_{23} \\ a_{31} & a_{32} & a_{33} \end{vmatrix}\xlongequal{kc_1+c_3}\begin{vmatrix} a_{11} & a_{12} & ka_{11}+a_{13} \\ a_{21} & a_{22} & ka_{21}+a_{23} \\ a_{31} & a_{32} & ka_{31}+a_{33} \end{vmatrix}=\begin{vmatrix} a_{11} & a_{12} & ka_{11} \\ a_{21} & a_{22} & ka_{21} \\ a_{31} & a_{32} & ka_{31} \end{vmatrix}+\begin{vmatrix} a_{11} & a_{12} & a_{13} \\ a_{21} & a_{22} & a_{23} \\ a_{31} & a_{32} & a_{33} \end{vmatrix}$$

$$=k\begin{vmatrix} a_{11} & a_{12} & a_{11} \\ a_{21} & a_{22} & a_{21} \\ a_{31} & a_{32} & a_{31} \end{vmatrix}+\begin{vmatrix} a_{11} & a_{12} & a_{13} \\ a_{21} & a_{22} & a_{23} \\ a_{31} & a_{32} & a_{33} \end{vmatrix}=k\cdot 0+\begin{vmatrix} a_{11} & a_{12} & a_{13} \\ a_{21} & a_{22} & a_{23} \\ a_{31} & a_{32} & a_{33} \end{vmatrix}=\begin{vmatrix} a_{11} & a_{12} & a_{13} \\ a_{21} & a_{22} & a_{23} \\ a_{31} & a_{32} & a_{33} \end{vmatrix}，证毕.$$

应用性质 5，可以将一般行列式化为三角行列式，进而容易求得行列式的值.

例 4　计算行列式 $D=\begin{vmatrix} 1 & -1 & 0 & 2 \\ 0 & -1 & -1 & 2 \\ -1 & 2 & -1 & 0 \\ 2 & 1 & 1 & 0 \end{vmatrix}$ 的值.

解　应用性质 5，有

$$D=\begin{vmatrix}1&-1&0&2\\0&-1&-1&2\\-1&2&-1&0\\2&1&1&0\end{vmatrix}\xlongequal[r_4-2r_1]{r_3+r_1}\begin{vmatrix}1&-1&0&2\\0&-1&-1&2\\0&1&-1&2\\0&3&1&-4\end{vmatrix}\xlongequal[r_4+3r_2]{r_3+r_2}\begin{vmatrix}1&-1&0&2\\0&-1&-1&2\\0&0&-2&4\\0&0&-2&2\end{vmatrix}$$

$$\xlongequal{r_4-r_3}\begin{vmatrix}1&-1&0&2\\0&-1&-1&2\\0&0&-2&4\\0&0&0&-2\end{vmatrix}=1\times(-1)\times(-2)\times(-2)=-4.$$

将行列式化为三角行列式是行列式计算中常用的方法之一.

例 5　计算行列式 $D=\begin{vmatrix}3&1&1&1\\1&3&1&1\\1&1&3&1\\1&1&1&3\end{vmatrix}$的值.

解　此行列式的特点是各行和各列 4 个数的和都是 6，根据性质 5，有

$$D=\begin{vmatrix}3&1&1&1\\1&3&1&1\\1&1&3&1\\1&1&1&1\end{vmatrix}\xlongequal{c_1+c_2+c_3+c_4}\begin{vmatrix}6&1&1&1\\6&3&1&1\\6&1&3&1\\6&1&1&3\end{vmatrix}=6\begin{vmatrix}1&1&1&1\\1&3&1&1\\1&1&3&1\\1&1&1&3\end{vmatrix}$$

$$\xlongequal{\substack{c_2-c_1\\c_3-c_1\\c_4-c_1}}6\begin{vmatrix}1&0&0&0\\1&2&0&0\\1&0&2&0\\1&0&0&2\end{vmatrix}=6\times2^3=48.$$

性质 6　对于一个 n 阶行列式 D，A_{ij} 表示 D 中元素 a_{ij} 的代数余子式，则

$$\sum_{k=1}^{n}a_{ik}A_{jk}=\begin{cases}D, & i=j;\\0, & i\neq j.\end{cases}$$

利用行列式的性质，方阵进行矩阵运算后所得到方阵的行列式的运算规律，由以下定理给出.

定理 1　设 $\boldsymbol{A}$，$\boldsymbol{B}$ 为 n 阶方阵，k 为常数，则

(1)　$\det(k\boldsymbol{A})=k^n\det(\boldsymbol{A})$；

(2)　$\det(\boldsymbol{AB})=\det(\boldsymbol{A})\det(\boldsymbol{B})$.

三、行列式的计算方法

行列式计算的基本思路是利用行列式的性质将其化简后，再计算. 化简的主要目标有以下几点：

(1) 使尽量多的元素化为零，以便于按行(列) 展开，降低行列式的阶数；

(2) 化为三角行列式.

因此，行列式的计算归纳为降阶计算法和化三角行列式法两种方法.

方法Ⅰ　行列式的降阶计算法

因为阶数较低的行列式比阶数较高的行列式容易求解，因此遇到阶数较高的行列式时，往往充分运用行列式的性质，重点对其某一行或列进行化简，使该行或列的零元素较多，再按该行或列展开.

例6　计算行列式 $D=\begin{vmatrix}0&1&0&0\\0&2&3&0\\1&4&2&3\\-1&0&1&-2\end{vmatrix}$ 的值.

解　$$D=\begin{vmatrix}0&1&0&0\\0&2&3&0\\1&4&2&3\\-1&0&1&-2\end{vmatrix}\xlongequal{r_3+r_4}\begin{vmatrix}0&1&0&0\\0&2&3&0\\1&4&2&3\\0&4&3&1\end{vmatrix}=(-1)^{3+1}\begin{vmatrix}1&0&0\\2&3&0\\4&3&1\end{vmatrix}=3.$$

请读者思考另外的展开方式.

例7　计算4阶 Vandermonde 行列式 $D=\begin{vmatrix}1&1&1&1\\a_1&a_2&a_3&a_4\\a_1^2&a_2^2&a_3^2&a_4^2\\a_1^3&a_2^3&a_3^3&a_4^3\end{vmatrix}$ 的值.

解　由行列式的结构，从第4行起依次用上一行乘以 $-a_1$ 加到下一行，得

$$D=\begin{vmatrix}1&1&1&1\\0&a_2-a_1&a_3-a_1&a_4-a_1\\0&a_2(a_2-a_1)&a_3(a_3-a_1)&a_4(a_4-a_1)\\0&a_2^2(a_2-a_1)&a_3^2(a_3-a_1)&a_4^2(a_4-a_1)\end{vmatrix},$$

按第1列展开，再提取各列的公因子，得

$$D=(a_2-a_1)(a_3-a_1)(a_4-a_1)\begin{vmatrix}1&1&1\\a_2&a_3&a_4\\a_2^2&a_3^2&a_4^2\end{vmatrix},$$

同理，做类似的处理，得

$$D=(a_2-a_1)(a_3-a_1)(a_4-a_1)\begin{vmatrix}1&1&1\\0&a_3-a_2&a_4-a_2\\0&a_3(a_3-a_2)&a_4(a_4-a_2)\end{vmatrix}$$

$$=(a_2-a_1)(a_3-a_1)(a_4-a_1)(a_3-a_2)(a_4-a_2)\begin{vmatrix}1&1\\a_3&a_4\end{vmatrix}$$

$$=(a_2-a_1)(a_3-a_1)(a_4-a_1)(a_3-a_2)(a_4-a_2)(a_4-a_3).$$

一般地，n 阶 Vandermonde 行列式，有

$$\begin{vmatrix} 1 & 1 & 1 & \cdots & 1 \\ a_1 & a_2 & a_3 & \cdots & a_n \\ a_1^2 & a_2^2 & a_3^2 & \cdots & a_n^2 \\ \vdots & \vdots & \vdots & & \vdots \\ a_1^{n-1} & a_2^{n-1} & a_3^{n-1} & \cdots & a_n^{n-1} \end{vmatrix} = \prod_{1 \leqslant j \leqslant i \leqslant n} (a_i - a_j).$$

其中，$\prod$ 表示连乘.

方法 Ⅱ　化为三角行列式

这种方法，主要是运用行列式的性质，对行列式进行行(列)变换，使其成为上(下)三角行列式，进而简化求解过程.

例 8　计算行列式 $D = \begin{vmatrix} 0 & 1 & 0 & 0 \\ 0 & 0 & 3 & 1 \\ 1 & 4 & 2 & 3 \\ -1 & -4 & -2 & -2 \end{vmatrix}$ 的值.

解　$D = \begin{vmatrix} 0 & 1 & 0 & 0 \\ 0 & 0 & 3 & 1 \\ 1 & 4 & 2 & 3 \\ -1 & -4 & -2 & -2 \end{vmatrix} \xlongequal{r_3 + r_4} \begin{vmatrix} 0 & 1 & 0 & 0 \\ 0 & 0 & 3 & 1 \\ 1 & 4 & 2 & 3 \\ 0 & 0 & 0 & 1 \end{vmatrix}$

$\xlongequal{r_3 \leftrightarrow r_1} (-1) \begin{vmatrix} 1 & 4 & 2 & 3 \\ 0 & 0 & 3 & 1 \\ 0 & 1 & 0 & 0 \\ 0 & 0 & 0 & 1 \end{vmatrix} \xlongequal{r_2 \leftrightarrow r_3} (-1)^2 \begin{vmatrix} 1 & 4 & 2 & 3 \\ 0 & 1 & 0 & 0 \\ 0 & 0 & 3 & 1 \\ 0 & 0 & 0 & 1 \end{vmatrix} = (-1)^2 \times 1 \times 1 \times 3 \times 1 = 3.$

例 9　计算行列式　$D = \begin{vmatrix} 1+a & 1 & 1 \\ 1 & 1+a & 1 \\ 1 & 1 & 1+a \end{vmatrix}$ 的值.

解　$D = \begin{vmatrix} 1+a & 1 & 1 \\ 1 & 1+a & 1 \\ 1 & 1 & 1+a \end{vmatrix} \xlongequal{c_1 + c_2 + c_3} \begin{vmatrix} 3+a & 1 & 1 \\ 3+a & 1+a & 1 \\ 3+a & 1 & 1+a \end{vmatrix}$

$= (3+a) \begin{vmatrix} 1 & 1 & 1 \\ 1 & 1+a & 1 \\ 1 & 1 & 1+a \end{vmatrix} \xlongequal{-r_1 + r_2} (3+a) \begin{vmatrix} 1 & 1 & 1 \\ 0 & a & 0 \\ 0 & 0 & a \end{vmatrix} = (3+a)a^2.$

习题 §3－4

1. 利用行列式的性质计算下列各行列式的值.

(1) $\begin{vmatrix} 7 & 10 & 19 \\ 8 & 11 & 3 \\ 4 & 7 & 5 \end{vmatrix}$；(2) $\begin{vmatrix} 1 & 1 & 1 \\ x & y & z \\ x^2 & y^2 & z^2 \end{vmatrix}$；(3) $\begin{vmatrix} 3 & 2 & 7 & 5 \\ -1 & 2 & 1 & 0 \\ -3 & 7 & 5 & 4 \\ 3 & 1 & 2 & 7 \end{vmatrix}$；(4) $\begin{vmatrix} 5 & 1 & 1 & 1 \\ 1 & 5 & 1 & 1 \\ 1 & 1 & 5 & 1 \\ 1 & 1 & 1 & 5 \end{vmatrix}$.

2. 证明下列各行列式.

(1) $\begin{vmatrix} a^2 & (a+1)^2 & (a+2)^2 \\ b^2 & (b+1)^2 & (b+2)^2 \\ c^2 & (c+1)^2 & (c+2)^2 \end{vmatrix} = 4(a-c)(c-b)(b-a)$；

(2) $\begin{vmatrix} ax & a^2+x^2 & 1 \\ ay & a^2+y^2 & 1 \\ az & a^2+z^2 & 1 \end{vmatrix} = a(y-x)(z-x)(z-y)$.

§3－5　矩阵的逆

一、逆矩阵的定义和性质

我们知道，对于一个非零数 a，一定存在一个数 $b=\frac{1}{a}$，使得 $ab=1$，b 为 a 的倒数，可记为 $b=a^{-1}$，于是 $a\times b=b\times a=1$. 类似的关系可以运用于矩阵的运算，如：对于 $\boldsymbol{A}=\begin{pmatrix} 1 & 1 \\ 1 & 2 \end{pmatrix}$，存在 $\boldsymbol{B}=\begin{pmatrix} 2 & -1 \\ -1 & 1 \end{pmatrix}$，有 $\boldsymbol{AB}=\boldsymbol{BA}=\begin{pmatrix} 1 & 0 \\ 0 & 1 \end{pmatrix}=\boldsymbol{E}$，这就是逆矩阵的概念.

定义 1　一个 n 阶方阵 $\boldsymbol{A}$，如果存在另外一个方阵 $\boldsymbol{B}$，使 $\boldsymbol{AB}=\boldsymbol{BA}=\boldsymbol{E}$，则称矩阵 $\boldsymbol{A}$ 是可逆的，或称非奇异的，且称矩阵 $\boldsymbol{B}$ 为矩阵 $\boldsymbol{A}$ 的逆矩阵，记作 $\boldsymbol{B}=\boldsymbol{A}^{-1}$.

单位矩阵 $\boldsymbol{E}$ 的逆矩阵是它本身，即 $\boldsymbol{E}^{-1}=\boldsymbol{E}$.

定理 1　矩阵的逆矩阵是唯一的.

证　设 $\boldsymbol{A}$ 为可逆矩阵，有两个逆矩阵 $\boldsymbol{B}$ 和 $\boldsymbol{C}$，则由逆矩阵的定义，有

$$\boldsymbol{B}=\boldsymbol{BE}=\boldsymbol{B}(\boldsymbol{AC})=(\boldsymbol{BA})\boldsymbol{C}=\boldsymbol{EC}=\boldsymbol{C}.$$

这就证明了 $\boldsymbol{A}$ 的逆矩阵是唯一的.

例 1　设矩阵 $\boldsymbol{A}=\begin{pmatrix} 1 & 2 \\ 3 & 4 \end{pmatrix}$，$\boldsymbol{B}=\begin{pmatrix} -2 & 1 \\ 1.5 & -0.5 \end{pmatrix}$，因为

$$\boldsymbol{AB}=\begin{pmatrix} 1 & 2 \\ 3 & 4 \end{pmatrix}\begin{pmatrix} -2 & 1 \\ 1.5 & -0.5 \end{pmatrix}=\begin{pmatrix} 1 & 0 \\ 0 & 1 \end{pmatrix},\ \boldsymbol{BA}=\begin{pmatrix} -2 & 1 \\ 1.5 & -0.5 \end{pmatrix}\begin{pmatrix} 1 & 2 \\ 3 & 4 \end{pmatrix}=\begin{pmatrix} 1 & 0 \\ 0 & 1 \end{pmatrix},$$

所以 $\boldsymbol{AB}=\boldsymbol{BA}=\boldsymbol{E}$，故 $\boldsymbol{A}$ 可逆，其逆矩阵 $\boldsymbol{A}^{-1}=\boldsymbol{B}$.

定理 2　设 n 阶方阵 $\boldsymbol{A}$ 和 $\boldsymbol{B}$ 都是可逆矩阵，k 为一个非零常数，则有以下性质：

(1)　$(k\boldsymbol{A})^{-1}=\frac{1}{k}\boldsymbol{A}^{-1}$；

(2) $(\boldsymbol{AB})^{-1}=\boldsymbol{B}^{-1}\boldsymbol{A}^{-1}$;

(3) $(\boldsymbol{A}^{\mathrm{T}})^{-1}=(\boldsymbol{A}^{-1})^{\mathrm{T}}$;

(4) $(\boldsymbol{A}^{-1})^{-1}=\boldsymbol{A}$;

(5) $\det(\boldsymbol{A}^{-1})=[\det(\boldsymbol{A})]^{-1}$.

证明略.

需要注意的是，n 阶方阵 $\boldsymbol{A}$ 和 $\boldsymbol{B}$ 都是可逆矩阵时，$\boldsymbol{A}+\boldsymbol{B}$ 则不一定为可逆矩阵.

二、逆矩阵的求法及可逆的充要条件

对一个可逆的 n 阶方阵 $\boldsymbol{A}$，求 $\boldsymbol{A}$ 的逆矩阵 $\boldsymbol{A}^{-1}$ 的方法一般有两种：一是通过伴随矩阵进行求解，二是运用矩阵的初等变换. 下面我们将分别介绍这两种方法.

1. 伴随矩阵法求逆矩阵

首先给出伴随矩阵的定义.

定义 2 设有方阵 $\boldsymbol{A}$，称以 $\boldsymbol{A}$ 的元素 a_{ij} 的代数余子式 $\boldsymbol{A}_{ij}$ 为元素的矩阵 $\boldsymbol{A}^*$ 为原矩阵 $\boldsymbol{A}$ 的伴随矩阵，即

$$\boldsymbol{A}^*=\begin{pmatrix}\boldsymbol{A}_{11} & \boldsymbol{A}_{21} & \cdots & \boldsymbol{A}_{n1}\\ \boldsymbol{A}_{12} & \boldsymbol{A}_{22} & \cdots & \boldsymbol{A}_{n2}\\ \vdots & \vdots & & \vdots\\ \boldsymbol{A}_{1n} & \boldsymbol{A}_{2n} & \cdots & \boldsymbol{A}_{nn}\end{pmatrix}.$$

根据矩阵乘法及行列式的性质 6，有 $\boldsymbol{A}\boldsymbol{A}^*=\boldsymbol{A}^*\boldsymbol{A}=|\boldsymbol{A}|\boldsymbol{E}$. 由此可以得出，当 $|\boldsymbol{A}|\neq 0$ 时，上式可以写为 $\boldsymbol{A}\dfrac{\boldsymbol{A}^*}{|\boldsymbol{A}|}=\dfrac{\boldsymbol{A}^*}{|\boldsymbol{A}|}\boldsymbol{A}=\boldsymbol{E}$，即 $\dfrac{\boldsymbol{A}^*}{|\boldsymbol{A}|}$ 就是 $\boldsymbol{A}$ 的逆矩阵.

定理 3 设 $\boldsymbol{A}$ 是 n 阶方阵，则矩阵 $\boldsymbol{A}$ 可逆的充要条件是 $|\boldsymbol{A}|\neq 0$. 并且当 $\boldsymbol{A}$ 可逆时，$\boldsymbol{A}^{-1}=\dfrac{\boldsymbol{A}^*}{|\boldsymbol{A}|}$.

例 2 求矩阵 $\boldsymbol{A}=\begin{pmatrix}1 & 0 & 1\\ 2 & 1 & 2\\ 0 & 4 & 6\end{pmatrix}$ 的逆矩阵.

解 先计算 $|\boldsymbol{A}|$ 及各元素的代数余子式：

$$|\boldsymbol{A}|=\begin{vmatrix}1 & 0 & 1\\ 2 & 1 & 2\\ 0 & 4 & 6\end{vmatrix}=\begin{vmatrix}1 & 0 & 0\\ 2 & 1 & 0\\ 0 & 4 & 6\end{vmatrix}=6,\qquad \boldsymbol{A}_{11}=(-1)^{1+1}\begin{vmatrix}1 & 2\\ 4 & 6\end{vmatrix}=-2,$$

$$\boldsymbol{A}_{12}=(-1)^{1+2}\begin{vmatrix}2 & 2\\ 0 & 6\end{vmatrix}=-12,\qquad \boldsymbol{A}_{13}=(-1)^{1+3}\begin{vmatrix}2 & 1\\ 0 & 4\end{vmatrix}=8,$$

$$\boldsymbol{A}_{21}=(-1)^{2+1}\begin{vmatrix}0 & 1\\ 4 & 6\end{vmatrix}=4,\qquad \boldsymbol{A}_{22}=(-1)^{2+2}\begin{vmatrix}1 & 1\\ 0 & 6\end{vmatrix}=6,$$

$$\boldsymbol{A}_{23}=(-1)^{2+3}\begin{vmatrix}1 & 0\\ 0 & 4\end{vmatrix}=-4,\qquad \boldsymbol{A}_{31}=(-1)^{3+1}\begin{vmatrix}0 & 1\\ 1 & 2\end{vmatrix}=-1,$$

$$\boldsymbol{A}_{32}=(-1)^{3+2}\begin{vmatrix}1&1\\2&2\end{vmatrix}=0,\qquad \boldsymbol{A}_{33}=(-1)^{3+3}\begin{vmatrix}1&0\\2&1\end{vmatrix}=1.$$

所以

$$\boldsymbol{A}^{-1}=\frac{\boldsymbol{A}^*}{|\boldsymbol{A}|}=\frac{1}{6}\begin{pmatrix}-2&4&-1\\-12&6&0\\8&-4&1\end{pmatrix}.$$

伴随矩阵法不失为求逆矩阵的一种方法，但它运算量大，如当矩阵阶数为 3 时，求代数余子式的运算要进行 3^2 次．当矩阵的阶数较大时，计算更为繁琐．

2. 初等变换法求逆矩阵

初等变换求逆矩阵的基本思想是，当 n 阶方阵 $\boldsymbol{A}$ 可逆时，$\boldsymbol{A}$ 是满秩矩阵，即秩等于阶数，$r(\boldsymbol{A})=n$．这时通过初等行变换，将其化为最简阶梯形矩阵，即为 n 阶单位矩阵．在将方阵 $\boldsymbol{A}$ 化为最简阶梯形矩阵的过程中，是对矩阵 $\boldsymbol{A}$ 施加了一系列的初等行变换的初等矩阵 $\boldsymbol{P}_1$，$\boldsymbol{P}_2$，…，$\boldsymbol{P}_n$，使 $\boldsymbol{P}_n\cdots\boldsymbol{P}_2\boldsymbol{P}_1\boldsymbol{A}=\boldsymbol{E}$，从而有 $\boldsymbol{A}^{-1}=\boldsymbol{P}_n\cdots\boldsymbol{P}_2\boldsymbol{P}_1$．因此，需要记录将方阵 $\boldsymbol{A}$ 化为单位矩阵的一系列初等行变换．

构造 $n\times(2n)$ 阶矩阵 $(\boldsymbol{A}|\boldsymbol{E})$，对该矩阵作上述的一系列初等行变换，得

$$(\boldsymbol{A}|\boldsymbol{E})\xrightarrow{\text{初等行变换}}(\boldsymbol{P}_n\cdots\boldsymbol{P}_2\boldsymbol{P}_1\boldsymbol{A}|\boldsymbol{P}_n\cdots\boldsymbol{P}_2\boldsymbol{P}_1\boldsymbol{E})=(\boldsymbol{E}|\boldsymbol{A}^{-1}).$$

上式即给出了通过矩阵的初等变换求逆矩阵的方法：对矩阵 $(\boldsymbol{A}_{n\times n}|\boldsymbol{E}_n)$ 施行初等行变换，当方阵 $\boldsymbol{A}$ 化为单位矩阵 $\boldsymbol{E}$ 时，$\boldsymbol{E}$ 即化为所求的 $\boldsymbol{A}^{-1}$．

例 3　求矩阵 $\boldsymbol{A}=\begin{pmatrix}2&2&3\\1&-1&0\\-1&2&1\end{pmatrix}$ 的逆矩阵．

解

$$(\boldsymbol{A}|\boldsymbol{E})=\left(\begin{array}{ccc|ccc}2&2&3&1&0&0\\1&-1&0&0&1&0\\-1&2&1&0&0&1\end{array}\right)\xrightarrow{r_1\leftrightarrow r_2}\left(\begin{array}{ccc|ccc}1&-1&0&0&1&0\\2&2&3&1&0&0\\-1&2&1&0&0&1\end{array}\right)$$

$$\xrightarrow[r_1+r_3]{-2r_1+r_2}\left(\begin{array}{ccc|ccc}1&-1&0&0&1&0\\0&4&3&1&-2&0\\0&1&1&0&1&1\end{array}\right)\xrightarrow{-3r_3+r_2}\left(\begin{array}{ccc|ccc}1&-1&0&0&1&0\\0&1&0&1&-5&-3\\0&1&1&0&1&1\end{array}\right)$$

$$\xrightarrow[-r_2+r_3]{r_2+r_1}\left(\begin{array}{ccc|ccc}1&0&0&1&-4&-3\\0&1&0&1&-5&-3\\0&0&1&-1&6&4\end{array}\right),$$

所以

$$\boldsymbol{A}^{-1}=\begin{pmatrix}1&-4&-3\\1&-5&-3\\-1&6&4\end{pmatrix}.$$

习题 §3-5

1. 设 $\boldsymbol{A}$ 和 $\boldsymbol{B}$ 均为 n 阶不可逆的矩阵，思考 $\boldsymbol{A}+\boldsymbol{B}$ 是否一定不可逆.

2. 设矩阵 $\boldsymbol{A}=\begin{pmatrix}4&0&0\\0&2&0\end{pmatrix}$，$\boldsymbol{B}=\begin{pmatrix}\frac{1}{4}&0\\0&\frac{1}{5}\\0&0\end{pmatrix}$，有 $\boldsymbol{AB}=\begin{pmatrix}1&0\\0&1\end{pmatrix}$，可否认为矩阵 $\boldsymbol{B}$ 是矩阵 $\boldsymbol{A}$ 的逆矩阵?

3. 用伴随矩阵法求逆矩阵.

(1) $\begin{pmatrix}1&0&3\\1&7&4\\5&3&2\end{pmatrix}$； (2) $\begin{pmatrix}2&4&3\\1&7&2\\3&2&5\end{pmatrix}$.

4. 用初等变换法求逆矩阵.

(1) $\begin{pmatrix}1&2&3&4\\2&3&4&2\\1&-1&7&5\\3&1&0&2\end{pmatrix}$； (2) $\begin{pmatrix}1&2&0&0\\3&6&1&7\\-1&-2&1&3\\0&0&2&4\end{pmatrix}$.

复习题三

1. 设 $\boldsymbol{A}=\begin{pmatrix}1&2&3\\4&5&6\\7&8&9\end{pmatrix}$，$\boldsymbol{B}=\begin{pmatrix}-1&2&7\\3&2&5\\-2&4&-1\end{pmatrix}$，求：(1) $2\boldsymbol{A}+3\boldsymbol{B}$；(2) $(2\boldsymbol{A})^{\mathrm{T}}-(3\boldsymbol{B})^{\mathrm{T}}$.

2. 判断下列各矩阵乘法是否有意义，如有，请给出计算结果.

(1) $\begin{pmatrix}1&2\\3&4\end{pmatrix}\begin{pmatrix}3\\2\\1\end{pmatrix}$； (2) $\begin{pmatrix}0&1\\2&3\\3&4\end{pmatrix}\begin{pmatrix}1&5&8\\1&4&2\end{pmatrix}$； (3) $\begin{pmatrix}1&2&5&3\\4&2&1&6\\3&5&9&7\end{pmatrix}\begin{pmatrix}0&1\\3&2\\7&4\end{pmatrix}$；

(4) $\begin{pmatrix}1&5&3&4\end{pmatrix}\begin{pmatrix}3\\2\\4\\6\end{pmatrix}$； (5) $\begin{pmatrix}1&2&1\\3&2&6\\1&7&5\\3&1&2\end{pmatrix}\begin{pmatrix}1&2\\2&1\\0&7\end{pmatrix}$.

3. 判断下列各式是否成立.

(1) $(\boldsymbol{A}+\boldsymbol{B})+\boldsymbol{C}=\boldsymbol{A}+(\boldsymbol{B}+\boldsymbol{C})$； (2) $\boldsymbol{AB}=\boldsymbol{BA}$；

(3) $(\boldsymbol{AB})\boldsymbol{C}=\boldsymbol{A}(\boldsymbol{BC})$； (4) $\boldsymbol{A}(\boldsymbol{B}+\boldsymbol{C})=\boldsymbol{AB}+\boldsymbol{AC}$；

(5) $\boldsymbol{A}=\boldsymbol{0},\boldsymbol{BE}\Rightarrow\boldsymbol{AB0}$.

4. 将下列矩阵化为最简阶梯形矩阵.

(1) $\begin{pmatrix} 1 & 2 & 3 & 4 \\ 3 & 1 & 2 & 4 \\ 2 & 4 & 7 & 0 \\ 0 & 0 & 6 & 1 \end{pmatrix}$;　(2) $\begin{pmatrix} 1 & 2 & 3 & 2 \\ 1 & 4 & 6 & 4 \\ 1 & 4 & 7 & 2 \end{pmatrix}$;

(3) $\begin{pmatrix} 1 & 2 & 1 & 0 \\ 2 & 5 & 0 & 1 \\ -1 & 2 & 1 & -2 \end{pmatrix}$;　(4) $\begin{pmatrix} 0 & 1 & 1 & 1 & 2 \\ 1 & 0 & 1 & 0 & 0 \\ 4 & 1 & 0 & 1 & 2 \\ 2 & 0 & 1 & 1 & 2 \end{pmatrix}$.

5. 用初等变换求下列矩阵的秩.

(1) $\begin{pmatrix} 1 & 3 & 0 \\ 0 & 1 & 2 \\ 0 & 1 & 2 \end{pmatrix}$;　(2) $\begin{pmatrix} 3 & 1 \\ 1 & 5 \\ 3 & 4 \end{pmatrix}$.

6. 求下列行列式的值.

(1) $\begin{vmatrix} 2 & 3 \\ 4 & 5 \end{vmatrix}$;　(2) $\begin{vmatrix} 3 & 2 & 1 \\ 1 & 2 & 3 \\ 2 & -1 & 1 \end{vmatrix}$;

(3) $\begin{vmatrix} 1 & 7 & 9 \\ 0 & 5 & 3 \\ 0 & 6 & 8 \end{vmatrix}$;　(4) $\begin{vmatrix} 3 & 2 & 1 & 7 \\ 0 & 5 & 9 & 4 \\ 0 & 0 & 0 & 1 \\ 0 & 0 & 5 & 0 \end{vmatrix}$.

7. 判断下列矩阵是否可逆，如果可逆，则求其逆矩阵.

(1) $\begin{pmatrix} 1 & 2 \\ 2 & 3 \end{pmatrix}$;　(2) $\begin{pmatrix} 1 & 2 & -1 \\ 3 & 4 & -2 \\ 5 & -4 & 1 \end{pmatrix}$;

(3) $\begin{pmatrix} a_1 & & 0 \\ & \ddots & \\ 0 & & a_n \end{pmatrix}$;　(4) $\begin{pmatrix} 2 & 2 & -1 \\ 1 & -2 & 4 \\ 5 & 8 & 2 \end{pmatrix}$.

8. 设 $\boldsymbol{A} = \begin{pmatrix} \lambda & 1 & 1 \\ 1 & \lambda & 1 \\ 1 & 1 & \lambda \end{pmatrix}$，当 λ 为何值时，$\boldsymbol{A}$ 为可逆矩阵?

9. 已知 $\boldsymbol{A}$ 为三阶方阵，且 $|\boldsymbol{A}| = 3$，求 $\det(3\boldsymbol{A})$，$\det(2\boldsymbol{A})^{-1}$ 的值.

第四章　n 维向量及线性方程组

学习要求：

一、理解 n 维向量的概念，掌握向量的基本运算，理解向量的线性组合与线性表示；

二、理解向量组的线性相关、线性无关的概念，掌握判定向量组线性相关性的方法；

三、了解向量组的极大线性无关组和向量组秩的概念，熟练掌握通过矩阵的初等变换求向量组的秩和向量组的极大线性无关组；

四、理解齐次线性方程组解的结构、基础解系的概念，熟练掌握齐次线性方程组通解的求法，理解非齐次线性方程组解的结构，掌握线性方程组是否有解的判定方法，熟练掌握非齐次线性方程组通解的求法.

向量也称矢量，是既有大小又有方向的量. 在几何、物理等学科中应用广泛. 在以往的学习中所涉及的都是在几何空间中可以直观描述的二维或三维等的向量. 本章将从代数的角度给出向量的概念，并对向量组之间的线性关系进行讨论. 在此基础上，进一步给出向量在线性方程组解的理论等方面的应用.

§4－1　n 维向量

一、n 维向量的概念

定义 1　n 个数 $a_1,a_2,a_3,\cdots,a_n$ 所组成的有序数组

$$\boldsymbol{\alpha}=(a_1,a_2,a_3,\cdots,a_n)\quad 或\quad \boldsymbol{\alpha}=\begin{pmatrix}a_1\\a_2\\a_3\\\vdots\\a_n\end{pmatrix}$$

称为 n **维向量**. 其中 $a_1,a_2,a_3,\cdots,a_n$ 称为向量 $\boldsymbol{\alpha}$ 的分量，a_i 表示向量的第 i 个分量.

由此可知，平面解析几何中的向量，都是二维向量. 在向量定义中，分量的位置是

确定的. 分量横排时，称 $\boldsymbol{\alpha}$ 为行向量；分量竖排时，称 $\boldsymbol{\alpha}$ 为列向量. 行向量和列向量，实际上是第三章的 $1\times n$ 阶矩阵和 $n\times 1$ 阶矩阵. 因此，n 维向量可以写成

$$\boldsymbol{\alpha}=\begin{pmatrix}a_1\\a_2\\a_3\\\vdots\\a_n\end{pmatrix}=(a_1,a_2,a_3,\cdots,a_n)^{\mathrm{T}}.$$

与矩阵类似，两个向量相等是指它们具有相同的维数，并且对应的分量都相等. 即设有向量 $\boldsymbol{\alpha}=(a_1,a_2,a_3,\cdots,a_n)$，$\boldsymbol{\beta}=(b_1,b_2,b_3,\cdots,b_n)$，则 $\boldsymbol{\alpha}=\boldsymbol{\beta}$ 的充分必要条件是 $a_i=b_i(i=1,2,3,\cdots,n)$.

零向量是指各分量均为零的向量，记作 $\mathbf{0}=(0,0,\cdots,0)$. 值得注意的是，维数不同的两个零向量，是两个不同的向量. 向量 $(-a_1,-a_2,-a_3,\cdots,-a_n)$ 称为 $\boldsymbol{\alpha}=(a_1,a_2,a_3,\cdots,a_n)$ 的负向量，记作 $-\boldsymbol{\alpha}$.

二、向量的运算

定义 2　设 $\boldsymbol{\alpha}=(a_1,a_2,a_3,\cdots,a_n)$，$\boldsymbol{\beta}=(b_1,b_2,b_3,\cdots,b_n)$ 都是 n 维向量，则向量 $(a_1+b_1,a_2+b_2,a_3+b_3,\cdots,a_n+b_n)$ 叫做 $\boldsymbol{\alpha}$ 与 $\boldsymbol{\beta}$ 的**和向量**，记作 $\boldsymbol{\alpha}+\boldsymbol{\beta}$，即

$$\boldsymbol{\alpha}+\boldsymbol{\beta}=(a_1+b_1,a_2+b_2,a_3+b_3,\cdots,a_n+b_n).$$

由向量加法的定义及负向量可以定义向量的减法，即

$$\boldsymbol{\alpha}-\boldsymbol{\beta}=\boldsymbol{\alpha}+(-\boldsymbol{\beta})=(a_1-b_1,a_2-b_2,a_3-b_3,\cdots,a_n-b_n).$$

定义 3　设 $\boldsymbol{\alpha}=(a_1,a_2,a_3,\cdots,a_n)$ 是 n 维向量，λ 为实数，则向量 $(\lambda a_1,\lambda a_2,\lambda a_3,\cdots,\lambda a_n)$ 称为数 λ 与向量 $\boldsymbol{\alpha}$ 的乘积，记作 $\lambda\boldsymbol{\alpha}$，即

$$\lambda\boldsymbol{\alpha}=(\lambda a_1,\lambda a_2,\lambda a_3,\cdots,\lambda a_n).$$

向量加法及数与向量的乘积运算统称为向量的线性运算，它们满足如下运算规律（设 $\boldsymbol{\alpha},\boldsymbol{\beta},\boldsymbol{\gamma}$ 都是 n 维向量；λ,μ 为实数）：

(1)　$\boldsymbol{\alpha}+\boldsymbol{\beta}=\boldsymbol{\beta}+\boldsymbol{\alpha}$；

(2)　$(\boldsymbol{\alpha}+\boldsymbol{\beta})+\boldsymbol{\gamma}=\boldsymbol{\alpha}+(\boldsymbol{\beta}+\boldsymbol{\gamma})$；

(3)　$\boldsymbol{\alpha}+\mathbf{0}=\boldsymbol{\alpha}$；

(4)　$\boldsymbol{\alpha}+(-\boldsymbol{\alpha})=\mathbf{0}$；

(5)　$1\boldsymbol{\alpha}=\boldsymbol{\alpha}$；

(6)　$\lambda(\mu\boldsymbol{\alpha})=(\lambda\mu)\boldsymbol{\alpha}$；

(7)　$\lambda(\boldsymbol{\alpha}+\boldsymbol{\beta})=\lambda\boldsymbol{\alpha}+\lambda\boldsymbol{\beta}$；

(8)　$(\lambda+\mu)\boldsymbol{\alpha}=\lambda\boldsymbol{\alpha}+\mu\boldsymbol{\alpha}$.

通过定义 2 和定义 3 可以看出，向量可以看做是特殊的矩阵，因此向量的运算可以按矩阵的运算法则进行.

三、向量与矩阵

由于n维向量可以作为$1\times n$阶矩阵或$n\times 1$阶矩阵，因此对于$m\times n$阶矩阵$\boldsymbol{A}$，可以作为由m个n维行向量构成；或作为由n个m维列向量构成. 例如，对于$\boldsymbol{A}=\begin{pmatrix}1&2&3\\4&5&6\end{pmatrix}$，$\boldsymbol{A}$的2个行向量分别是$(1\quad 2\quad 3)$，$(4\quad 5\quad 6)$. $\boldsymbol{A}$的3个列向量分别是$\begin{pmatrix}1\\4\end{pmatrix}$，$\begin{pmatrix}2\\5\end{pmatrix}$，$\begin{pmatrix}3\\6\end{pmatrix}$.

n阶单位矩阵$\boldsymbol{E}$的n个列向量被称为n维单位向量. 记为$\boldsymbol{E}=(\boldsymbol{e}_1,\boldsymbol{e}_2,\cdots,\boldsymbol{e}_n)$，其中

$$\boldsymbol{e}_1=\begin{pmatrix}1\\0\\0\\\vdots\\0\end{pmatrix},\boldsymbol{e}_2=\begin{pmatrix}0\\1\\0\\\vdots\\0\end{pmatrix},\boldsymbol{e}_3=\begin{pmatrix}0\\0\\1\\\vdots\\0\end{pmatrix},\cdots,\boldsymbol{e}_n=\begin{pmatrix}0\\0\\0\\\vdots\\1\end{pmatrix}.$$

通常，我们用集合R^n表示一切n维向量的集合，即

$$R^n=\{\boldsymbol{\alpha}\mid\boldsymbol{\alpha}=(x_1,x_2,\cdots,x_n)^{\mathrm{T}},x_i\in R\}$$

当$n=2$时，R^2表示二维几何平面上的所有向量；当$n=3$时，R^3表示三维几何空间中的所有向量.

习题 §4－1

1. 把下列矩阵分别表示为行向量和列向量的形式.

(1) $\begin{pmatrix}1&-4&-3\\1&-5&-3\\-1&6&4\end{pmatrix}$；　(2) $\begin{pmatrix}a_{11}&0&\cdots&0\\a_{21}&a_{22}&\cdots&0\\\vdots&\vdots&&\vdots\\a_{n1}&a_{n2}&\cdots&a_{nn}\end{pmatrix}$.

2. 若一个本科学生大学阶段共修36门必修课程，各科成绩描述了学生的学业水平，把他的学业水平用一个向量来表示，这个向量是几维的?

§4－2　向量组的线性相关性

在向量的研究中，向量之间的线性关系是研究的重点. 本节将介绍向量的线性组合、线性相关性及向量组的秩等基本线性关系中的概念与理论.

一、n维向量的线性组合

定义1　设有向量组$\boldsymbol{\alpha}_1,\boldsymbol{\alpha}_2,\cdots,\boldsymbol{\alpha}_n$和向量$\boldsymbol{\beta}$，如果存在一组实数$k_1,k_2,\cdots,k_n$，使得

$$\boldsymbol{\beta}=k_1\boldsymbol{\alpha}_1+k_2\boldsymbol{\alpha}_2+\cdots+k_n\boldsymbol{\alpha}_n,$$

则称向量$\boldsymbol{\beta}$是向量组$\boldsymbol{\alpha}_1,\boldsymbol{\alpha}_2,\cdots,\boldsymbol{\alpha}_n$的线性组合，或称向量$\boldsymbol{\beta}$可以由向量组$\boldsymbol{\alpha}_1,\boldsymbol{\alpha}_2,\cdots,\boldsymbol{\alpha}_n$线性表示.

例 1　已知$\boldsymbol{\alpha}_1=(1,2,1)$，$\boldsymbol{\alpha}_2=(0,3,1)$，$\boldsymbol{\alpha}_3=(2,1,3)$，$\boldsymbol{\beta}=2\boldsymbol{\alpha}_1-\boldsymbol{\alpha}_2+3\boldsymbol{\alpha}_3$，求$\boldsymbol{\beta}$.

解　根据向量的运算法则，有

$$\begin{aligned}\boldsymbol{\beta}&=2\boldsymbol{\alpha}_1-\boldsymbol{\alpha}_2+3\boldsymbol{\alpha}_3\\&=2(1,2,1)-(0,3,1)+3(2,1,3)\\&=(2,4,2)-(0,3,1)+(6,3,9)\\&=(2-0+6,4-3+3,2-1+9)\\&=(8,4,10).\end{aligned}$$

设$\boldsymbol{R}^3$空间中的向量$\boldsymbol{X}=(a,b,c)^{\mathrm{T}}$，可以表示成单位向量的线性组合，即

$$\begin{pmatrix}a\\b\\c\end{pmatrix}=a\begin{pmatrix}1\\0\\0\end{pmatrix}+b\begin{pmatrix}0\\1\\0\end{pmatrix}+c\begin{pmatrix}0\\0\\1\end{pmatrix}.$$

同理，对几何空间$\boldsymbol{R}^n$中的任一向量$\boldsymbol{\alpha}$，均可以表示成n维单位向量的线性组合. 零向量$\mathbf{0}$总是可以表示为

$$\mathbf{0}=0\boldsymbol{\alpha}_1+0\boldsymbol{\alpha}_2+\cdots+0\boldsymbol{\alpha}_n.$$

因此，零向量$\mathbf{0}$是任何向量的线性组合.

二、向量组的线性相关与线性无关

定义 2　设有n维向量组$\boldsymbol{\alpha}_1,\boldsymbol{\alpha}_2,\cdots,\boldsymbol{\alpha}_m$，若存在一组不全为零的实数$k_1,k_2,\cdots,k_m$，使得

$$k_1\boldsymbol{\alpha}_1+k_2\boldsymbol{\alpha}_2+\cdots+k_m\boldsymbol{\alpha}_m=\mathbf{0},$$

则称向量组$\boldsymbol{\alpha}_1,\boldsymbol{\alpha}_2,\cdots,\boldsymbol{\alpha}_m$线性相关. 若当且仅当$k_1=k_2=\cdots=k_m=0$时，才使得$k_1\boldsymbol{\alpha}_1+k_2\boldsymbol{\alpha}_2+\cdots+k_m\boldsymbol{\alpha}_m=\mathbf{0}$，则称向量组$\boldsymbol{\alpha}_1,\boldsymbol{\alpha}_2,\cdots,\boldsymbol{\alpha}_m$线性无关.

例 2　判断向量组$\boldsymbol{\alpha}_1=(1,1,-1)$，$\boldsymbol{\alpha}_2=(1,2,1)$，$\boldsymbol{\alpha}_3=(0,1,2)$的线性相关性.

解　设$k_1\boldsymbol{\alpha}_1+k_2\boldsymbol{\alpha}_2+k_3\boldsymbol{\alpha}_3=\mathbf{0}$，即

$$k_1(1,1,-1)+k_2(1,2,1)+k_3(0,1,2)=(0,0,0),$$

根据向量相等的定义是各对应的元素相等，得如下方程

$$\begin{cases}k_1+k_2=0,\\k_1+2k_2+k_3=0,\\-k_1+k_2+2k_3=0.\end{cases}$$

解此方程，得$\begin{cases}k_1=1,\\k_2=-1,\\k_3=1.\end{cases}$所以向量组$\boldsymbol{\alpha}_1,\boldsymbol{\alpha}_2,\boldsymbol{\alpha}_3$线性相关.

定义 3 设有 n 维向量组$\boldsymbol{\alpha}_1,\boldsymbol{\alpha}_2,\cdots,\boldsymbol{\alpha}_m$，取 $n\times m$ 阶矩阵$\boldsymbol{A}=(\boldsymbol{\alpha}_1\boldsymbol{\alpha}_2\cdots\boldsymbol{\alpha}_m)$，若矩阵 $\boldsymbol{A}$ 的秩为 r，即 $r(\boldsymbol{A})=r$，则

当 $r<m$ 时，向量组$\boldsymbol{\alpha}_1,\boldsymbol{\alpha}_2,\cdots,\boldsymbol{\alpha}_m$ 线性相关；

当 $r=m$ 时，向量组$\boldsymbol{\alpha}_1,\boldsymbol{\alpha}_2,\cdots,\boldsymbol{\alpha}_m$ 线性无关.

称矩阵 $\boldsymbol{A}$ 的秩为向量组$\boldsymbol{\alpha}_1,\boldsymbol{\alpha}_2,\cdots,\boldsymbol{\alpha}_m$ 的秩.

由定义 1，我们可以通过解方程组的方法求向量组的线性相关性. 根据定义 2，我们得到求向量组线性相关性的另外一种方法，即先利用矩阵初等行变换求向量组的秩，进而得到向量组的线性相关性.

例 3 求向量组$\boldsymbol{\alpha}_1=(2,1,0)^{\mathrm{T}}$，$\boldsymbol{\alpha}_2=(1,2,3)^{\mathrm{T}}$，$\boldsymbol{\alpha}_3=(0,1,3)^{\mathrm{T}}$ 的线性相关性.

解 先取矩阵 $\boldsymbol{A}=(\boldsymbol{\alpha}_1,\boldsymbol{\alpha}_2,\boldsymbol{\alpha}_3)$，再对矩阵 $\boldsymbol{A}$ 施加初等行变换，得

$$\boldsymbol{A}=\begin{pmatrix}2&1&0\\1&2&1\\0&3&3\end{pmatrix}\xrightarrow[-2r_1+r_2]{r_1\leftrightarrow r_2}\begin{pmatrix}1&2&1\\0&-3&-2\\0&3&3\end{pmatrix}\xrightarrow{r_2+r_3}\begin{pmatrix}1&2&1\\0&-3&-2\\0&0&1\end{pmatrix},$$

所以 $r(\boldsymbol{A})=3$，由定义 2 知原向量组是线性无关的.

例 4 证明$\boldsymbol{R}^3$ 空间中单位向量组$\boldsymbol{e}_1,\boldsymbol{e}_2,\boldsymbol{e}_3$ 线性无关.

解 以$\boldsymbol{e}_1,\boldsymbol{e}_2,\boldsymbol{e}_3$ 为列的矩阵是单位矩阵，$\boldsymbol{E}=(\boldsymbol{e}_1,\boldsymbol{e}_2,\boldsymbol{e}_3)$，因此 $r(\boldsymbol{E})=3$. 故$\boldsymbol{e}_1,\boldsymbol{e}_2,\boldsymbol{e}_3$ 线性无关，证毕.

例 5 已知向量组$\boldsymbol{\alpha}_1,\boldsymbol{\alpha}_2,\boldsymbol{\alpha}_3$ 线性无关，又有$\boldsymbol{\beta}_1=\boldsymbol{\alpha}_1+\boldsymbol{\alpha}_2$，$\boldsymbol{\beta}_2=\boldsymbol{\alpha}_2+\boldsymbol{\alpha}_3$，$\boldsymbol{\beta}_3=\boldsymbol{\alpha}_3+\boldsymbol{\alpha}_1$，试判断$\boldsymbol{\beta}_1,\boldsymbol{\beta}_2,\boldsymbol{\beta}_3$ 的线性相关性.

解 设有一组实数 k_1,k_2,k_3，满足 $k_1\boldsymbol{\beta}_1+k_2\boldsymbol{\beta}_2+k_3\boldsymbol{\beta}_3=\boldsymbol{0}$，即

$$k_1(\boldsymbol{\alpha}_1+\boldsymbol{\alpha}_2)+k_2(\boldsymbol{\alpha}_2+\boldsymbol{\alpha}_3)+k_3(\boldsymbol{\alpha}_3+\boldsymbol{\alpha}_1)=\boldsymbol{0},$$

则

$$(k_1+k_3)\boldsymbol{\alpha}_1+(k_1+k_2)\boldsymbol{\alpha}_2+(k_2+k_3)\boldsymbol{\alpha}_3=\boldsymbol{0}.$$

因为向量组 $\boldsymbol{\alpha}_1,\boldsymbol{\alpha}_2,\boldsymbol{\alpha}_3$ 线性无关，则

$$\begin{cases}k_1+k_3=0,\\k_1+k_2=0,\\k_2+k_3=0.\end{cases}$$

解此方程，得 $k_1=k_2=k_3=0$，于是$\boldsymbol{\beta}_1,\boldsymbol{\beta}_2,\boldsymbol{\beta}_3$ 线性无关.

定理 1 向量组$\boldsymbol{\alpha}_1,\boldsymbol{\alpha}_2,\cdots,\boldsymbol{\alpha}_m$ 线性相关的充要条件是至少存在一个向量可以由另外的 $m-1$ 个向量线性表示.

证 必要性:设$\boldsymbol{\alpha}_1,\boldsymbol{\alpha}_2,\cdots,\boldsymbol{\alpha}_m$ 线性相关，根据定义 2，即存在一组不全为 0 的实数 $k_1,k_2,\cdots,k_m$，使得

$$k_1\boldsymbol{\alpha}_1+k_2\boldsymbol{\alpha}_2+\cdots+k_m\boldsymbol{\alpha}_m=\boldsymbol{0}.$$

因为 $k_1,k_2,\cdots,k_m$ 不全为 0，则至少存在一个不为 0，不妨设 $k_1\neq 0$，有

$$\boldsymbol{\alpha}_1=-\frac{k_2}{k_1}\boldsymbol{\alpha}_2-\frac{k_3}{k_1}\boldsymbol{\alpha}_3-\cdots-\frac{k_m}{k_1}\boldsymbol{\alpha}_m,$$

即$\boldsymbol{\alpha}_1$ 能够由$\boldsymbol{\alpha}_2,\boldsymbol{\alpha}_3,\cdots,\boldsymbol{\alpha}_m$ 线性表示.

充分性：不妨设向量组中的$\boldsymbol{\alpha}_m$ 能够由另外的$m-1$个向量$\boldsymbol{\alpha}_1,\boldsymbol{\alpha}_2,\cdots,\boldsymbol{\alpha}_{m-1}$ 线性表示，即有

$$\boldsymbol{\alpha}_m=k_1\boldsymbol{\alpha}_1+k_2\boldsymbol{\alpha}_2+\cdots+k_{m-1}\boldsymbol{\alpha}_{m-1},$$

故

$$k_1\boldsymbol{\alpha}_1+k_2\boldsymbol{\alpha}_2+\cdots+k_{m-1}\boldsymbol{\alpha}_{m-1}+(-1)\boldsymbol{\alpha}_m=\mathbf{0},$$

因为$k_1,k_2,\cdots,k_{m-1},-1$不全为0，故$\boldsymbol{\alpha}_1,\boldsymbol{\alpha}_2,\cdots,\boldsymbol{\alpha}_m$ 线性相关．证毕．

三、向量组的极大线性无关组

由例3可知，$\boldsymbol{R}^3$ 空间中单位向量组$\boldsymbol{e}_1,\boldsymbol{e}_2,\boldsymbol{e}_3$ 线性无关．任取$\boldsymbol{R}^3$ 空间中的向量$\boldsymbol{\alpha}=(a,b,c)^{\mathrm{T}}$，有$\begin{pmatrix}a\\b\\c\end{pmatrix}=a\begin{pmatrix}1\\0\\0\end{pmatrix}+b\begin{pmatrix}0\\1\\0\end{pmatrix}+c\begin{pmatrix}0\\0\\1\end{pmatrix}$，则$\boldsymbol{\alpha}$ 必能被单位向量组$\boldsymbol{e}_1,\boldsymbol{e}_2,\boldsymbol{e}_3$ 线性表示．由定理1知，向量组$\boldsymbol{e}_1,\boldsymbol{e}_2,\boldsymbol{e}_3,\boldsymbol{\alpha}$ 线性相关．

由上面的分析，在上述$\boldsymbol{R}^3$ 空间中的4个向量$\boldsymbol{e}_1,\boldsymbol{e}_2,\boldsymbol{e}_3,\boldsymbol{\alpha}$ 里，最多只能找到3个线性无关的向量．下面我们给出极大线性无关组的概念．

定义4　设有一个向量组$\boldsymbol{\alpha}_1,\boldsymbol{\alpha}_2,\cdots,\boldsymbol{\alpha}_m$，若其中一个部分组$\boldsymbol{\alpha}_1,\boldsymbol{\alpha}_2,\cdots,\boldsymbol{\alpha}_r(r<m)$，满足：

(1) $\boldsymbol{\alpha}_1,\boldsymbol{\alpha}_2,\cdots,\boldsymbol{\alpha}_r$ 线性无关；

(2) 向量组中任何一个向量都可以写成它们的线性组合．

则称向量组$\boldsymbol{\alpha}_1,\boldsymbol{\alpha}_2,\cdots,\boldsymbol{\alpha}_r$ 为向量组$\boldsymbol{\alpha}_1,\boldsymbol{\alpha}_2,\cdots,\boldsymbol{\alpha}_m$ 的**极大线性无关组**．

例6　求向量组$\boldsymbol{\alpha}_1=\begin{pmatrix}1\\-1\\2\end{pmatrix}$，$\boldsymbol{\alpha}_2=\begin{pmatrix}-2\\3\\1\end{pmatrix}$，$\boldsymbol{\alpha}_3=\begin{pmatrix}-1\\3\\8\end{pmatrix}$的极大线性无关组．

解　由于$\boldsymbol{\alpha}_1,\boldsymbol{\alpha}_2$ 对应的分量不成比例，故$\boldsymbol{\alpha}_1,\boldsymbol{\alpha}_2$ 线性无关．又有$\boldsymbol{\alpha}_3=3\boldsymbol{\alpha}_1+2\boldsymbol{\alpha}_2$，$\boldsymbol{\alpha}_1=\boldsymbol{\alpha}_1+0\boldsymbol{\alpha}_2$，$\boldsymbol{\alpha}_2=0\boldsymbol{\alpha}_1+\boldsymbol{\alpha}_2$，故向量组$\boldsymbol{\alpha}_1,\boldsymbol{\alpha}_2,\boldsymbol{\alpha}_3$ 中的任何向量都可以由其他的部分向量组$\boldsymbol{\alpha}_1,\boldsymbol{\alpha}_2$ 线性表示．

由定义4，向量组$\boldsymbol{\alpha}_1,\boldsymbol{\alpha}_2$ 是向量组$\boldsymbol{\alpha}_1,\boldsymbol{\alpha}_2,\boldsymbol{\alpha}_3$ 的极大线性无关组．

可以验证，向量组$\boldsymbol{\alpha}_1,\boldsymbol{\alpha}_3$ 或$\boldsymbol{\alpha}_2,\boldsymbol{\alpha}_3$ 都是向量组$\boldsymbol{\alpha}_1,\boldsymbol{\alpha}_2,\boldsymbol{\alpha}_3$ 的极大线性无关组．这说明向量组的极大线性无关组并不是唯一的．需要注意的是，不同极大线性无关组的向量个数都是相等的，并且等于原向量组的秩．

定理2　设有n维向量组$\boldsymbol{\alpha}_1,\boldsymbol{\alpha}_2,\cdots,\boldsymbol{\alpha}_m$，取$n\times m$阶矩阵$\boldsymbol{A}=(\boldsymbol{\alpha}_1,\boldsymbol{\alpha}_2,\cdots,\boldsymbol{\alpha}_m)$，对矩阵$\boldsymbol{A}$ 施加初等行变换不改变矩阵$\boldsymbol{A}$ 的列向量的线性相关性．

例7　设有如下向量组：

$$\boldsymbol{\alpha}_1=\begin{pmatrix}0\\1\\4\\2\end{pmatrix},\boldsymbol{\alpha}_2=\begin{pmatrix}1\\0\\1\\0\end{pmatrix},\boldsymbol{\alpha}_3=\begin{pmatrix}1\\1\\0\\1\end{pmatrix},\boldsymbol{\alpha}_4=\begin{pmatrix}1\\0\\1\\1\end{pmatrix},\boldsymbol{\alpha}_5=\begin{pmatrix}2\\0\\2\\2\end{pmatrix}.$$

试求:(1) 向量组的秩，并讨论向量组的线性相关性；

(2) 求向量组的极大线性无关组；

(3) 把其余向量表示成极大线性无关组的线性组合.

解 取 4×5 阶矩阵 $\boldsymbol{A}=(\boldsymbol{\alpha}_1,\boldsymbol{\alpha}_2,\boldsymbol{\alpha}_3,\boldsymbol{\alpha}_4,\boldsymbol{\alpha}_5)$，并对其施加初等行变换，化为最简阶梯形矩阵：

$$\boldsymbol{A}=(\boldsymbol{\alpha}_1,\boldsymbol{\alpha}_2,\boldsymbol{\alpha}_3,\boldsymbol{\alpha}_4,\boldsymbol{\alpha}_5)=\begin{pmatrix}0&1&1&1&2\\1&0&1&0&0\\4&1&0&1&2\\2&0&1&1&2\end{pmatrix}\xrightarrow{r_1\leftrightarrow r_2}\begin{pmatrix}1&0&1&0&0\\0&1&1&1&2\\4&1&0&1&2\\2&0&1&1&2\end{pmatrix}$$

$$\xrightarrow[-2r_1+r_4]{-4r_1+r_3}\begin{pmatrix}1&0&1&0&0\\0&1&1&1&2\\0&1&-4&1&2\\0&0&-1&1&2\end{pmatrix}\xrightarrow[-\frac{1}{5}r_3]{-r_2+r_3}\begin{pmatrix}1&0&1&0&0\\0&1&1&1&2\\0&0&1&0&0\\0&0&-1&1&2\end{pmatrix}$$

$$\xrightarrow[r_3+r_4,\quad -r_4+r_2]{-r_3+r_1,\quad -r_3+r_2}\begin{pmatrix}1&0&0&0&0\\0&1&0&0&0\\0&0&1&0&0\\0&0&0&1&2\end{pmatrix}=(\boldsymbol{\beta}_1,\boldsymbol{\beta}_2,\boldsymbol{\beta}_3,\boldsymbol{\beta}_4,\boldsymbol{\beta}_5).$$

由化简后的最简阶梯形矩阵，容易看出向量组的秩 $r(\boldsymbol{\alpha}_1,\boldsymbol{\alpha}_2,\boldsymbol{\alpha}_3,\boldsymbol{\alpha}_4,\boldsymbol{\alpha}_5)=4$，向量组$\boldsymbol{\beta}_1,\boldsymbol{\beta}_2,\boldsymbol{\beta}_3,\boldsymbol{\beta}_4$ 是由单位向量$\boldsymbol{e}_1,\boldsymbol{e}_2,\boldsymbol{e}_3,\boldsymbol{e}_4$ 构成的向量组，故线性无关，且$\boldsymbol{\beta}_5=2\boldsymbol{\beta}_4$，因此可以得出如下结论：

(1) 原向量组线性相关，秩 $r(\boldsymbol{\alpha}_1,\boldsymbol{\alpha}_2,\boldsymbol{\alpha}_3,\boldsymbol{\alpha}_4,\boldsymbol{\alpha}_5)=4$；

(2) 向量组$\boldsymbol{\alpha}_1,\boldsymbol{\alpha}_2,\boldsymbol{\alpha}_3,\boldsymbol{\alpha}_4$ 是原向量组的极大线性无关组；

(3) $\boldsymbol{\alpha}_5=0\boldsymbol{\alpha}_1+0\boldsymbol{\alpha}_2+0\boldsymbol{\alpha}_3+2\boldsymbol{\alpha}_4=2\boldsymbol{\alpha}_4$.

例 8 求向量组

$$\boldsymbol{\alpha}_1=\begin{pmatrix}1\\3\\-1\end{pmatrix},\ \boldsymbol{\alpha}_2=\begin{pmatrix}3\\1\\-1\end{pmatrix},\ \boldsymbol{\alpha}_3=\begin{pmatrix}4\\4\\-2\end{pmatrix},\ \boldsymbol{\alpha}_4=\begin{pmatrix}1\\-5\\1\end{pmatrix}$$

的秩及它的一个极大线性无关组，并用它表示其余的向量.

解 将$\boldsymbol{\alpha}_1,\boldsymbol{\alpha}_2,\boldsymbol{\alpha}_3,\boldsymbol{\alpha}_4$ 作为列向量组成矩阵 $\boldsymbol{A}$，即

$$\boldsymbol{A}=\begin{pmatrix}1&3&4&1\\3&1&4&-5\\-1&-1&-2&1\end{pmatrix},$$

对 $\boldsymbol{A}$ 施加一系列的初等行变换，化为最简阶梯形矩阵：

$$\boldsymbol{A}=\begin{pmatrix}1&3&4&1\\3&1&4&-5\\-1&-1&-2&1\end{pmatrix}\xrightarrow[r_1+r_3]{-3r_1+r_2}\begin{pmatrix}1&3&4&1\\0&-8&-8&-8\\0&2&2&2\end{pmatrix}$$

$$\xrightarrow[-2r_2+r_3]{-\frac{1}{8}r_2}\begin{pmatrix}1&3&4&1\\0&1&1&1\\0&0&0&0\end{pmatrix}\xrightarrow{-3r_2+r_1}\begin{pmatrix}1&0&1&-2\\0&1&1&1\\0&0&0&0\end{pmatrix}.$$

由最简阶梯形矩阵知，向量组$\boldsymbol{\alpha}_1,\boldsymbol{\alpha}_2,\boldsymbol{\alpha}_3,\boldsymbol{\alpha}_4$ 的秩为 2，而向量组$\boldsymbol{\alpha}_1,\boldsymbol{\alpha}_2$ 是它的一个极大线性无关组，且$\boldsymbol{\alpha}_3=\boldsymbol{\alpha}_1+\boldsymbol{\alpha}_2$，$\boldsymbol{\alpha}_4=-2\boldsymbol{\alpha}_1+\boldsymbol{\alpha}_2$.

习题 §4－2

1. 已知四维向量$\boldsymbol{\alpha}_1$，$\boldsymbol{\alpha}_2$，$\boldsymbol{\beta}$ 满足关系 $3\boldsymbol{\alpha}_1-2(\boldsymbol{\alpha}_2+\boldsymbol{\beta})=\mathbf{0}$，其中$\boldsymbol{\alpha}_1=\begin{pmatrix}-1\\4\\0\\-2\end{pmatrix}$，$\boldsymbol{\alpha}_2=\begin{pmatrix}-3\\-1\\2\\5\end{pmatrix}$，求 $\boldsymbol{\beta}$.

2. 已知$\boldsymbol{\alpha}_1=(1,1,1)$，$\boldsymbol{\alpha}_2=(1,0,-1)$，$\boldsymbol{\beta}=(-1,-3,-5)$，将$\boldsymbol{\beta}$用$\boldsymbol{\alpha}_1$，$\boldsymbol{\alpha}_2$线性表示.

3. 设 $\boldsymbol{v}_1=\begin{pmatrix}1\\1\\0\end{pmatrix}$，$\boldsymbol{v}_2=\begin{pmatrix}0\\1\\1\end{pmatrix}$，$\boldsymbol{v}_3=\begin{pmatrix}3\\4\\0\end{pmatrix}$，求$\boldsymbol{v}_1-\boldsymbol{v}_2$，$3\boldsymbol{v}_1+2\boldsymbol{v}_2-\boldsymbol{v}_3$.

4. 设 $3(\boldsymbol{\alpha}_1-\boldsymbol{\alpha})+2(\boldsymbol{\alpha}_2+\boldsymbol{\alpha})=5(\boldsymbol{\alpha}_3+\boldsymbol{\alpha})$，其中 $\boldsymbol{\alpha}_1=\begin{pmatrix}2\\5\\1\\3\end{pmatrix}$，$\boldsymbol{\alpha}_2=\begin{pmatrix}10\\1\\5\\10\end{pmatrix}$，$\boldsymbol{\alpha}_3=\begin{pmatrix}4\\1\\-1\\1\end{pmatrix}$，求$\boldsymbol{\alpha}$.

5. 讨论下列向量组的线性相关性.

(1)　$\boldsymbol{\alpha}_1=\begin{pmatrix}1\\0\\0\end{pmatrix}$，$\boldsymbol{\alpha}_2=\begin{pmatrix}2\\3\\5\end{pmatrix}$，$\boldsymbol{\alpha}_3=\begin{pmatrix}4\\7\\9\end{pmatrix}$；　(2)　$\boldsymbol{\alpha}_1=\begin{pmatrix}1\\1\\2\end{pmatrix}$，$\boldsymbol{\alpha}_2=\begin{pmatrix}0\\2\\1\end{pmatrix}$，$\boldsymbol{\alpha}_3=\begin{pmatrix}2\\0\\3\end{pmatrix}$，$\boldsymbol{\alpha}_4=\begin{pmatrix}1\\1\\0\end{pmatrix}$.

6. 求下列向量组的秩和极大无关组.

(1)　$\boldsymbol{\alpha}_1=\begin{pmatrix}1\\1\\-1\\-1\end{pmatrix}$，$\boldsymbol{\alpha}_2=\begin{pmatrix}2\\1\\1\\-1\end{pmatrix}$，$\boldsymbol{\alpha}_3=\begin{pmatrix}1\\-1\\2\\1\end{pmatrix}$，$\boldsymbol{\alpha}_4=\begin{pmatrix}5\\2\\1\\-2\end{pmatrix}$；

(2)　$\boldsymbol{\alpha}_1=\begin{pmatrix}1\\0\\1\end{pmatrix}$，$\boldsymbol{\alpha}_2=\begin{pmatrix}-2\\1\\0\end{pmatrix}$，$\boldsymbol{\alpha}_3=\begin{pmatrix}3\\-1\\0\end{pmatrix}$，$\boldsymbol{\alpha}_4=\begin{pmatrix}-4\\1\\-3\end{pmatrix}$.

§4-3 线性方程组

矩阵和向量是线性代数的重要组成部分，也是应用广泛的基本数学工具. 本节将重点讨论矩阵和向量在线性方程组中的应用.

一、线性方程组的概念

线性方程组的一般形式为

$$\begin{cases} a_{11}x_1+a_{12}x_2+\cdots+a_{1n}x_n=b_1, \\ a_{21}x_1+a_{22}x_2+\cdots+a_{2n}x_n=b_2, \\ \qquad\vdots \\ a_{m1}x_1+a_{m2}x_2+\cdots+a_{mn}x_n=b_m, \end{cases}$$

称这种含有 m 个方程，n 个未知数的线性方程组为 $m\times n$ 型线性方程组. 其中，当 $b_i=0, i=1,2,\cdots,m$ 时，称为齐次线性方程组；若存在 $b_i\neq 0$，则称为非齐次线性方程组. $m\times n$ 型方程组的解是由 n 个数组成的 n 维向量 $(x_1,x_2,x_3,\cdots,x_n)^{\mathrm{T}}$，这个向量满足原方程组中的每一个方程.

例 1 判断下列线性方程组的类型：

(1) $\begin{cases} x_1+3x_2=4, \\ 5x_1-2x_2=3; \end{cases}$　　(2) $\begin{cases} 2x_1-x_2+3x_3=0, \\ x_1+x_3=0, \\ x_1+3x_2-x_3=0; \end{cases}$

(3) $\begin{cases} x_1-2x_2+x_3=0, \\ 2x_1+x_2+3x_3=8, \\ x_3=4. \end{cases}$

解 根据齐次线性方程组和非齐次线性方程组的定义，容易得出，方程组(1)是 2×2 型非齐次线性方程组，方程组(3)是 3×3 型非齐次线性方程组，方程组(2)是 3×3 型齐次线性方程组.

根据定义，2×2 型和 3×3 型的线性方程组分别为

$$\begin{cases} a_{11}x_1+a_{12}x_2=b_1, \\ a_{21}x_1+a_{22}x_2=b_2; \end{cases}\qquad \begin{cases} a_{11}x_1+a_{12}x_2+a_{13}x_3=b_1, \\ a_{21}x_1+a_{22}x_2+a_{23}x_3=b_2, \\ a_{31}x_1+a_{32}x_2+a_{33}x_3=b_3. \end{cases}$$

二、Cramer 法则

由矩阵乘法的定义，$m\times n$ 型线性方程组可以表示为

$$\boldsymbol{A}_{m\times n}\boldsymbol{X}_{n\times 1}=\boldsymbol{b}_{m\times 1},$$

称 $\boldsymbol{A}$ 为方程组的系数矩阵，称 $(\boldsymbol{A}\mid\boldsymbol{b})$ 为增广矩阵. 方程组的解是使得方程组成立的 n 维

向量 $\boldsymbol{X}$.

用矩阵来表示线性方程组，使得方程组在表示上变得简单明了. 若对 $n\times n$ 型的线性方程组

$$\begin{cases}a_{11}x_1+a_{12}x_2+\cdots+a_{1n}x_n=b_1,\\ a_{21}x_1+a_{22}x_2+\cdots+a_{2n}x_n=b_2,\\ \qquad\vdots\\ a_{n1}x_1+a_{n2}x_2+\cdots+a_{nn}x_n=b_n,\end{cases}$$

可以用矩阵简记为 $\boldsymbol{AX}=\boldsymbol{b}$. 若 $\boldsymbol{A}$ 为可逆矩阵，则两边同时左乘 $\boldsymbol{A}^{-1}$，有 $\boldsymbol{A}^{-1}\boldsymbol{AX}=\boldsymbol{A}^{-1}\boldsymbol{b}$，即 $\boldsymbol{X}=\boldsymbol{A}^{-1}\boldsymbol{b}$. 前面我们学习过通过伴随矩阵求逆矩阵的方法，对于可逆矩阵 $\boldsymbol{A}$，有 $\boldsymbol{A}^{-1}=\dfrac{\boldsymbol{A}^*}{|\boldsymbol{A}|}$，于是 $\boldsymbol{X}=\boldsymbol{A}^{-1}\boldsymbol{b}=\dfrac{\boldsymbol{A}^*}{|\boldsymbol{A}|}\boldsymbol{b}$. 这个结论可以进一步表述为如下定理.

定理 1 （Cramer 法则） 设 $n\times n$ 型的线性方程组，其系数矩阵 $\boldsymbol{A}$ 为 n 阶方阵，$\boldsymbol{b}=(b_1,b_2,\cdots,b_n)^{\mathrm{T}}\in\boldsymbol{R}^n$，$\boldsymbol{A}_i$ 表示把系数矩阵 $\boldsymbol{A}$ 的第 i 列用列向量 $\boldsymbol{b}$ 替换而得到的新矩阵. 如果 $\boldsymbol{A}$ 为可逆矩阵，则 $n\times n$ 型线性方程组 $\boldsymbol{AX}=\boldsymbol{b}$ 有唯一解 $\boldsymbol{X}=(x_1,x_2,\cdots,x_n)^{\mathrm{T}}$，且

$$x_i=\frac{|\boldsymbol{A}_i|}{|\boldsymbol{A}|},\quad i=1,2,\cdots,n.$$

证 因为矩阵 $\boldsymbol{A}$ 为可逆矩阵，所以

$$\boldsymbol{X}=\boldsymbol{A}^{-1}\boldsymbol{b}=\frac{\boldsymbol{A}^*}{|\boldsymbol{A}|}\boldsymbol{b}=\frac{1}{|\boldsymbol{A}|}\begin{pmatrix}\boldsymbol{A}_{11}&\boldsymbol{A}_{21}&\cdots&\boldsymbol{A}_{n1}\\ \boldsymbol{A}_{12}&\boldsymbol{A}_{22}&\cdots&\boldsymbol{A}_{n2}\\ \vdots&\vdots&&\vdots\\ \boldsymbol{A}_{1n}&\boldsymbol{A}_{2n}&\cdots&\boldsymbol{A}_{nn}\end{pmatrix}\begin{pmatrix}b_1\\ b_2\\ \vdots\\ b_n\end{pmatrix}=\frac{1}{|\boldsymbol{A}|}\begin{pmatrix}\sum\limits_{i=1}^{n}b_i\boldsymbol{A}_{i1}\\ \sum\limits_{i=1}^{n}b_i\boldsymbol{A}_{i2}\\ \vdots\\ \sum\limits_{i=1}^{n}b_i\boldsymbol{A}_{in}\end{pmatrix},$$

于是

$$x_i=\frac{b_1\boldsymbol{A}_{1i}+b_2\boldsymbol{A}_{2i}+\cdots+b_n\boldsymbol{A}_{ni}}{|\boldsymbol{A}|}.$$

例 2 用 Cramer 法则求解方程组 $\begin{cases}x_1+2x_2-x_3=4,\\ 2x_1+x_2+x_3=5,\\ x_1-2x_2+x_3=-2.\end{cases}$

解 由定理 1，先求系数行列式的值，即

$$|\boldsymbol{A}|=\begin{vmatrix}1&2&-1\\2&1&1\\1&-2&1\end{vmatrix}=6\neq 0,$$

所以方程组有唯一的解. 又因为

$$|\boldsymbol{A}_1|=\begin{vmatrix}4&2&-1\\5&1&1\\-2&-2&1\end{vmatrix}=6,\quad |\boldsymbol{A}_2|=\begin{vmatrix}1&4&-1\\2&5&1\\1&-2&1\end{vmatrix}=12,\quad |\boldsymbol{A}_3|=\begin{vmatrix}1&2&4\\2&1&5\\1&-2&-2\end{vmatrix}=6,$$

所以

$$x_1=\frac{|\boldsymbol{A}_1|}{|\boldsymbol{A}|}=\frac{6}{6}=1,\ x_2=\frac{|\boldsymbol{A}_2|}{|\boldsymbol{A}|}=\frac{12}{6}=2,\ x_3=\frac{|\boldsymbol{A}_3|}{|\boldsymbol{A}|}=\frac{6}{6}=1.$$

对于2×2型或3×3型的线性方程组来说，运用Cramer法则求解线性方程组不失为一种简洁的方法. 不难看出，求解一个$n\times n$型的线性方程组，需要计算$(n+1)$个n阶行列式的值，运量算较大.

推论 1 若$\boldsymbol{A}$为可逆矩阵，则齐次线性方程组$\boldsymbol{AX}=\boldsymbol{0}$只有零解$\boldsymbol{X}=\boldsymbol{0}$；反之，若$\boldsymbol{AX}=\boldsymbol{0}$有非零解，则$\boldsymbol{A}$的行列式$|\boldsymbol{A}|=0$.

定理 2 设$\boldsymbol{X}_1$，$\boldsymbol{X}_2$是$\boldsymbol{AX}=\boldsymbol{0}$的两个解，则$\boldsymbol{X}_1$，$\boldsymbol{X}_2$的线性组合$(k_1\boldsymbol{X}_1+k_2\boldsymbol{X}_2)$仍然是方程组$\boldsymbol{AX}=\boldsymbol{0}$的解，其中$k_1,k_2$为任意实数.

证 $\boldsymbol{A}(k_1\boldsymbol{X}_1+k_2\boldsymbol{X}_2)=\boldsymbol{A}k_1\boldsymbol{X}_1+\boldsymbol{A}k_2\boldsymbol{X}_2=k_1\boldsymbol{A}\boldsymbol{X}_1+k_2\boldsymbol{A}\boldsymbol{X}_2=k_1\boldsymbol{0}+k_2\boldsymbol{0}=\boldsymbol{0}$，证毕.

三、高斯消元法

中学时，我们学习过消元法解线性方程组，如加减消元法或者代入消元法. 旨在通过消去一些未知量，把高阶的难以求解的方程组降为低阶的容易求解的方程，进而通过回代的办法解出所有的未知量. 但是，这种方法在未知量个数较多时极为复杂. 下面我们要介绍高斯(Gauss)消元法，先来看一个简单的例子.

$$\begin{cases}2x_1+x_2-x_3=1,\\ \qquad x_2-x_3=-1,\\ \qquad\qquad x_3=3.\end{cases}$$

在上述方程组中，容易从第三个方程向前，依次求解出未知量的值$x_3=3,x_2=2,x_1=1$.

不难发现，上述方程组的增广矩阵为阶梯形矩阵，而求得的方程组的解对应最简阶梯形矩阵. 因此，能否通过对增广矩阵施行初等行变换，将其转化为最简阶梯形矩阵，进而求得方程组的解?对方程组的增广矩阵施行初等行变换后的增广矩阵所对应的方程组，与原方程组是否具有相同的解呢?

定理 3 设线性方程组的增广矩阵$(\boldsymbol{A}\mid\boldsymbol{b})$可以通过一系列的行初等变换化为矩阵$(\boldsymbol{B}\mid\boldsymbol{d})$，即

$$(\boldsymbol{A}\mid\boldsymbol{b})\xrightarrow{\text{行初等变换}}(\boldsymbol{B}\mid\boldsymbol{d}),$$

则$\boldsymbol{AX}=\boldsymbol{b}$和$\boldsymbol{BX}=\boldsymbol{d}$具有相同的解向量.

证 由行初等变换的知识，存在m阶可逆矩阵$\boldsymbol{P}$，使得

$$\boldsymbol{P}(\boldsymbol{A}\mid\boldsymbol{b})=(\boldsymbol{PA}\mid\boldsymbol{Pb})=(\boldsymbol{B}\mid\boldsymbol{d}).$$

再设原方程组的解向量是$\boldsymbol{X}$，则$\boldsymbol{AX}=\boldsymbol{b}$，两边左乘可逆矩阵$\boldsymbol{P}$，有$\boldsymbol{PAX}=\boldsymbol{Pb}$，即$\boldsymbol{BX}=\boldsymbol{d}$.

另一方面，设$\boldsymbol{X}$满足$\boldsymbol{BX}=\boldsymbol{d}$，两边左乘$\boldsymbol{P}$的逆矩阵$\boldsymbol{P}^{-1}$，有$\boldsymbol{P}^{-1}\boldsymbol{BX}=\boldsymbol{P}^{-1}\boldsymbol{d}$，即$\boldsymbol{AX}=\boldsymbol{b}$.

综上所述，$\boldsymbol{AX}=\boldsymbol{b}$ 和 $\boldsymbol{BX}=\boldsymbol{d}$ 具有相同的解向量，证毕.

定理 3 说明，对增广矩阵进行行初等变换不改变方程组的解. 利用定理 3 的思路求解线性方程组的方法，称为 Gauss 消元法. 下面，我们分别针对齐次线性方程组和非齐次线性方程组，详细讨论 Gauss 消元法.

1. 齐次线性方程组

对于齐次线性方程组 $\boldsymbol{AX}=\boldsymbol{0}$ 而言，它总是有解的，至少 $\boldsymbol{X}=\boldsymbol{0}$ 就是它的一个解.

例 3 求解齐次线性方程组 $\begin{cases} x_1+2x_2-x_3=0, \\ x_1+x_2+2x_3=0, \\ 2x_1-x_2+x_3=0. \end{cases}$

解 对系数矩阵施行初等行变换，有

$$\boldsymbol{A}=\begin{pmatrix} 1 & 2 & -1 \\ 1 & 1 & 2 \\ 2 & -1 & 1 \end{pmatrix} \to \begin{pmatrix} 1 & 2 & -1 \\ 0 & -1 & 3 \\ 0 & 5 & 3 \end{pmatrix} \to \begin{pmatrix} 1 & 2 & -1 \\ 0 & -1 & 3 \\ 0 & 0 & -12 \end{pmatrix} \to \begin{pmatrix} 1 & 0 & 0 \\ 0 & 1 & 0 \\ 0 & 0 & 1 \end{pmatrix}=\boldsymbol{E}.$$

因为 $\boldsymbol{AX}=\boldsymbol{0}$ 等价于 $\boldsymbol{EX}=\boldsymbol{0}$，从而得出 $\boldsymbol{X}=\boldsymbol{0}$，所以 $\boldsymbol{X}=(0,0,0)^{\mathrm{T}}$ 是方程组的唯一解.

例 4 求解齐次线性方程组 $\begin{cases} x_1-2x_2+3x_3-4x_4+2x_5=0, \\ x_1+3x_2-3x_4+2x_5=0, \\ x_2-x_3+x_4=0, \\ x_1-4x_2+3x_3-2x_4+2x_5=0. \end{cases}$

解 对系数矩阵施加初等行变换，有

$$\boldsymbol{A}=\begin{pmatrix} 1 & -2 & 3 & -4 & 2 \\ 1 & 3 & 0 & -3 & 2 \\ 0 & 1 & -1 & 1 & 0 \\ 1 & -4 & 3 & -2 & 2 \end{pmatrix} \to \begin{pmatrix} 1 & -2 & 3 & -4 & 2 \\ 0 & 5 & -3 & 1 & 0 \\ 0 & 1 & -1 & 1 & 0 \\ 0 & -2 & 0 & 2 & 0 \end{pmatrix}$$

$$\to \begin{pmatrix} 1 & -2 & 3 & -4 & 2 \\ 0 & 1 & -1 & 1 & 0 \\ 0 & 0 & 2 & -4 & 0 \\ 0 & 0 & -2 & 4 & 0 \end{pmatrix} \to \begin{pmatrix} 1 & -2 & 3 & -4 & 2 \\ 0 & 1 & -1 & 1 & 0 \\ 0 & 0 & 2 & -4 & 0 \\ 0 & 0 & 0 & 0 & 0 \end{pmatrix} \to \begin{pmatrix} 1 & 0 & 0 & 0 & 2 \\ 0 & 1 & 0 & -1 & 0 \\ 0 & 0 & 1 & -2 & 0 \\ 0 & 0 & 0 & 0 & 0 \end{pmatrix}.$$

因为 $r(\boldsymbol{A})=3$，化简后的最简阶梯形矩阵对应的方程组是

$$\begin{cases} x_1+2x_5=0, \\ x_2-x_4=0, \\ x_3-2x_4=0. \end{cases}$$

经观察发现，这三个方程已经无法再消元. 因此，我们称方程有 $n-r(\boldsymbol{A})$ 个自由变元，这里取 x_4,x_5 为自由变元，则方程组的解可由自由变元表示为

$$\begin{cases} x_1 = -2x_5, \\ x_2 = x_4, \\ x_3 = 2x_4, \\ x_4 = x_4, \\ x_5 = x_5 \end{cases} \quad \text{或} \quad \boldsymbol{X} = \begin{pmatrix} x_1 \\ x_2 \\ x_3 \\ x_4 \\ x_5 \end{pmatrix} = x_4 \begin{pmatrix} 0 \\ 1 \\ 2 \\ 1 \\ 0 \end{pmatrix} + x_5 \begin{pmatrix} -2 \\ 0 \\ 0 \\ 0 \\ 1 \end{pmatrix}.$$

于是得到方程组所有解的表达式 $\boldsymbol{X}$，称 $\boldsymbol{X}$ 为通解，它是两个线性无关的解的线性组合.

注意：$\boldsymbol{\xi}_1 = (0,1,2,1,0)^{\mathrm{T}}$(取 $x_4 = 1, x_5 = 0$ 得到)，$\boldsymbol{\xi}_2 = (-2,0,0,0,1)^{\mathrm{T}}$(取 $x_4 = 0$, $x_5 = 1$ 得到).

因此，方程组的通解为 $\boldsymbol{X} = \begin{pmatrix} x_1 \\ x_2 \\ x_3 \\ x_4 \\ x_5 \end{pmatrix} = c_1 \begin{pmatrix} 0 \\ 1 \\ 2 \\ 1 \\ 0 \end{pmatrix} + c_2 \begin{pmatrix} -2 \\ 0 \\ 0 \\ 0 \\ 1 \end{pmatrix}$，$c_1, c_2$ 是任意常数.

定义 1 齐次线性方程组 $\boldsymbol{AX} = \boldsymbol{0}$ 的解集合 $N(\boldsymbol{A})$ 的极大线性无关组 $\{\boldsymbol{\xi}_1, \boldsymbol{\xi}_2, \cdots, \boldsymbol{\xi}_s\}$，称为齐次线性方程组 $\boldsymbol{AX} = \boldsymbol{0}$ 的基础解系.

由定义 1，齐次线性方程组 $\boldsymbol{AX} = \boldsymbol{0}$ 的基础解系 $\{\boldsymbol{\xi}_1, \boldsymbol{\xi}_2, \cdots, \boldsymbol{\xi}_s\}$ 满足：

(1) $\boldsymbol{\xi}_1, \boldsymbol{\xi}_2, \cdots, \boldsymbol{\xi}_s$ 都是 $\boldsymbol{AX} = \boldsymbol{0}$ 的解向量；

(2) $\boldsymbol{\xi}_1, \boldsymbol{\xi}_2, \cdots, \boldsymbol{\xi}_s$ 线性无关；

(3) $\boldsymbol{AX} = \boldsymbol{0}$ 的任何一个解都可以表示成为 $\boldsymbol{\xi}_1, \boldsymbol{\xi}_2, \cdots, \boldsymbol{\xi}_s$ 的线性组合，即 $\boldsymbol{X} = \sum_{i=1}^{s} c_i \boldsymbol{\xi}_i$，并称 $\boldsymbol{X} = \sum_{i=1}^{s} c_i \boldsymbol{\xi}_i$ 为线性方程组 $\boldsymbol{AX} = \boldsymbol{0}$ 的通解.

综上所述，我们将齐次线性方程组 $\boldsymbol{AX} = \boldsymbol{0}$ 的解归纳为定理 4.

定理 4 设有 $m \times n$ 型齐次线性方程组 $\boldsymbol{AX} = \boldsymbol{0}$ 的系数矩阵 $\boldsymbol{A}$ 的秩为 $r(\boldsymbol{A}) = r$，则有：

(1) 当 $r = n$ 时，齐次线性方程组 $\boldsymbol{AX} = \boldsymbol{0}$ 只有零解 $\boldsymbol{X} = \boldsymbol{0}$；

(2) 当 $r < n$ 时，齐次线性方程组有非零解，其基础解系由 $n - r$ 个线性无关的解向量 $\{\boldsymbol{\xi}_1, \boldsymbol{\xi}_2, \cdots, \boldsymbol{\xi}_{n-r}\}$ 构成，通解 $\boldsymbol{X}$ 是基础解系的线性组合，即

$$\boldsymbol{X} = c_1\boldsymbol{\xi}_1 + c_2\boldsymbol{\xi}_2 + \cdots + c_{n-r}\boldsymbol{\xi}_{n-r},$$

其中，$c_1, c_2, \cdots, c_{n-r}$ 为任意常数.

例 5 求方程组 $\begin{cases} x_1 + x_2 + x_3 - x_4 = 0, \\ 2x_1 - x_2 + 2x_3 + x_4 = 0, \\ x_1 + 4x_2 + x_3 - 4x_4 = 0 \end{cases}$ 的基础解系及通解.

解 用 Gauss 消元法求方程组的通解 $\boldsymbol{X}$，即

$$\boldsymbol{A} = \begin{pmatrix} 1 & 1 & 1 & -1 \\ 2 & -1 & 2 & 1 \\ 1 & 4 & 1 & -4 \end{pmatrix} \to \begin{pmatrix} 1 & 1 & 1 & -1 \\ 0 & -3 & 0 & 3 \\ 0 & 3 & 0 & -3 \end{pmatrix} \to \begin{pmatrix} 1 & 1 & 1 & -1 \\ 0 & 1 & 0 & -1 \\ 0 & 0 & 0 & 0 \end{pmatrix} \to \begin{pmatrix} 1 & 0 & 1 & 0 \\ 0 & 1 & 0 & -1 \\ 0 & 0 & 0 & 0 \end{pmatrix}.$$

由系数矩阵 A 的最简阶梯形，容易得出 $r(A)=2$，故有 $n-r=4-2=2$ 个自由变元.

取 x_3,x_4 为自由变元，由系数矩阵的最简阶梯形，得

$$\begin{cases}x_1=-x_3,\\x_2=x_4,\\x_3=x_3,\\x_4=x_4,\end{cases} \quad 或 \quad X=\begin{pmatrix}x_1\\x_2\\x_3\\x_4\end{pmatrix}=x_3\begin{pmatrix}-1\\0\\1\\0\end{pmatrix}+x_4\begin{pmatrix}0\\1\\0\\1\end{pmatrix}=x_3\boldsymbol{\xi}_1+x_4\boldsymbol{\xi}_2.$$

从得到的通解 X 的形式可以看出，一切解 X 都是两个确定解 $\boldsymbol{\xi}_1,\boldsymbol{\xi}_2$ 的线性组合，显然 $\boldsymbol{\xi}_1,\boldsymbol{\xi}_2$ 是线性无关的两个向量，所以方程组的基础解系是 $\{(-1,0,1,0)^T,(0,1,0,1)^T\}$.

线性方程组的通解为

$$X=c_1(-1,0,1,0)^T+c_2(0,1,0,1)^T,$$

其中 c_1,c_2 是任意常数.

2. 非齐次线性方程组

非齐次线性方程组的一般形式是 $AX=b$，它的求解比齐次线性方程组 $AX=0$ 更为复杂. 我们尝试运用 Gauss 消元法，在齐次线性方程组解的理论基础上，进一步研究非齐次线性方程组解的理论.

定理 5 非齐次线性方程组 $AX=b$ 有解的充要条件是系数矩阵和增广矩阵的秩相等，即 $r(A)=r(A\mid b)$.

例 6 用 Gauss 消元法求解下列非齐次线性方程组：

(1) $\begin{cases}x_1+x_2+x_3+x_4=1,\\2x_1+3x_2+x_3=4,\\x_1-x_2+4x_3=3,\\3x_2-4x_3-x_4=1;\end{cases}$ (2) $\begin{cases}x_1+x_2+x_3+x_4=7,\\2x_1+x_2+x_3-x_4=2,\\x_1-x_2+2x_3+x_4=4,\\3x_1+x_2-x_3+2x_4=10;\end{cases}$

(3) $\begin{cases}x_1+x_2-x_3-x_4=-1,\\2x_1+x_2+x_3-x_4=2,\\x_1-x_2+2x_3+x_4=4,\\5x_1+2x_2+x_3-2x_4=4.\end{cases}$

解 (1) 对增广矩阵进行初等变换，把它化为阶梯形矩阵：

$$(A\mid b)=\left(\begin{array}{cccc|c}1&1&1&1&1\\2&3&1&0&4\\1&-1&4&0&3\\0&3&-4&-1&1\end{array}\right)\to\left(\begin{array}{cccc|c}1&1&1&1&1\\0&1&-1&-2&2\\0&-2&3&-1&2\\0&3&-4&-1&1\end{array}\right)$$

$$\to\left(\begin{array}{cccc|c}1&1&1&1&1\\0&1&-1&-2&2\\0&0&1&-5&6\\0&0&-1&5&-5\end{array}\right)\to\left(\begin{array}{cccc|c}1&1&1&1&1\\0&1&-1&-2&2\\0&0&1&-5&6\\0&0&0&0&1\end{array}\right).$$

因为 $r(\boldsymbol{A})=3$，$r(\boldsymbol{A}\mid\boldsymbol{b})=4$，由定理 5，方程组无解.

(2) 对增广矩阵进行初等变换，把它化为阶梯形矩阵：

$$(\boldsymbol{A}\mid\boldsymbol{b})=\left(\begin{array}{cccc|c}1&1&1&1&7\\2&1&1&-1&2\\1&-1&2&1&4\\3&1&-1&2&10\end{array}\right)\to\left(\begin{array}{cccc|c}1&1&1&1&7\\0&-1&-1&-3&-12\\0&-2&1&0&-3\\0&-2&-4&-1&-11\end{array}\right)$$

$$\to\left(\begin{array}{cccc|c}1&1&1&1&7\\0&1&1&3&12\\0&-2&1&0&-3\\0&-2&-4&-1&-11\end{array}\right)\to\left(\begin{array}{cccc|c}1&1&1&1&7\\0&1&1&3&12\\0&0&3&6&21\\0&0&-2&5&13\end{array}\right)\to\left(\begin{array}{cccc|c}1&1&1&1&7\\0&1&1&3&12\\0&0&1&2&7\\0&0&0&1&3\end{array}\right).$$

容易得出，$r(\boldsymbol{A})=r(\boldsymbol{A}\mid\boldsymbol{b})=4$，所以方程组有解. 进一步将增广矩阵化为最简阶梯形矩阵：

$$\left(\begin{array}{cccc|c}1&1&1&1&7\\0&1&1&3&12\\0&0&1&2&7\\0&0&0&1&3\end{array}\right)\to\left(\begin{array}{cccc|c}1&0&0&0&1\\0&1&0&0&2\\0&0&1&0&1\\0&0&0&1&3\end{array}\right),$$

所以原方程组的解为$\begin{cases}x_1=1,\\x_2=2,\\x_3=1,\\x_4=3,\end{cases}$ 即解向量为：$\boldsymbol{X}=(1,2,1,3)^{\mathrm{T}}$.

(3) 对增广矩阵进行初等变换，把它化为阶梯形矩阵：

$$(\boldsymbol{A}\mid\boldsymbol{b})=\left(\begin{array}{cccc|c}1&1&-1&-1&-1\\2&1&1&-1&2\\1&-1&2&1&4\\5&2&1&-2&4\end{array}\right)\to\left(\begin{array}{cccc|c}1&1&-1&-1&-1\\0&-1&3&1&4\\0&-2&3&2&5\\0&-3&6&3&9\end{array}\right)$$

$$\to\left(\begin{array}{cccc|c}1&1&-1&-1&-1\\0&-1&3&1&4\\0&0&-3&0&-3\\0&0&-3&0&-3\end{array}\right)\to\left(\begin{array}{cccc|c}1&1&-1&-1&-1\\0&-1&3&1&4\\0&0&1&0&1\\0&0&0&0&0\end{array}\right).$$

容易得出，$r(\boldsymbol{A})=r(\boldsymbol{A}\mid\boldsymbol{b})=3$，所以方程组有解，且有 $n-r(\boldsymbol{A}\mid\boldsymbol{b})=4-3=1$ 个自由变元. 进一步化为最简阶梯形矩阵，得

$$\left(\begin{array}{cccc|c}1&1&-1&-1&-1\\0&-1&3&1&4\\0&0&1&0&1\\0&0&0&0&0\end{array}\right)\to\left(\begin{array}{cccc|c}1&0&0&0&1\\0&-1&0&1&1\\0&0&1&0&1\\0&0&0&0&0\end{array}\right)\to\left(\begin{array}{cccc|c}1&0&0&0&1\\0&1&0&-1&-1\\0&0&1&0&1\\0&0&0&0&0\end{array}\right),$$

所以原方程同解于$\begin{cases} x_1 = 1, \\ x_2 - x_4 = -1, \\ x_3 = 1. \end{cases}$选取 x_4 作为自由变元，解得

$$\begin{cases} x_1 = 1, \\ x_2 = x_4 - 1, \\ x_3 = 1, \\ x_4 = x_4, \end{cases}$$

即通解为
$$\boldsymbol{X} = \begin{pmatrix} x_1 \\ x_2 \\ x_3 \\ x_4 \end{pmatrix} = x_4 \begin{pmatrix} 0 \\ 1 \\ 0 \\ 1 \end{pmatrix} + \begin{pmatrix} 1 \\ -1 \\ 1 \\ 0 \end{pmatrix},$$

其中 x_4 是任意常数.

因为 x_4 是任意常数，取 $x_4 = 0$ 时，得到 $\boldsymbol{X} = \begin{pmatrix} 1 \\ -1 \\ 1 \\ 0 \end{pmatrix}$是方程组的一个特解.

$\boldsymbol{X} - \begin{pmatrix} 1 \\ -1 \\ 1 \\ 0 \end{pmatrix} = x_4 \begin{pmatrix} 0 \\ 1 \\ 0 \\ 1 \end{pmatrix}$是对应的齐次线性方程组的通解. 记对应的齐次线性方程组的通解为$\boldsymbol{X}_0$，原非齐次线性方程组的特解为$\boldsymbol{\eta}_0$，则方程组的通解形式可以记为

$$\boldsymbol{X} = \boldsymbol{X}_0 + \boldsymbol{\eta}_0,$$

其中
$$\boldsymbol{X}_0 = x_4 \begin{pmatrix} 0 \\ 1 \\ 0 \\ 1 \end{pmatrix}, \ \boldsymbol{\eta}_0 = \begin{pmatrix} 1 \\ -1 \\ 1 \\ 0 \end{pmatrix}.$$

从上面的例子，我们可以总结出如下的定理：

定理 6　非齐次线性方程组$\boldsymbol{A}_{m\times n}\boldsymbol{X}_{n\times 1} = \boldsymbol{b}_{m\times 1}$，

(1) 当 $r(\boldsymbol{A}) \neq (\boldsymbol{A} \mid \boldsymbol{b})$时，方程组无解；

(2) 当 $r(\boldsymbol{A}) = (\boldsymbol{A} \mid \boldsymbol{b}) = n$ 时，方程组有唯一组解；

(3) 当 $r(\boldsymbol{A}) = (\boldsymbol{A} \mid \boldsymbol{b}) < n$ 时，方程组有无穷多组解，其通解的形式是 $\boldsymbol{X} = \boldsymbol{X}_0 + \boldsymbol{\eta}_0$. 其中$\boldsymbol{X}_0$ 是对应的齐次线性方程组$\boldsymbol{A}_{m\times n}\boldsymbol{X}_{n\times 1} = \boldsymbol{0}_{m\times 1}$ 的通解，$\boldsymbol{\eta}_0$ 是方程组$\boldsymbol{A}_{m\times n}\boldsymbol{X}_{n\times 1} = \boldsymbol{b}_{m\times 1}$ 的一个特解.

例 7　求解非齐次线性方程组$\begin{cases} x_1 - x_2 + x_3 - x_4 = 0, \\ x_1 - x_2 + 2x_3 - 3x_4 = 1, \\ x_1 - x_2 + 3x_3 - 5x_4 = 2 \end{cases}$的通解.

解 先将其增广矩阵化为最简阶梯形：

$$(\boldsymbol{A}\mid\boldsymbol{b})=\left(\begin{array}{cccc|c}1&-1&1&-1&0\\1&-1&2&-3&1\\1&-1&3&-5&2\end{array}\right)\to\left(\begin{array}{cccc|c}1&-1&1&-1&0\\0&0&1&-2&1\\0&0&2&-4&2\end{array}\right)$$

$$\to\left(\begin{array}{cccc|c}1&-1&1&-1&0\\0&0&1&-2&1\\0&0&0&0&0\end{array}\right)\to\left(\begin{array}{cccc|c}1&-1&0&1&-1\\0&0&1&-2&1\\0&0&0&0&0\end{array}\right).$$

易知 $r(\boldsymbol{A})=r(\boldsymbol{A}\mid\boldsymbol{b})=2<n$，所以方程组有无穷多解，且有 $n-r(\boldsymbol{A}\mid\boldsymbol{b})=4-2=2$ 个自由变元.

原方程组同解于$\begin{cases}x_1-x_2+x_4=-1,\\x_3-2x_4=1.\end{cases}$

令 x_2,x_4 为自由变元，则 $\begin{cases}x_1=x_2-x_4-1,\\x_2=x_2,\\x_3=2x_4+1,\\x_4=x_4.\end{cases}$

或
$$\begin{pmatrix}x_1\\x_2\\x_3\\x_4\end{pmatrix}=x_2\begin{pmatrix}1\\1\\0\\0\end{pmatrix}+x_4\begin{pmatrix}-1\\0\\2\\1\end{pmatrix}+\begin{pmatrix}-1\\0\\1\\0\end{pmatrix},$$

则非齐次线性方程组的一个特解是$\boldsymbol{\eta}_0=\begin{pmatrix}-1\\0\\1\\0\end{pmatrix}$，对应的齐次线性方程组的通解是

$$\boldsymbol{X}_0=c_1\boldsymbol{\xi}_1+c_2\boldsymbol{\xi}_2,\quad \boldsymbol{\xi}_1=\begin{pmatrix}1\\1\\0\\0\end{pmatrix},\boldsymbol{\xi}_2=\begin{pmatrix}-1\\0\\2\\1\end{pmatrix},$$

其中 c_1,c_2 是任意常数.

所以原非齐次线性方程组的通解为

$$\boldsymbol{X}=\boldsymbol{X}_0+\boldsymbol{\eta}_0=c_1\begin{pmatrix}1\\1\\0\\0\end{pmatrix}+c_2\begin{pmatrix}-1\\0\\2\\1\end{pmatrix}+\begin{pmatrix}-1\\0\\1\\0\end{pmatrix},$$

其中 c_1,c_2 是任意常数.

习题 §4－3

1. 用 Cramer 法则求解下列方程组.

(1) $\begin{cases} x_1+2x_2=5, \\ 3x_1-x_2=1; \end{cases}$　　(2) $\begin{cases} x_1-x_2+2x_3=5, \\ 3x_1+2x_2-x_3=4, \\ 3x_1-x_2+x_3=6. \end{cases}$

2. 设一个线性方程组的增广矩阵为 $\left(\begin{array}{ccc|c} 1 & 2 & 1 & 1 \\ -1 & 4 & 3 & 2 \\ 2 & -2 & \lambda & 3 \end{array}\right)$，讨论 λ 为何值时，方程组有唯一解.

3. 用 Gauss 消元法求解下列齐次线性方程组的通解和基础解系.

(1) $\begin{cases} x_1+x_2+2x_3-x_4=0, \\ 2x_1+x_2+x_3-x_4=0, \\ 2x_1+2x_2+x_3+2x_4=0; \end{cases}$　(2) $\begin{cases} 2x_1+3x_2-x_3+5x_4=0, \\ 3x_1+x_2+2x_3-7x_4=0, \\ 4x_1+x_2-3x_3+6x_4=0, \\ x_1-2x_2+4x_3+7x_4-0. \end{cases}$

4. 求解非齐次线性方程组.

(1) $\begin{cases} 4x_1+2x_2-x_3=2, \\ 3x_1-x_2+2x_3=10, \\ 11x_1+3x_2\qquad=8; \end{cases}$　　(2) $\begin{cases} 2x+3y+z=4, \\ x-2y+4z=-5, \\ 3x+8y-2z=13, \\ 4x-y+9z=-6. \end{cases}$

5. 试问 λ 取何值时，非齐次线性方程组

$$\begin{cases} \lambda x_1+x_2+x_3=1, \\ x_1+\lambda x_2+x_3=\lambda, \\ x_1+x_2+\lambda x_3=\lambda^2; \end{cases}$$

(1) 有唯一解，(2) 无解，(3) 有无穷多个解?

复习题四

一、填空题

1. 设向量组 $\boldsymbol{\alpha}_1=(1,1,1)$，$\boldsymbol{\alpha}_2=(1,2,3)$，$\boldsymbol{\alpha}_3=(1,3,t)$ 线性相关，则 $t=$____.

2. 非齐次线性方程组 $\boldsymbol{AZ}=\boldsymbol{b}$（$\boldsymbol{A}$ 为 $m\times n$ 矩阵）有唯一解的充分必要条件是____；

3. $n+1$ 个 n 维向量组成的向量组为线性____ 向量组.

4. 已知 $\boldsymbol{\alpha}_1=(2,0,1)^{\mathrm{T}}$，$\boldsymbol{\alpha}_2=(0,1,2)^{\mathrm{T}}$，$\boldsymbol{\beta}=2\boldsymbol{\alpha}_1+3\boldsymbol{\alpha}_2$，则 $\boldsymbol{\beta}=$____.

二、计算题

1. 求向量组 $\boldsymbol{\sigma}_1=(-1,0,1,0)$，$\boldsymbol{\sigma}_2=(1,1,1,1)$，$\boldsymbol{\sigma}_3=(0,1,2,1)$，$\boldsymbol{\sigma}_4=(-1,1,3,1)$ 的秩，并求其一个极大线性无关组.

2. 求齐次线性方程组$\begin{cases} x_1+x_2-3x_4-x_5=0 \\ x_1-x_2+2x_3-x_4+x_5=0, \\ 4x_1-2x_2+6x_3-5x_4+x_5=0, \\ 2x_1+4x_2-2x_3+4x_4-16x_5=0 \end{cases}$的通解.

3. 已知矩阵

$$\boldsymbol{A}=\begin{pmatrix} 1 & 1 & 2 & 2 & 1 \\ 0 & 2 & 1 & 5 & -1 \\ 2 & 0 & 3 & -1 & 3 \\ 1 & 1 & 0 & 4 & -1 \end{pmatrix},$$

求 $r(\boldsymbol{A})$及其列向量组的一个极大线性无关组.

4. 已知向量组

$$\boldsymbol{\alpha}_1=\begin{pmatrix} 1 \\ 0 \\ 2 \\ 1 \end{pmatrix},\quad \boldsymbol{\alpha}_2=\begin{pmatrix} 1 \\ 2 \\ 0 \\ 1 \end{pmatrix},\quad \boldsymbol{\alpha}_3=\begin{pmatrix} 2 \\ 1 \\ 3 \\ 0 \end{pmatrix},\quad \boldsymbol{\alpha}_4=\begin{pmatrix} 2 \\ 5 \\ -1 \\ 4 \end{pmatrix},\quad \boldsymbol{\alpha}_5=\begin{pmatrix} 1 \\ -1 \\ 3 \\ -1 \end{pmatrix},$$

求向量组的秩及其一个极大线性无关组.

5. 求非齐次线性方程组$\begin{cases} x_1-x_2+2x_3+2x_4=1, \\ 2x_1+x_2+4x_3+x_4=5, \\ x_1+2x_2+2x_3-x_4=4 \end{cases}$的通解.

6. 对非齐次线性方程组

$$\begin{pmatrix} 1 & 1 & 1 & 1 & 1 \\ 3 & 2 & 1 & 1 & -3 \\ 0 & 1 & 2 & 2 & 6 \\ 5 & 4 & 3 & 3 & -1 \end{pmatrix}\begin{pmatrix} x_1 \\ x_2 \\ x_3 \\ x_4 \\ x_5 \end{pmatrix}=\begin{pmatrix} 1 \\ a \\ 3 \\ b \end{pmatrix},$$

(1)a,b 为何值时,方程组有解?

(2) 方程组有解时,求导出组的一个基础解系;

(3) 方程组有解时,求其通解.

第五章　积分变换

学习要求：

一、了解变换与积分变换的概念，了解广义积分的概念，熟悉广义积分的运算；

二、理解拉普拉斯变换及拉普拉斯逆变换的概念，熟悉拉普拉斯变换及拉普拉斯逆变换的性质，掌握求拉普拉斯变换及拉普拉斯逆变换的计算方法；

三、了解傅里叶级数的概念，会求周期函数的傅里叶级数，了解傅里叶级数的物理意义；

四、了解傅里叶变换的概念，会求函数傅里叶变换，了解傅里叶变换的物理意义.

本章介绍的积分变换是通过某种形式的积分运算，对两类函数进行相互转换. 针对不同的目的和要求，存在许多种形式的积分变换，而我们将学习的拉普拉斯变换和傅里叶变换是最常用的积分变换. 积分变换不仅是一种十分有效的运算工具，而且在分析和解决一些工程实际问题,以及在各类技术领域中都有广泛的应用.

§5－1　变换与积分变换概念

一、变换及变换的目的

我们面对的工程实际问题，往往显得复杂，所以经常采取某种指定的数学手段，将其进行有目的的转换，以期能够使用更加简洁、更加通用的方法来解决这些复杂的问题. 同时还能用新的视角来审视、分析问题，把问题的本质探讨得更加清楚. 这样的转换，数学上称为**变换**.

例 1　求解方程 $x^{2.1}=3$.

解　(1) 对数变换(两边同时取对数) 得 $2.1\ln x=\ln 3$；

(2) 求解变换后得到的方程：$\ln x=\ln 3/2.1=0.5231$；

(3) 对数变换的逆变换(取反对数)：$x=1.6873$.

当实际问题(原问题) 难于求解时，可以考虑使用变换的方法化难为简，从而求解. 用变换方法求解问题的三个基本步骤是：① 通过合理的变换，把原始问题转化为较简单的问题；② 求解变换以后得到的这个较简单的问题；③ 再通过逆变换，得到原始问题的解.

使用变换的目的，是希望变换后能用更加直观的方式来分析问题，并能用更加简单的方法去计算和解决问题，而不是对问题本身进行单纯的化简. 请注意，变换与化简的根本区别：变换一定是可逆的. 这是使用变换方法解决问题的一大特点.

被变换的对象可以是实数，也可以是函数. 如果被变换的对象是函数，就称之为函数变换.

定义 1 设 T 是一种变换运算，若 T 把以 t 为自变量的一类函数 $f(t)$ 变换为以 p 为自变量的另一类函数 $F(p)$，则称 T 是函数 $f(t)$ 与 $F(p)$ 之间的一个**函数变换**(简称**变换**)，记为 $F(p)=T[f(t)]$. $F(p)$ 称为 $f(t)$ 在变换 T 下的**像函数**，$f(t)$ 称为 $F(p)$ 的**像原函数**. 而称 T 的逆运算 T^{-1} 为变换 T 的逆变换，它把像函数 $F(p)$ 还原为像原函数，记为 $f(t)=T^{-1}[F(p)]$.

二、积分变换

通过指定形式的积分运算，将一类函数 $f(t)$ 转换成另一类函数 $F(p)$，则这种变换称为**积分变换**.

定义 2 将定义在某个区间 I 上的函数 $f(t)$ 乘上一个指定的二元函数 $G(t,p)$，然后在区间 I 上进行定积分，得到另一个函数 $F(p)$，即

$$F(p)=\int_I f(t)G(t,p)\mathrm{d}t.$$

这样的积分运算把函数 $f(t)$ 转换成了函数 $F(p)$，我们称之为积分变换. 其中，$f(t)$ 就是像原函数，$F(p)$ 就是像函数.

相应地，由 $F(p)$ 可以通过类似的积分运算手段(逆运算)，而得到 $f(t)$，称为积分变换的逆变换. 由像原函数 $f(t)$ 得到像函数 $F(p)$ 的积分变换，称为正变换；反过来，由像函数 $F(p)$ 得到像原函数 $f(t)$ 的积分变换，称为逆变换(也叫反变换)，它们构成一个积分变换对，简记为 $f(t)\longleftrightarrow F(p)$.

积分变换可以简化较为复杂的运算，对较难求解的常微分方程、偏微分方程，通过特定的积分变换，可化为较易求解的代数方程、常微分方程，使变换后的问题得以求解，然后再利用其逆变换使原问题得以求解. 而积分变换自身常常有着重要的物理意义，将要学习的拉普拉斯变换和傅里叶变换在工程技术中有着广泛的应用.

三、广义积分简介(预备知识)

通常意义下的定积分运算，积分区间 $[a,b]$ 是有限的，被积函数 $f(x)$ 在区间 $[a,b]$ 上也是连续的，即被积函数是区间 $[a,b]$ 上的有界函数，满足这样条件的定积分，称为常义积分(狭义积分). 但在解决实际问题时，常义积分不够用，我们要经常面对积分区间为无限的，或积分区间虽然有限，但被积函数在积分区间内是无界的定积分运算，这种类型的定积分我们称之为**广义积分**(反常积分).

这里我们重点介绍积分区间为无限的广义积分，即所谓无限区间上的广义积分.

引例　试求由曲线 $y=x^{-2}$，x 轴及直线 $x=1$ 围成图形的面积.

解　如图 5－1 所示，由曲线 $y=x^{-2}$，x 轴及直线 $x=1$ 围成图形称为开口曲边梯形. 设其面积为 A，任取 $b\in[1,+\infty)$，则常义积分 $\int_1^b x^{-2}\mathrm{d}x$ 的值为所求面积的近似值，即有

$$A\approx\int_1^b x^{-2}\mathrm{d}x=1-\frac{1}{b}.$$

显然 $b\in[1,+\infty)$ 取值越大，其近似程度就越高，当 $b\to+\infty$ 时，常义积分 $\int_1^b x^{-2}\mathrm{d}x$ 的极限值，就是所求图形的面积 A，记为 $\int_1^{+\infty}x^{-2}\mathrm{d}x$，即

$$A=\int_1^{+\infty}x^{-2}\mathrm{d}x=\lim_{b\to+\infty}\int_1^b x^{-2}\mathrm{d}x=\lim_{b\to+\infty}(1-\frac{1}{b})=1.$$

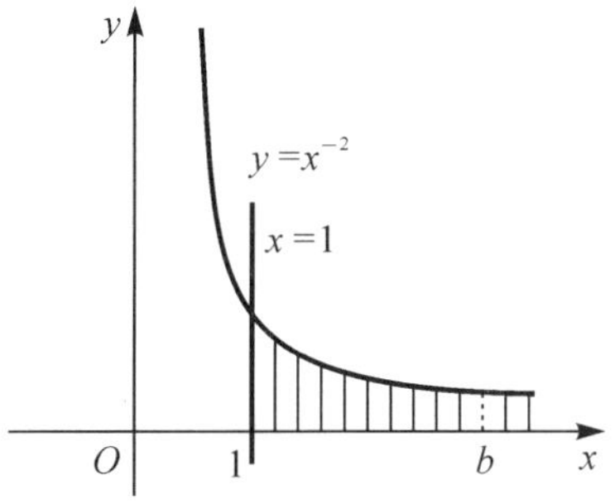

图 5－1

定义 3　设函数 $f(x)$ 在区间 $[a,+\infty)$ 上连续，取 $b>a$，则称 $\lim\limits_{b\to+\infty}\int_a^b f(x)\mathrm{d}x$ 是函数 $f(x)$ 在区间 $[a,+\infty)$ 上的广义积分，记为 $\int_a^{+\infty}f(x)\mathrm{d}x$，即

$$\int_a^{+\infty}f(x)\mathrm{d}x=\lim_{b\to+\infty}\int_a^b f(x)\mathrm{d}x.$$

如果极限 $\lim\limits_{b\to+\infty}\int_a^b f(x)\mathrm{d}x$ 存在，就称函数 $f(x)$ 在区间 $[a,+\infty)$ 上的广义积分存在或收敛，并称这个极限值为广义积分的值；如果上述极限不存在，就称函数 $f(x)$ 在区间 $[a,+\infty)$ 上的广义积分不存在或发散.

类似地，可以定义另外两种广义积分：

$\int_{-\infty}^b f(x)\mathrm{d}x=\lim\limits_{a\to-\infty}\int_a^b f(x)\mathrm{d}x$，当 $\lim\limits_{a\to-\infty}\int_a^b f(x)\mathrm{d}x$ 存在时，广义积分 $\int_{-\infty}^b f(x)\mathrm{d}x$ 收敛；否则，称 $\int_{-\infty}^b f(x)\mathrm{d}x$ 发散.

$\int_{-\infty}^{+\infty}f(x)\mathrm{d}x=\lim\limits_{a\to-\infty}\int_a^c f(x)\mathrm{d}x+\lim\limits_{b\to+\infty}\int_c^b f(x)\mathrm{d}x$，其中 c 为任意常数，当 $\lim\limits_{a\to-\infty}\int_a^c f(x)\mathrm{d}x$ 与 $\lim\limits_{b\to+\infty}\int_c^b f(x)\mathrm{d}x$ 都存在时，广义积分 $\int_{-\infty}^{+\infty}f(x)\mathrm{d}x$ 收敛；否则，称 $\int_{-\infty}^{+\infty}f(x)\mathrm{d}x$ 发散.

例 2 求曲线 $y=e^{-x}$ 及 x 轴、y 轴围成图形的面积.

解 设所求面积为 A，如图 5－2 所示，则

$$A=\lim_{b\to+\infty}\int_0^b e^{-x}dx=\lim_{b\to+\infty}(-e^{-x}\Big|_0^b)=1.$$

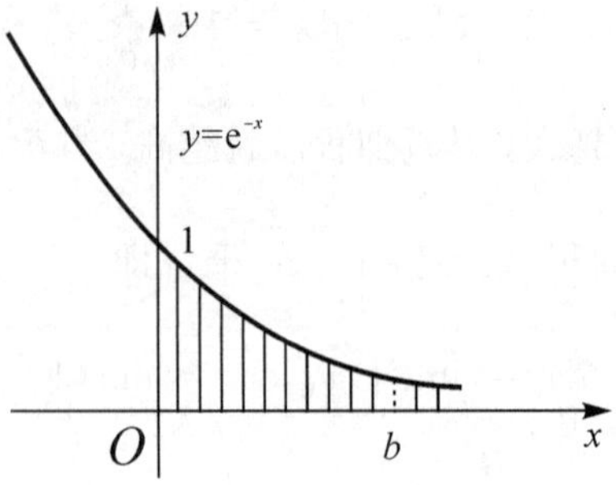

图 5－2

注：$\lim\limits_{b\to+\infty}(-e^{-x}\Big|_0^b)$ 可简写成 $-e^{-x}\Big|_0^{+\infty}$，即 $\lim\limits_{b\to+\infty}(-e^{-x}\Big|_0^b)=-e^{-x}\Big|_0^{+\infty}$.

例 3 证明广义积分 $\int_a^{+\infty}\frac{1}{x^p}dx\ (a>0)$，当 $p>1$ 时收敛，当 $p\leqslant 1$ 时发散.

证 当 $p=1$ 时，

$$\int_a^{+\infty}\frac{1}{x^p}dx=\int_a^{+\infty}\frac{1}{x}dx=\ln x\Big|_a^{+\infty}=\lim_{x\to+\infty}\ln x-\ln a,$$

由于 $\lim\limits_{x\to+\infty}\ln x=+\infty$，所以，当 $p=1$ 时，$\int_a^{+\infty}\frac{1}{x^p}dx\quad(a>0)$ 发散.

当 $p\neq 1$ 时，

$$\int_a^{+\infty}\frac{1}{x^p}dx=\frac{x^{1-p}}{1-p}\Big|_a^{+\infty}=\lim_{x\to+\infty}\frac{x^{1-p}}{1-p}-\frac{a^{1-p}}{1-p}=\begin{cases}+\infty, & p<1;\\ \frac{a^{1-p}}{p-1}, & p>1.\end{cases}$$

综上所述，当 $p>1$ 时，该广义积分收敛，其值为 $\frac{a^{1-p}}{p-1}$；当 $p\leqslant 1$ 时，该广义积分发散.

习题 §5－1

1. 求下列广义积分：

(1) $\int_1^{+\infty}\frac{1}{x^3}dx$；

(2) $\int_1^{+\infty}\frac{1}{\sqrt{x}}dx$；

(3) $\int_{-\infty}^{+\infty}\frac{1}{1+x^2}dx$；

(4) $\int_0^{+\infty}e^{-\lambda x}dx$（其中常数 $\lambda>0$）；

(5) $\int_a^{+\infty}\frac{\ln x}{x}dx$（其中常数 $a>0$）.

§5－2　拉普拉斯变换

一、拉普拉斯变换的定义

定义 1　设函数 $f(t)$ 的定义域为 $\mathbf{R}$，且 $t<0$ 时，$f(t)=0$，如果积分 $\int_0^{+\infty} e^{-st}f(t)dt$ 对 s 在某一区域内收敛，则这个积分就确定了一个以 s 为参数的函数，记为 $F(s)$，即

$$F(s)=\int_0^{+\infty} e^{-st}f(t)dt,$$

称 $F(s)$ 为 $f(t)$ 的**拉普拉斯变换**(简称**拉氏变换**)，记为

$$F(s)=L[f(t)]=\int_0^{+\infty} e^{-st}f(t)dt,$$

并称 $F(s)$ 是 $f(t)$ 在拉氏变换下的**像函数**，而 $f(t)$ 是 $F(s)$ 的**像原函数**. 拉氏变换是可逆的积分变换，称函数 $f(t)$ 为 $F(s)$ 的**拉普拉斯逆变换**(简称**拉氏逆变换**)，记为

$$f(t)=L^{-1}[F(s)].$$

对于拉氏变换请注意以下几点：① 以时间 t 为自变量的函数 $f(t)$ 在 $t<0$ 时没有实际意义，所以总是假定 $t<0$ 时 $f(t)=0$；② 拉氏变换中的参数 s 在复数域内取值，但为了简便，本章在运算中将 s 看成大于 0 的实数，计算所得的结果与 s 是复数时相同；③ 仅当积分 $\int_0^{+\infty} e^{-st}f(t)dt$ 收敛时，拉氏变换 $F(s)=L[f(t)]$ 才存在，但实际应用中的函数的拉氏变换大多是存在的，所以本章就不讨论拉氏变换的存在性. 在今后的拉氏变换中遇到极限 $\lim\limits_{t\to+\infty} e^{-\lambda t}$(其中 λ 都看做是一个大于 0 的常数) 均存在，且极限值为 0.

例 1　试求函数 $f(t)=\begin{cases}1, & t\geqslant 0;\\ 0, & t<0\end{cases}$ 的拉氏变换.

解　
$$L[f(t)]=\int_0^{+\infty} e^{-st}dt=-\frac{1}{s}\int_0^{+\infty} e^{-st}d(-st)$$
$$=-\frac{1}{s}e^{-st}\Big|_0^{+\infty}=-\lim_{t\to+\infty}\frac{1}{s}e^{-st}+\frac{1}{s}=\frac{1}{s}.$$

例 2　试求函数 $f(t)=e^{\lambda t}$ 的拉氏变换(其中 λ 为常数).

解　
$$F(s)=L[e^{\lambda t}]=\int_0^{+\infty} e^{-st}e^{\lambda t}dt=\int_0^{+\infty} e^{-(s-\lambda)t}dt$$
$$=-\frac{1}{s-\lambda}\int_0^{+\infty} e^{-(s-\lambda)t}d[-(s-\lambda)]t=-\frac{1}{s-\lambda}e^{-(s-\lambda)t}\Big|_0^{+\infty}$$
$$=-\frac{1}{s-\lambda}\Big[\lim_{t\to+\infty} e^{-(s-\lambda)t}-\frac{1}{s-\lambda}\Big]=\frac{1}{s-\lambda}.$$

不难看出，例 1 是例 2 在 $\lambda=0$ 时的特殊情形.

例 3 试求函数 $\sin\omega t$ 的拉氏变换.

解 $F(s)=L[\sin\omega t]=\int_0^{+\infty}e^{-st}\sin\omega t\,dt=-\frac{1}{\omega}\int_0^{+\infty}e^{-st}d\cos\omega t$

$$=-\frac{1}{\omega}e^{-st}\cos\omega t\Big|_0^{+\infty}+\frac{1}{\omega}\int_0^{+\infty}\cos\omega t\,de^{-st}=\frac{1}{\omega}-\frac{s}{\omega}\int_0^{+\infty}e^{-st}\cos\omega t\,dt$$

$$=\frac{1}{\omega}-\frac{s}{\omega^2}\int_0^{+\infty}e^{-st}d\sin\omega t=\frac{1}{\omega}-\frac{s}{\omega^2}\left[e^{-st}\sin\omega t\Big|_0^{+\infty}-\int_0^{+\infty}\sin\omega t\,de^{-st}\right]$$

$$=\frac{1}{\omega}-\frac{s^2}{\omega^2}\int_0^{+\infty}e^{-st}\sin\omega t\,dt=\frac{1}{\omega}-\frac{s^2}{\omega^2}F(s),$$

故
$$F(s)=L[\sin\omega t]=\frac{\omega}{s^2+\omega^2}.$$

另外，由解题过程中的$\frac{\omega}{s^2+\omega^2}=\frac{1}{\omega}-\frac{s}{\omega}\int_0^{+\infty}e^{-st}\cos\omega t\,dt$，得

$$\int_0^{+\infty}e^{-st}\cos\omega t\,dt=\frac{s}{s^2+\omega^2},$$

即
$$L[\cos\omega t]=\frac{s}{s^2+\omega^2}.$$

用拉氏变换的定义求函数的拉氏变换，运算比较困难，但我们可以先求出形式较为简单的常用函数的拉氏变换，再结合拉氏变换的性质，用查表的方法求出较为复杂的函数的拉氏变换. 为了达到这样的目的，我们先介绍两个重要函数及其拉氏变换.

二、两个重要函数及其拉氏变换

1. 单位阶梯函数 $I(t)$

定义 2 称函数 $I(t)=\begin{cases}1, & t\geqslant 0;\\ 0, & t<0\end{cases}$ 为**单位阶梯函数**，其图像如图 5－3 所示.

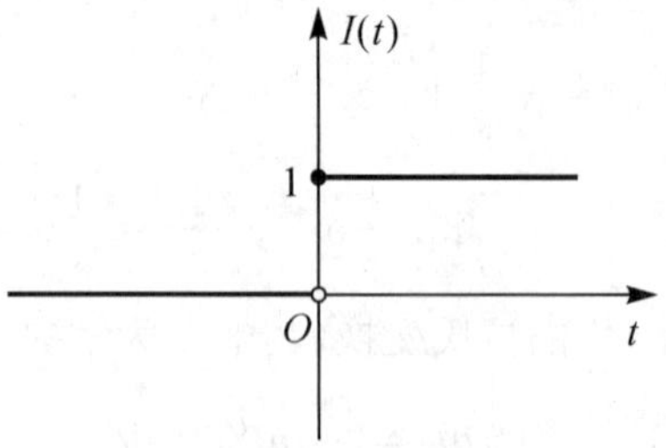

图 5－3

例 4 试求 $I(t)$ 的拉氏变换.

解
$$F(s)=L[I(t)]=\int_0^{+\infty}e^{-st}dt=\frac{1}{s},$$

即
$$L[1]=\frac{1}{s}.$$

利用单位阶梯函数 $I(t)$ 可将任何一个分段函数合写成一个表达. 首先，我们熟悉一

下单位阶梯函数向右平移 a 个单位($a>0$)后得到的函数 $I(t-a)$，以及函数 $I(t-a)-I(t-b)$，请读者细心观察它们的图像.

例 5　(1) 将 $I(t)$ 的图像向右平移 a 个单位($a>0$)，得到的函数记为 $I(t-a)$. 试求 $I(t-a)$ 的表达式并作出其图形；

(2) 若 $a<b$，试求函数 $I(t-a)-I(t-b)$ 的表达式并作出其图形.

解　(1) $I(t-a)=\begin{cases}1, & t\geqslant a;\\ 0, & t<a.\end{cases}$ 如图 5－4 所示.

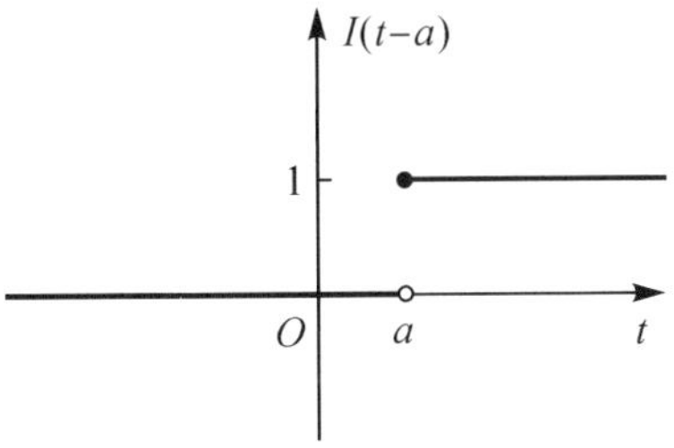

图 5－4

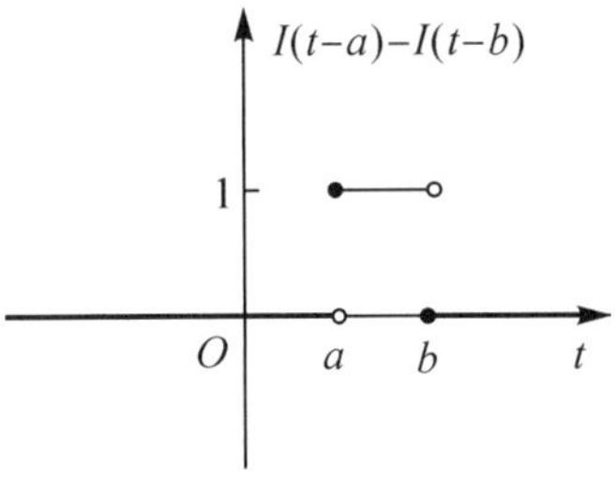

图 5－5

(2) $I(t-a)-I(t-b)=\begin{cases}1, & a\leqslant t<b;\\ 0, & t<a \text{ 或 } t\geqslant b.\end{cases}$ 如图 5－5 所示.

熟悉了函数 $I(t-a)$ 与函数 $I(t-a)-I(t-b)$ 后，就可以利用它们把分段函数合写为一个表达式了.

例 6　利用单位阶梯函数 $I(t)$，将分段函数 $f(t)=\begin{cases}5, & t\geqslant 3;\\ 2, & 0\leqslant t<3\end{cases}$ 写成一个解析表达式.

解　$f(t)=2[I(t)-I(t-3)]+5I(t-3)=2I(t)+3I(t-3)$.

请读者自己作出 $f(t)$ 的图像.

例 7　将分段函数 $f(t)=\begin{cases}t, & t\geqslant 2\pi;\\ \cos t, & 0\leqslant t<2\pi\end{cases}$ 用 $I(t)$ 合写成一个表达式.

解　$f(t)=[I(t)-I(t-2\pi)]\cos t+I(t-2\pi)t$

$=I(t)\cos t+(t-\cos t)I(t-2\pi)$.

2. 单位冲激函数(狄拉克函数)

定义 3　如果一个函数满足下列两个条件：① 当 $t\neq 0$ 时，$\delta(t)=0$；② $\int_{-\infty}^{+\infty}\delta(t)\mathrm{d}t=1$，则称它为单位冲激函数(**狄拉克函数**)，记为 $\delta(t)$. 它已经不是传统意义上的函数了，是一个**广义函数**(又称为**奇异函数**). 狄拉克函数 $\delta(t)$ 的物理意义是集中于一点或产生于某一瞬间的一个单位的物理量. $\delta(t)$ 的图像如图 5－6 所示.

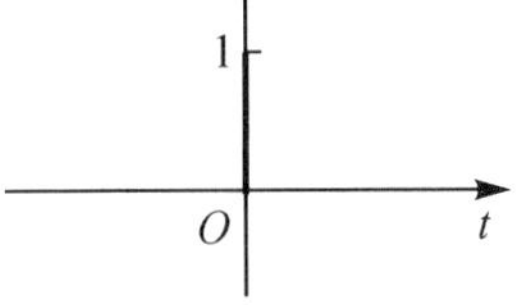

图 5－6

注意：$\delta(t)$ 的拉氏变换等于 1，即 $L[\delta(t)]=1$(证略).

三、拉氏变换的性质

鉴于本书篇幅所限，以下我们不加证明地给出拉氏变换的常用性质.

性质 1(线性性质) 若函数 $f_1(t)$，$f_2(t)$ 的拉氏变换均存在，则

$$L[C_1f_1(t)+C_2f_2(t)]=C_1L[f_1(t)]+C_2L[f_2(t)].$$

性质 2(平移性质) 若 $L[f(t)]=F(s)$，则 $L[f(t)e^{\lambda t}]=F(s-\lambda)$，其中 λ 为常数.

性质 3(延滞性质) 若 $L[f(t)]=F(s)$，则 $L[f(t-\lambda)]=e^{-\lambda s}F(s)$.

性质 4(像原函数的微分性质) 若 $L[f(t)]=F(s)$，且 $f'(t)$ 到 $f^{(n)}(t)$ 的拉氏变换都存在，则

$$L[f'(t)]=sF(s)-f(0),$$
$$L[f''(t)]=s^2F(s)-sf(0)-f'(0),$$
$$\cdots\cdots$$
$$L[f^{(n)}(t)]=s^nF(s)-[s^{n-1}f(0)+s^{n-2}f'(0)+\cdots+f^{(n-1)}(0)].$$

特别地，如果 $f^{(n-1)}(0)=0$，$n=1,2,3,\cdots,n$，则

$$L[f^{(n)}(t)]=s^nF(s).$$

性质 5(像原函数的积分性质) 若 $L[f(t)]=F(s)(s\neq 0)$，且 $f(t)$ 连续，则

$$L[\int_0^t f(x)\mathrm{d}x]=\frac{L[f(t)]}{s}=\frac{F[s]}{s}.$$

性质 6(相似性质) 若 $L[f(t)]=F(s)$，且 $\lambda>0$，则

$$L[f(\lambda t)]=\frac{1}{\lambda}F(\frac{s}{\lambda}).$$

性质 7(像函数的微分性质) 若 $L[f(t)]=F(s)$，则

$$F^{(n)}(s)=L[(-1)^nt^nf(t)] \quad 或 \quad L[t^nf(t)]=(-1)^nF^{(n)}(s).$$

性质 8(像函数的积分性质) 若 $L[f(t)]=F(s)$，且$\int_s^{+\infty}F(x)\mathrm{d}x$ 存在，则

$$L[\frac{f(t)}{t}]=\int_s^{+\infty}F(x)\mathrm{d}x.$$

例 8 试求函数 $f(t)=\sin^2 t$ 的拉氏变换.

解 因为$\sin^2 t=\frac{1-\cos 2t}{2}$，由拉氏变换的线性性质,有

$$L[\sin^2 t]=L[\frac{1}{2}(1-\cos 2t)]=\frac{1}{2}L[1]-\frac{1}{2}L[\cos 2t]$$
$$=\frac{1}{2}(\frac{1}{s}-\frac{s}{s^2+2^2})=\frac{2}{s(s^2+4)}.$$

例 9 已知 $f(t)=e^{\lambda t}\cos\omega t$，其中 λ,ω 为常数. 试求 $L[e^{\lambda t}\cos\omega t]$.

解 因为 $L[\cos\omega t]=\frac{s}{s^2+\omega^2}$，由拉氏变换的平移性质，有

$$L[e^{\lambda t}\cos\omega t]=\frac{s-\lambda}{(s-\lambda)^2+\omega^2}.$$

例 10　试求 $\delta(t-\lambda)$ 的拉氏变换.

解　因为 $L[\delta(t)]=1$，由拉氏变换的延滞性质，有

$$L[\delta(t-\lambda)]=e^{-\lambda s}L[\delta(t)]=e^{-\lambda s}.$$

例 11　设函数 $y=f(t)$ 满足 $y'+2y=t$，且 $f(0)=0$，求 $L[f(t)]$.

解　首先对微分方程两边同时进行拉氏变换，由拉氏变换的线性性质，得

$$L[y']+2L[y]=L[t],$$

由拉氏变换像原函数微分性质，有

$$sL[y]-f(0)+2L[y]=\frac{1}{s^2},$$

解之得

$$L[f(t)]=L[y]=\frac{1}{s^2(s+2)}.$$

例 12　试求函数 $f(t)=t^n$ 的拉氏变换.

解　易知 $t^n=\int_0^t nx^{n-1}\mathrm{d}x$，由拉氏变换像原函数的积分性质，有：

当 $n=1$ 时，$L[t]=L[\int_0^t \mathrm{d}x]=\frac{L[1]}{s}=\frac{1}{s^2}$；

当 $n=2$ 时，$L[t^2]=L[\int_0^t 2x\,\mathrm{d}x]=\frac{2L[t]}{s}=\frac{2}{s}\frac{1}{s^2}=\frac{2!}{s^3}$；

……

故 t^n 的拉氏变换为

$$L[t^n]=\frac{n!}{s^{n+1}}.$$

例 13　利用定义求 $f(t)=\sin t$ 的拉氏变换，再用相似性质求 $\sin\omega t$ 的拉氏变换.

解　(1) 由拉氏变换的定义，有

$$L[\sin t]=\int_0^{+\infty}e^{-st}\sin t\,\mathrm{d}t=\frac{1}{s^2+1};$$

(2) 由拉氏变换的相似性质，有

$$L[\sin\omega t]=\frac{1}{\omega}\frac{1}{\left(\frac{s}{\omega}\right)^2+1}=\frac{\omega}{s^2+\omega^2}.$$

例 14　求函数 $f(t)=t\sin t$ 的拉氏变换.

解　因为 $L[\sin t]=\frac{1}{s^2+1}$，由拉氏变换像函数的微分性质，有

$$L[t\sin t]=(-1)^n\left(\frac{1}{s^2+1}\right)'=\frac{2s}{(s^2+1)^2}.$$

例 15　求函数 $f(t)=\frac{\sin t}{t}$ 的拉氏变换.

解 因为$L[\sin t]=\frac{1}{s^2+1}$，由拉氏变换像函数的积分性质，有

$$L[\frac{\sin t}{t}]=\int_s^{+\infty}\frac{1}{x^2+1}\mathrm{d}x=\arctan x\Big|_s^{+\infty}$$

$$=\lim_{x\to+\infty}\arctan x-\arctan s=\frac{\pi}{2}-\arctan s.$$

为了使用方便，人们将一些经常使用的函数的拉氏变换结果计算出来，罗列成如表5－1所示的拉氏变换表，以供工程技术人员查阅使用.

表5－1 拉氏变换

公式编号	像原函数 $f(t)$	像函数 $F(s)$	公式编号	像原函数 $f(t)$	像函数 $F(s)$
1	$\delta(t)$	1	12	$t^n e^{\lambda t}(n\in\mathbf{N})$	$\frac{n!}{(s-\lambda)^{n+1}}$
2	1	$\frac{1}{s}$	13	$e^{\lambda t}\sin\omega t$	$\frac{\omega}{(s-\lambda)^2+\omega^2}$
3	$t^n(n\in\mathbf{N})$	$\frac{n!}{s^{n+1}}$	14	$e^{\lambda t}\cos\omega t$	$\frac{s-\lambda}{(s-\lambda)^2+\omega^2}$
4	$\sin\omega t$	$\frac{\omega}{s^2+\omega^2}$	15	$te^{\lambda t}\sin\omega t$	$\frac{2(s-\lambda)\omega}{[(s-\lambda)^2+\omega^2]^2}$
5	$\cos\omega t$	$\frac{s}{s^2+\omega^2}$	16	$te^{\lambda t}\cos\omega t$	$\frac{(s-\lambda)^2-\omega^2}{[(s-\lambda)^2+\omega^2]^2}$
6	$t\sin\omega t$	$\frac{2s\omega}{(s^2+\omega^2)^2}$	17	$\sin(\omega t+\varphi)$	$\frac{s\sin\varphi+\omega\cos\varphi}{s^2+\omega^2}$
7	$t\cos\omega t$	$\frac{s^2-\omega^2}{(s^2+\omega^2)^2}$	18	$\cos(\omega t+\varphi)$	$\frac{s\cos\varphi-\omega\sin\varphi}{s^2+\omega^2}$
8	$\frac{1}{\sqrt{\pi t}}$	$\frac{1}{\sqrt{s}}$	19	$e^{at}-e^{bt}$	$\frac{a-b}{(s-a)(s-b)}$
9	$2\sqrt{\frac{t}{\pi}}$	$\frac{1}{s\sqrt{s}}$	20	$\sin\omega t-\omega t\cos\omega t$	$\frac{2\omega^3}{(s^2+\omega^2)^2}$
10	$\delta(t-a)$	e^{-as}	21	$\mathrm{sh}\omega t$	$\frac{\omega}{s^2-\omega^2}$
11	$e^{\lambda t}$	$\frac{1}{s-\lambda}$	22	$\mathrm{ch}\omega t$	$\frac{s}{s^2-\omega^2}$

对于分段函数，求其拉氏变换的方法如下例所示.

例16 求函数$f(t)=\begin{cases}6, & t\geqslant 3;\\ 4, & 1\leqslant t<3;\\ 2, & 0\leqslant t<1;\\ 0, & t<0\end{cases}$的拉氏变换.

解　$f(t)=2I(t)+(4-2)I(t-1)+(6-4)I(t-3)$

$=2[I(t)+I(t-1)+I(t-3)]$,

则　$L[f(t)]=L[2(I(t)+I(t-1)+I(t-3))]$

$=2\{L[f(t)]+L[f(t-1)]+L[f(t-3)]\}$

$=2(\frac{1}{s}+\frac{1}{s}e^{-s}+\frac{1}{s}e^{-3s})=\frac{2}{s}(1+e^{-s}+e^{-3s})$.

可见，单位阶梯函数在计算分段函数的拉氏变换时，有很重要的作用.

习题 §5－2

1. 用单位阶梯函数 $I(t)$ 把下列函数 $f(t)$ 合写成一个表达式.

(1) $f(t)=\begin{cases}0, & t\in[\pi,+\infty);\\ \sin t, & t\in[0,\pi).\end{cases}$　(2) $f(t)=\begin{cases}0, & t\geqslant 2;\\ 1, & 1\leqslant t<2;\\ 0, & 0\leqslant t<1.\end{cases}$

2. 求下列函数的拉氏变换.

(1) $f(t)=e^{\frac{t}{3}}$;　(2) $f(t)=\sin\sqrt{2}t$;　(3) $f(t)=1-e^{\lambda t}$.

3. 查表求下列函数的拉氏变换：

(1) $f(t)=-e^{t}$;　(2) $f(t)=\frac{1}{3}e^{-t}$;　(3) $f(t)=3e^{\frac{3t}{4}}$;

(4) $f(t)=e^{\frac{t}{3}}-2e^{-2t}$;　(5) $f(t)=4t+2$;　(6) $f(t)=(t-3)^2$;

(7) $f(t)=2\sin t-7\cos t$;　(8) $f(t)=t^2e^{7t}$;　(9) $f(t)=-t\sin 3t$.

4. 求分段函数 $f(t)=\begin{cases}5, & t\geqslant 3;\\ 3, & 0\leqslant t<3\end{cases}$ 的拉氏变换.

§5－3　拉普拉斯逆变换

一、拉普拉斯逆变换的概念

定义 1　如果积分 $F(s)=\int_0^{+\infty}e^{-st}f(t)\mathrm{d}t$ 存在，则称 $f(t)$ 是 $F(s)$ 的**拉普拉斯逆变换**（简称**拉氏逆变换**），记为 $f(t)=L^{-1}[F(s)]$.

求某个函数的拉氏逆变换，一般不用直接计算，只需要熟悉拉氏逆变换的性质，结合拉氏变换表，就可以完成. 拉氏逆变换，实际上就是在已知像函数 $F(s)$ 的情况下，求像原函数 $f(t)$ 的运算过程，拉氏逆变换也有与拉氏变换类似的性质.

二、拉氏逆变换的常用性质

同样鉴于本书篇幅所限，以下我们不加证明地给出拉氏逆变换的常用性质.

性质 1 若函数 $F_1(s)$ 与 $F_2(s)$ 的拉氏逆变换均存在，则

$$L^{-1}[C_1F_1(s)+C_2F_2(s)]=C_1L^{-1}[F_1(s)]+C_2L^{-1}[F_2(s)].$$

性质 2 若 $L^{-1}[F(s)]=f(t)$，则

(1)$L^{-1}[F(s-\lambda)]=e^{\lambda t}f(t)$； (2)$L^{-1}[e^{-\lambda s}F(s)]=f(t-\lambda)$，$\lambda>0$；

(3)$L^{-1}[\frac{F(s)}{s}]=\int_0^t f(x)dx$； (4)$L^{-1}[F(\frac{s}{\lambda})]=\lambda f(\lambda t)$；

(5)$L^{-1}[F^{(n)}(s)]=(-1)^n t^n f(t)$.

利用上述性质和拉氏变换表，可以求出一些常用函数的拉氏逆变换.

这里我们着重讨论一下有理分式的拉氏逆变换，从中体会如何将较为复杂的函数分拆成形式较为简单的函数之和，再利用拉氏逆变换的性质和拉氏变换表，求出函数的拉氏逆变换.

面对较为复杂的有理分式，这里提供一些分析方法作参考. 其中，$p(s)$ 是次数小于分母次数的多项式.

(1) $\frac{p(s)}{(s-a)(s-b)}=\frac{A}{s-a}+\frac{B}{s-b}$；

(2) $\frac{p(s)}{(s-a)(s-b)^2}=\frac{A}{s-a}+\frac{B}{s-b}+\frac{C}{(s-b)^2}$；

(3) $\frac{p(s)}{(s-a)(s^2+b)}=\frac{A}{s-a}+\frac{Bs+C}{s^2+b}$.

求解出待定系数 A，B，C，就可以将有理分式分拆为部分分式之和. 求有理分式的拉氏变换，将有理分式分拆为能利用拉氏公式的部分分式之和，再利用部分分式的拉氏变换求出原有理分式的拉氏变换的方法，称为部分分式求解法.

例 1 已知 $F(s)=\frac{5s-1}{(s+1)(s-2)}$. 试求 $L^{-1}[F(s)]$.

解 $F(s)=\frac{5s-1}{(s+1)(s-2)}=\frac{A}{s+1}+\frac{B}{s-2}=\frac{(A+B)s+(-2A+B)}{(s+1)(s-2)}$，

故

$$\begin{cases}A+B=5,\\-2A+B=-1,\end{cases}$$

解之得 $\begin{cases}A=2,\\B=3.\end{cases}$ 因此

$$F(s)=\frac{2}{s+1}+\frac{3}{s-2}.$$

由拉氏变换公式 11 和拉氏变换的线性性质，得

$$L^{-1}[F(s)]=L^{-1}[\frac{2}{s+1}+\frac{3}{s-2}]=2L^{-1}[\frac{1}{s+1}]+3L^{-1}[\frac{1}{s-2}]=2e^{-t}+3e^{2t}.$$

例 2 已知 $F(s)=\frac{1}{(s-2)(s-1)^2}$. 试求像原函数 $f(t)$.

解 $F(s)=\frac{1}{(s-2)(s-1)^2}=\frac{A}{s-2}+\frac{B}{s-1}+\frac{C}{(s-1)^2}$

$$= \frac{A\ (s-1)^2 + B(s-2)(s-1) + C(s-2)}{(s-2)\ (s-1)^2}$$

$$= \frac{(A+B)s^2 + (-2A-3B+C)s + A + 2B - 2C}{(s-2)\ (s-1)^2},$$

故
$$\begin{cases} A+B=0, \\ -2A-3B+C=0, \\ A+2B-2C=1, \end{cases}$$

解之得 $\begin{cases} A=1, \\ B=-1, \\ C=-1. \end{cases}$ 因此

$$F(s) = \frac{1}{s-2} - \frac{1}{s-1} - \frac{1}{(s-1)^2}.$$

由拉氏变换公式 11、12 及拉氏变换的线性性质，得

$$f(t) = L^{-1}[F(s)]$$
$$= L^{-1}\left[\frac{1}{s-2}\right] - L^{-1}\left[\frac{1}{s-1}\right] - L^{-1}\left[\frac{1!}{(s-1)^{1+1}}\right] = \mathrm{e}^{2t} - \mathrm{e}^{t} - t\mathrm{e}^{t}.$$

例 3　已知 $F(s) = \frac{5s+1}{(s-1)(s^2+1)}$. 试求像原函数 $f(t)$.

解　$F(s) = \frac{5s+1}{(s-1)(s^2+1)} = \frac{A}{s-1} + \frac{Bs+C}{s^2+1}$

$$= \frac{A(s^2+1) + (s-1)(Bs+C)}{(s-1)(s^2+1)} = \frac{(A+B)s^2 + (C-B)s + A - C}{(s-1)(s^2+1)},$$

故
$$\begin{cases} A+B=0, \\ C-B=5, \\ A-C=1, \end{cases}$$

解之得 $\begin{cases} A=3, \\ B=-3, \\ C=2. \end{cases}$ 因此

$$F(s) = \frac{3}{s-1} + \frac{-3s+2}{s^2+1} = \frac{3}{s-1} - \frac{3s}{s^2+1} + \frac{2}{s^2+1}.$$

由拉氏变换公式 4、5、11 及拉氏变换的线性性质，得

$$f(t) = L^{-1}[F(s)] = 3L^{-1}\left[\frac{1}{s-1}\right] - 3L^{-1}\left[\frac{s}{s^2+1}\right] + 2L^{-1}\left[\frac{1}{s^2+1}\right]$$
$$= 3\mathrm{e}^{t} - 3\cos t + 2\sin t.$$

很多像函数的像原函数在表中不能直接查出，需要先对像函数进行有目的的变形（把较为复杂的函数分拆成一些较简单的函数之和），再利用拉氏逆变换的性质，结合拉氏变换公式表，求得像原函数. 以上几例在求解思维上给出了示范.

习题 §5－3

试求下列拉氏逆变换：

(1)$F(s)=\frac{1}{s-2}$；　(2)$F(s)=\frac{1}{2s+3}$；　(3)$F(s)=\frac{2s}{s^2+25}$；

(4) $F(s)=\frac{2}{4s^2+9}$；　(5) $F(s)=\frac{3s-5}{s^2+16}$；　(6) $F(s)=\frac{s^3-s^2+s-1}{s^5}$；

(7) $F(s)=\frac{2s}{(s+3)^2}$；　(8) $F(s)=\frac{s+3}{s^2+4s+5}$；　(9) $F(s)=\frac{2s}{(s+2)(s+3)}$.

§5－4　拉普拉斯变换应用简介

一、利用拉氏变换求解微分方程(组)

含有未知函数的导数(或微分)的方程称为微分方程．如 $x^3y''+x^2y'-4xy=3\sin x$．微分方程中所出现的未知函数的导数(或微分)的最高阶数，称为微分方程的阶．例如方程 $x(y')^2-2xy'+x=0$ 是一阶微分方程，方程 $xy'''+2y''+x^2y=0$ 是三阶微分方程，而 $y-(\sin x)'=0$ 不是微分方程.

在研究某些实际问题时，首先建立微分方程，然后找出满足微分方程的函数(解微分方程)．也就是说，找出能使微分方程成为恒等式的函数，该函数称为微分方程的解．如函数 $y=C_1\cos kx+C_2\sin kx$，其中 C_1,C_2 为任意常数，是二阶微分方程 $y''+k^2x=0$ 的解．如果微分方程的阶中含有微分方程阶数个独立的任意常数，称为微分方程的通解．由于通解中含有任意常数，所以微分方程的通解不能完全确定地反映某一具体的客观事物的规律．为此，要根据问题的实际情况，提出确定这些常数的条件，称为初始条件．确定了通解中的任意常数以后，就得到微分方程的特解.

许多工程实际问题需要用微分方程(组)来描述，而拉氏变换对于求解微分方程(组)非常有效.

拉氏变换求解微分方程的步骤是:① 将微分方程(组)两边同时进行拉氏变换得到像函数的方程(组)，即为关于像函数的代数方程(组)；② 求解变换后的像函数的代数方程(组)，得到像函数的解；③ 把像函数的解进行拉氏逆变换，得到像原函数的解，即得到所求的微分方程(组)的解.

例 1　求解微分方程 $y''(t)+\omega^2y(t)=0$，$y(0)=0$，$y'(0)=\omega$.

解　两边同时进行拉氏变换，利用线性性质得

$$L[y''(t)]+L[\omega^2y(t)]=L[0],$$

由像原函数微分性质

$$L[f^{(n)}(t)]=s^nF(s)-[s^{n-1}f(0)+s^{n-2}f'(0)+\cdots+f^{(n-1)}(0)],$$

可得像函数的代数方程为

$$s^2F(s) - sy(0) - y'(0) + \omega^2F(s) = 0.$$

由初始条件得

$$s^2F(s) - \omega + \omega^2F(s) = 0,$$

求解像函数 $F(s)$ 的方程得

$$F(s) = \frac{\omega}{s^2 + \omega^2},$$

再把像函数进行拉氏逆变换得微分方程的解

$$y(t) = f(t) = L^{-1}[F(s)] = L^{-1}\left[\frac{\omega}{s^2 + \omega^2}\right] = \sin\omega t.$$

请读者将函数 $y(t) = \sin\omega t$ 代入所求的微分方程验证为其特解.

例 2　求解微分方程组 $\begin{cases} x'(t) + x(t) - y(t) = e^t, \\ y'(t) + 3x(t) - 2y(t) = 2e^t, \end{cases}$ $y(0) = x(0) = 1.$

解　设 $X(s) = L[x(t)]$，　$Y(s) = L[y(t)]$.

方程组中各个方程两边同时进行拉氏变换，得

$$\begin{cases} sX(s) - 1 + X(s) - Y(s) = \dfrac{1}{s-1}, \\ sY(s) - 1 + 3X(s) - 2Y(s) = \dfrac{2}{s-1}, \end{cases}$$

即

$$\begin{cases} (s+1)X(s) - Y(s) = \dfrac{s}{s-1}, \\ 3X(s) + (s-2)Y(s) = \dfrac{s+1}{s-1}. \end{cases}$$

求解像函数的方程组得

$$X(s) = \frac{1}{s-1}, \quad Y(s) = \frac{1}{s-1}.$$

进行拉氏逆变换得像原函数，即微分方程组的解为

$$x(t) = y(t) = e^t.$$

二、拉氏变换在物理中的应用举例

例 3　质量为 m 的物体在静止的情况下，受到来自 x 方向的冲击力 $F_0\delta(t)$，其中 F_0 为常数，求物体的运动方程.

解　设其运动方程为 $x(t)$，由于牛顿第一定律

$$F = mx''(t),$$

所以，物体运动的微分方程以及初始条件为

$$mx''(t) = F_0\delta(t), \quad x(0) = x'(0) = 0.$$

对微分方程两边同时进行拉氏变换，得

$$ms^2L[x(t)]=F_0.$$

求解像函数方程,得

$$L[x(t)]=\frac{F_0}{ms^2},$$

进行拉氏逆变换得物体的运动方程为

$$x(t)=L^{-1}[\frac{F_0}{ms^2}]=\frac{F_0}{m}t.$$

例 4 如图 5－7 所示的 $R-L$ 串联电路，在 $t=0$ 时接到直流电势 E 上，求电流方程 $i(t)$.

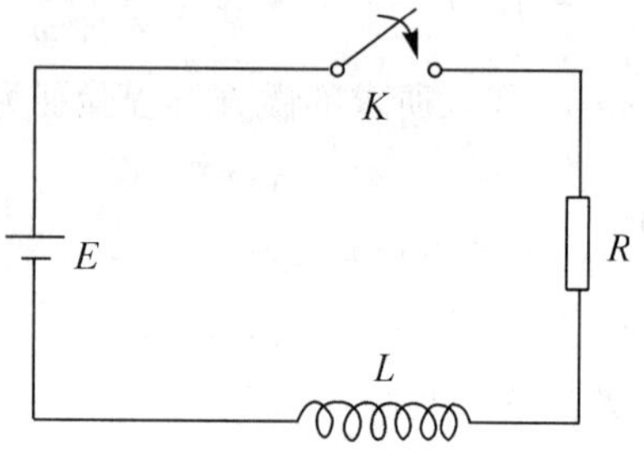

图 5－7

解 由基尔霍夫定律得

$$Ri(t)+Li'(t)=E,\quad i(0)=0.$$

设 $I(s)$ 是 $i(t)$ 的像函数，即 $I(s)=L[i(t)]$. 对微分方程两边同时进行拉氏变换，得

$$RI(s)+LsI(s)=\frac{E}{s},$$

解之得

$$I(s)=\frac{E}{s(R+sL)}=\frac{E}{R}\left(\frac{1}{s}-\frac{1}{s+\frac{R}{L}}\right);$$

再进行拉氏逆变换,得电流方程为

$$i(t)=\frac{E}{R}(1-e^{-\frac{R}{L}t}).$$

习题 §5－4

求解下列微分方程(组)：

(1)$x'(t)+x(t)=\sin t$, $x(0)=-1$;

(2)$x'''(t)+3x''(t)+3x'(t)+x=6e^{-t}$, $x(0)=x'(0)=x''(0)=0$;

(3)$\begin{cases}y'(t)-2x(t)-y(t)=1,\\x'(t)-x(t)-2y(t)=1,\end{cases}$ $x(0)=2$, $y(0)=4$.

§5－5　傅里叶级数与傅里叶变换

一、傅里叶级数的三角形式

我们知道，函数 $y=a\cos\omega t$，$y=b\sin\omega t$ 在物理上描述的是简谐振动(信号)，而 $y=a\cos\omega t+b\sin\omega t=A\cos(\omega t+\theta)$ 也是一个简谐振动(其中 $A=\sqrt{a^2+b^2}$，$\cos\theta=\dfrac{a}{\sqrt{a^2+b^2}}$，$\sin\theta=\dfrac{-b}{\sqrt{a^2+b^2}}$). 由此我们得到启发：若干个周期性的信号可以合成一个新的周期性信号；反之，一个周期性的信号也可以分解成若干个周期性信号之和.

定理 1　如果以 T 为周期的实值函数 $f_T(t)$ 在区间$\left[-\dfrac{T}{2},\dfrac{T}{2}\right]$上满足下列条件：

(1) 连续或只有有限个第一类间断点，

(2) 只有有限个极值点.

那么在 $f_T(t)$ 的连续点处，有

$$f_T(t)=\frac{a_0}{2}+\sum_{n=1}^{+\infty}(a_n\cos n\omega_0 t+b_n\sin n\omega_0 t),$$

在 $f_T(t)$ 的间断点处，有

$$f_T(t)=\frac{1}{2}[f_T(t+0)+f_T(t-0)].$$

其中：

$$\omega_0=\frac{2\pi}{T},$$

$$a_n=\frac{2}{T}\int_{-T/2}^{T/2}f_T(t)\cos n\omega_0 t\,\mathrm{d}t\quad(n=0,1,2,\cdots),$$

$$b_n=\frac{2}{T}\int_{-T/2}^{T/2}f_T(t)\sin n\omega_0 t\,\mathrm{d}t\quad(n=0,1,2,\cdots).$$

称 $f_T(t)=\dfrac{a_0}{2}+\sum\limits_{n=1}^{+\infty}(a_n\cos n\omega_0 t+b_n\sin n\omega_0 t)$ 为**傅里叶级数的三角形式**.

若令 $A_0=\dfrac{a_0}{2}$，$A_n=\sqrt{a_n^2+b_n^2}$，$\cos\theta_n=\dfrac{a_n}{A_n}$，$\sin\theta_n=\dfrac{-b_n}{A_n}$，则

$$f_T(t)=A_0+\sum_{n=1}^{+\infty}A_n\cos(n\omega_0 t+\theta_n).$$

它说明：① 一个以 T 为周期的信号可以分解为一系列简谐信号之和，这些简谐信号的频率分别是基频率 $\omega_0=\dfrac{2\pi}{T}$ 的整数倍(并没有包含所有的频率成分)，这是周期信号的一个重要特点；②A_n 反映了频率为 $n\omega_0$ 的简谐信号在周期信号 $f_T(t)$ 中的振幅；③θ_n 反映了频率为 $n\omega_0$ 的简谐信号的相位.

将周期信号函数 $f_T(t)$ 展开成傅氏级数，电工学中称为**谐波分析**. $A_0=\dfrac{a_0}{2}$ 称为 $f_T(t)$ 的**直流分量**，$A_n\cos(n\omega_0 t+\theta_n)$ 称为 n **次谐波**($n=1,2,3,\cdots$)，一次谐波($n=1$ 时) 又称为**基波**.

例 1 已知信号 $f_T(t)$ 以 2π 为周期，且在$[0,2\pi]$上 $f_T(t)=t$. 试求 $f_T(t)$ 的傅里叶级数的三角形式.

解 $\omega_0=\dfrac{2\pi}{T}=1$,

$$a_0=\frac{2}{T}\int_{-T/2}^{T/2}f_T(t)\mathrm{d}t=\frac{2}{T}\int_0^T f_T(t)\mathrm{d}t=\frac{1}{\pi}\int_0^{2\pi}t\,\mathrm{d}t=2\pi,$$

$$a_n=\frac{2}{T}\int_{-T/2}^{T/2}f_T(t)\cos n\omega_0 t\,\mathrm{d}t=\frac{2}{T}\int_0^T f_T(t)\cos n\omega_0 t\,\mathrm{d}t=\frac{1}{\pi}\int_0^{2\pi}t\cos nt\,\mathrm{d}t=0,$$

$$b_n=\frac{2}{T}\int_{-T/2}^{T/2}f_T(t)\sin n\omega_0 t\,\mathrm{d}t=\frac{2}{T}\int_0^T f_T(t)\sin n\omega_0 t\,\mathrm{d}t=\frac{1}{\pi}\int_0^{2\pi}t\sin nt\,\mathrm{d}t=-\frac{2}{n},$$

故
$$f_T(t)=\frac{a_0}{2}+\sum_{n=1}^{+\infty}(a_n\cos n\omega_0 t+b_n\sin n\omega_0 t)=\pi-\sum_{n=1}^{+\infty}\frac{2}{n}\sin nt.$$

二、傅里叶级数的指数形式

利用欧拉公式 $\mathrm{e}^{\mathrm{j}n\omega_0 t}=\cos n\omega_0 t+\mathrm{j}\sin n\omega_0 t$(j 是虚数单位)，可将傅里叶级数的三角形式化为**傅里叶级数的指数形式**，即

$$f_T(t)=\sum_{n=-\infty}^{+\infty}c_n\mathrm{e}^{\mathrm{j}n\omega_0 t}.$$

其中，$c_n=\dfrac{1}{T}\displaystyle\int_{-T/2}^{T/2}f_T(t)\mathrm{e}^{-\mathrm{j}n\omega_0 t}\mathrm{d}t$，$n=0,\pm1,\pm2,\cdots$.

复数系数 c_n 描述了信号 $f_T(t)$ 的频率特性. 其模 $|c_n|$ 称为 $f_T(t)$ 的**离散振幅谱**，其辐角 $\arg c_n$ 称为 $f_T(t)$ 的**离散相位谱**，c_n 称为信号 $f_T(t)$ 的**离散频谱**，记为 $F(n\omega_0)=c_n$.

为了直观地了解信号 $f_T(t)$ 的频率特点，常将 $f_T(t)$ 中频率为 $n\omega_0$ 的信号的振幅 $|c_n|$ 与相位 $\arg c_n$ 的关系描绘成图形，称为 $f_T(t)$ 的**频谱图**.

易知，$c_0=A_0$，$A_n=2|c_n|$ $(n=1,2,3,\cdots)$.

例 2 已知信号 $f_T(t)$ 以 2π 为周期，且在$[0,2\pi]$上 $f_T(t)=t$. 试求 $f_T(t)$ 的傅里叶级数的指数形式及它的离散频谱.

解 $\omega_0=\dfrac{2\pi}{T}=1$,

$$c_0=F(0\omega_0)=\frac{1}{T}\int_{-T/2}^{T/2}f_T(t)\mathrm{d}t=\frac{1}{T}\int_0^T f_T(t)\mathrm{d}t=\frac{1}{2\pi}\int_0^{2\pi}t\,\mathrm{d}t=\pi.$$

当 $n\neq0$ 时，

$$c_n=F(n\omega_0)=\frac{1}{T}\int_{-T/2}^{T/2}f_T(t)\mathrm{e}^{-\mathrm{j}n\omega_0 t}\mathrm{d}t=\frac{1}{2\pi}\int_0^{2\pi}t\mathrm{e}^{-\mathrm{j}nt}\mathrm{d}t$$

$$= -\frac{1}{2n\pi j}\int_0^{2\pi} t\,\mathrm{d}e^{-jnt} = -\frac{1}{2n\pi j}t\,e^{-jnt}\Big|_0^{2\pi} + \left(-\frac{1}{2n\pi j}\int_0^{2\pi} e^{-jnt}\,\mathrm{d}t\right) = \frac{j}{n},$$

所以，$f_T(t)$ 的傅里叶级数的指数形式为

$$f_T(t) = \pi + \sum_{\substack{n=-\infty \\ n\neq 0}}^{+\infty} \frac{j}{n} e^{jnt}.$$

离散振幅谱为

$$|F(n\omega_0)| = \begin{cases} \pi, & n = 0; \\ \frac{j}{n}, & n \neq 0. \end{cases}$$

离散相位谱为

$$\arg F(n\omega_0) = \begin{cases} 0, & n = 0; \\ 0.5\pi, & n > 0; \\ -0.5\pi, & n < 0. \end{cases}$$

函数图形和频谱图如图 5－8 所示.

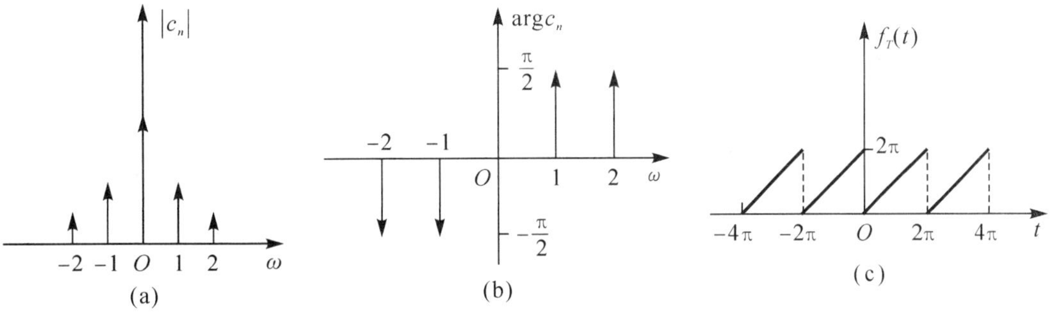

图 5－8

三、傅里叶积分变换

1. 傅里叶积分公式

利用傅里叶级数展开式，可以完全了解一个周期信号的频率特征，看穿信号的本质，这种分析信号的手段称为**频谱分析**（或**谐波分析**）. 但傅里叶级数只能处理周期信号，工程技术中还有大量的非周期信号，反映在数学上就是非周期函数.

非周期函数可视为周期 $T\to\infty$的周期函数，这样基频 $\omega_0 = \frac{2\omega}{T}\to 0$，说明非周期信号包含了所有的频率成分.

设 $f_T(t)$ 是周期为 T 的周期函数，则其傅里叶级数的指数形式为

$$f_T(t) = \sum_{n=-\infty}^{+\infty}\left[\frac{1}{T}\int_{-T/2}^{T/2} f_T(\tau)e^{-jn\omega_0\tau}\,\mathrm{d}\tau\right]e^{jn\omega_0 t}.$$

令 $\omega_0 = \Delta\omega$，将 $n\omega_0$ 记为 ω_n，则 $T = \frac{2\pi}{\omega_0} = \frac{2\pi}{\Delta\omega}$，当 $f_T(t)$ 成为非周期函数 $f(t)$ 时，若 $T\to\infty$，则有

$$f(t)=\lim_{T\to\infty}f_T(t)=\lim_{T\to\infty}\sum_{n=-\infty}^{+\infty}\left[\frac{1}{T}\int_{-T/2}^{T/2}f_T(\tau)e^{-jn\omega_0\tau}d\tau\right]e^{jn\omega_0 t}$$

$$=\frac{1}{2\pi}\lim_{\Delta\omega\to 0}\sum_{n=-\infty}^{+\infty}\left[\int_{-\pi/\Delta\omega}^{\pi/\Delta\omega}f_T(\tau)e^{-jn\omega_0\tau}d\tau\right]e^{j\omega_n t}\Delta\omega=\frac{1}{2\pi}\lim_{\Delta\omega\to 0}\sum_{n=-\infty}^{+\infty}g_T(\omega_n)\Delta\omega.$$

其中,

$$g_T(\omega_n)=\left[\int_{-\pi/\Delta\omega}^{\pi/\Delta\omega}f_T(\tau)e^{-j\omega_n\tau}d\tau\right]e^{j\omega_n t}.$$

所以,$f(t)$ 实际上是一个广义积分,即

$$f(t)=\frac{1}{2\pi}\int_{-\infty}^{+\infty}\left[\int_{-\infty}^{+\infty}f(\tau)e^{-j\omega\tau}d\tau\right]e^{j\omega t}d\omega,$$

称之为**傅里叶积分公式**.

2. 傅里叶变换与傅里叶逆变换

傅里叶积分公式中,有积分公式 $F(\omega)=\int_{-\infty}^{+\infty}f(t)e^{-j\omega t}dt$,可以把像原函数 $f(t)$ 变换为像函数 $F(\omega)$;也有积分公式 $f(t)=\frac{1}{2\pi}\int_{-\infty}^{+\infty}F(\omega)e^{j\omega t}d\omega$,可以把像函数 $F(\omega)$ 变换为像原函数 $f(t)$.

定义 1 称 $F(\omega)=\int_{-\infty}^{+\infty}f(t)e^{-j\omega t}dt$ 为**傅里叶变换**(简称**傅氏变换**),记为

$$F(\omega)=F[f(t)]=\int_{-\infty}^{+\infty}f(t)e^{-j\omega t}dt;$$

称 $f(t)=\frac{1}{2\pi}\int_{-\infty}^{+\infty}F(\omega)e^{j\omega t}d\omega$ 为**傅里叶逆变换**(简称**傅氏逆变换**),记为

$$f(t)=F^{-1}[F(\omega)]=\frac{1}{2\pi}\int_{-\infty}^{+\infty}F(\omega)e^{j\omega t}d\omega.$$

其中,$f(t)$ 称为像原函数,$F(\omega)$ 称为像函数. $f(t)$ 与 $F(\omega)$ 之间构成一个傅氏变换对,记为 $f(t)\leftrightarrow F(\omega)$.

例 3 设函数 $f(t)=\begin{cases}0, & |t|>1;\\ 1, & 0<t<1;\\ -1, & -1<t<1.\end{cases}$ 试求 $f(t)$ 的傅里叶变换.

解 $F(\omega)=F[f(t)]=\int_{-\infty}^{+\infty}f(t)e^{-j\omega t}dt$

$$=\int_{-\infty}^{-1}0e^{-j\omega t}dt+\int_{-1}^{0}(-1)e^{-j\omega t}dt+\int_{0}^{1}1\cdot e^{-j\omega t}dt+\int_{1}^{+\infty}0e^{-j\omega t}dt$$

$$=\int_{-1}^{0}-e^{-j\omega t}dt+\int_{0}^{1}e^{-j\omega t}dt=\int_{-1}^{0}e^{j\omega(-t)}d(-t)+\int_{0}^{1}e^{-j\omega t}dt$$

$$=\int_{0}^{1}e^{-j\omega t}dt+\int_{1}^{0}e^{j\omega t}dt=\int_{0}^{1}e^{-j\omega t}dt-\int_{0}^{1}e^{j\omega t}dt=\int_{0}^{1}(e^{-j\omega t}-e^{j\omega t})dt.$$

由欧拉公式 $e^{j\omega t}=\cos\omega t+j\sin\omega t$,有

$$e^{-j\omega t}-e^{j\omega t}=-2j\sin\omega t,$$

则 $f(t)$ 的傅里叶变换为

$$F(\omega)=\int_0^1(-2)\mathrm{j}\sin\omega t\,\mathrm{d}t$$

$$=-\frac{2\mathrm{j}}{\omega}\int_0^1\sin\omega t\,\mathrm{d}\omega t=-\frac{2\mathrm{j}}{\omega}\left(-\cos\omega t\Big|_0^1\right)=\frac{2\mathrm{j}}{\omega}(\cos\omega-1).$$

例 4　已知函数 $f(t)$ 的频谱 $F(\omega)=\begin{cases}1, & |\omega|\leqslant 1;\\ 0, & |\omega|>1.\end{cases}$ 试求 $f(t)$.

解　由傅里叶逆变换,得

$$f(t)=F^{-1}[F(\omega)]=\frac{1}{2\pi}\int_{-\infty}^{+\infty}F(\omega)\mathrm{e}^{\mathrm{j}\omega t}\mathrm{d}\omega=\frac{1}{2\pi}\int_{-1}^{1}\mathrm{e}^{\mathrm{j}\omega t}\mathrm{d}\omega$$

$$=\frac{1}{2\pi\mathrm{j}t}\int_{-1}^{1}\mathrm{e}^{\mathrm{j}\omega t}\mathrm{d}\mathrm{j}\omega t=\frac{1}{2\pi\mathrm{j}t}(\mathrm{e}^{\mathrm{j}t}-\mathrm{e}^{-\mathrm{j}t}),$$

由欧拉公式,得

$$\mathrm{e}^{\mathrm{j}t}-\mathrm{e}^{-\mathrm{j}t}=(\cos t+\mathrm{j}\sin t)-(\cos t-\mathrm{j}\sin t)=2\mathrm{j}\sin t,$$

故
$$f(t)=\frac{1}{2\pi\mathrm{j}t}\cdot 2\mathrm{j}\sin t=\frac{\sin t}{\pi t}.$$

从上例看出，傅里叶变换与其逆变换计算过程较为复杂，但与傅里叶级数类似，傅里叶变换刻画了非周期函数的频谱特性，非周期函数的频谱是连续取值的，即包含了从0到无穷大的所有频率分量. $F(\omega)$ 就是 $f(t)$ 中各频率分量的分布密度，故称 $F(\omega)$ 为**频谱密度函数**(简称**频谱或连续密度函数**). 称 $F(\omega)$ 的模 $|F(\omega)|$ 为**振幅谱**，幅角 $\arg F(\omega)$ 为**相位谱**.

例 5　试求单边衰减指数函数 $f(t)=\begin{cases}\mathrm{e}^{-at}, & t\geqslant 0;\\ 0, & t<0\end{cases}$ $(a>0)$ 的傅里叶变换，并求其振幅谱与相位谱.

解　$$F(\omega)=F[f(t)]=\int_{-\infty}^{+\infty}f(t)\mathrm{e}^{-\mathrm{j}\omega t}\mathrm{d}t=\int_{-\infty}^{0}0\cdot\mathrm{e}^{-\mathrm{j}\omega t}\mathrm{d}t+\int_0^{+\infty}\mathrm{e}^{-at}\mathrm{e}^{-\mathrm{j}\omega t}\mathrm{d}t$$

$$=\int_0^{+\infty}\mathrm{e}^{-at}\mathrm{e}^{-\mathrm{j}\omega t}\mathrm{d}t=\int_0^{+\infty}\mathrm{e}^{-(a+\mathrm{j}\omega)t}\mathrm{d}t=\frac{1}{a+\mathrm{j}\omega}=\frac{a-\mathrm{j}\omega}{a^2+\omega^2},$$

故单边衰减指数函数的振幅谱为

$$|F(\omega)|=\frac{1}{\sqrt{a^2+\omega^2}},$$

单边衰减指数函数的相位谱为

$$\arg F(\omega)=-\arctan\left(\frac{\omega}{a}\right).$$

习题 §5－5

1. 周期为2的矩形波 $f_T(t)$，已知 $f(t)=\begin{cases}1, & t\in[-1,0);\\ 0, & t\in[0,1).\end{cases}$ 试将其展开成傅氏级

数的三角形式.

2. 已知 $f(t)=\begin{cases}1, & t\in[0,\pi);\\ -1, & t\in[-\pi,0).\end{cases}$ 试将周期为 2π、振幅为 1 的矩形波展开成傅氏级数的三角形式.

3. 周期为 2 的矩形波 $f_T(t)$，已知 $f(t)=\begin{cases}1, & t\in[-1,0);\\ 0, & t\in[0,1).\end{cases}$ 试将其展开成傅氏级数的指数形式.

4. 已知 $f(t)=\begin{cases}1, & t\in[0,\pi);\\ -1, & t\in[-\pi,0).\end{cases}$ 将周期为 2π、振幅为 1 的矩形波展开成傅氏级数的指数形式.

5. 试求矩形脉冲函数 $f(t)=\begin{cases}1, & |t|\leqslant a;\\ 0, & |t|>a\end{cases}$ $(a>0)$ 的傅里叶变换，并求其振幅谱与相位谱.

6. 试求函数 $f(t)=\begin{cases}4, & t\in[0,2);\\ 0, & t\notin[0,2)\end{cases}$ 的傅里叶变换.

7. 试求 $F(\omega)=\dfrac{2}{j\omega}$ 的傅里叶逆变换.

复习题五

1. 试求下列各函数的拉氏变换：

(1) $f(t)=2\sin 3t+5\cos 3t$；　　(2) $f(t)=e^{-t}\cos 2t$；

(3) $f(t)=3t\cos 2t$；　　(4) $f(t)=10\sin 3t\cos 3t$.

2. 试求下列函数的拉氏变换：

(1) $f(t)=\begin{cases}3, & t\geqslant 2;\\ 1, & 0\leqslant t<2.\end{cases}$　　(2) $f(t)=\begin{cases}t, & t\geqslant \pi;\\ \cos t, & 0\leqslant t<\pi.\end{cases}$

3. 试求下列各函数的拉氏逆变换：

(1) $F(s)=\dfrac{s}{(s-5)^3}$；　　(2) $F(s)=\dfrac{s^2}{(s+1)^2}$；

(3) $F(s)=\dfrac{1}{s^3+3s^2+2s}$；　　(4) $F(s)=\dfrac{3s-12}{(s^2+8)(s-1)}$；

(5) $F(s)=\dfrac{1}{s^4-2s^3}$；　　(6) $F(s)=\dfrac{1}{(s+1)^2}$.

4. 求解下列微分方程(组)：

(1) $x''(t)-2x'(t)+2x(t)=2e^t\cos t$，$x(0)=x'(0)=0$；

(2) $\begin{cases}y''(t)-x''(t)+x'(t)-y(t)=e^t-2, & x(0)=x'(0)=0;\\ 2y''(t)-x''(t)-2y'(t)+x(t)=-t, & y(0)=y'(0)=0.\end{cases}$

5. 周期为 2π 的脉冲电流 $f_T(t)$，已知 $f(t)=\begin{cases}t, & t\in[0,\pi);\\0, & t\in[-\pi,0).\end{cases}$ 试将其展开成傅氏级数的三角形式.

6. 周期为 2π 的脉冲电流 $f_T(t)$，已知 $f(t)=\begin{cases}t, & t\in[0,\pi);\\0, & t\in[-\pi,0).\end{cases}$ 试将其展开成傅氏级数的指数形式.

7. 周期为 2π 的三角波 $f_T(t)$，已知 $f(t)=\begin{cases}t, & t\in(0,\pi];\\-t, & t\in(-\pi,0].\end{cases}$ 试求其傅氏级数展开的三角形式.

8. 周期为 2π 的三角波 $f_T(t)$，已知 $f(t)=\begin{cases}t, & t\in(0,\pi];\\-t, & t\in(-\pi,0].\end{cases}$ 试求其傅氏级数展开的指数形式[a,b].

附表 1　泊松分布数值表

$$P\{\xi=m\}=\frac{\lambda^m}{m!}e^{-\lambda}, m=0,1,2,3,\cdots$$

m \ λ	0.1	0.2	0.3	0.4	0.5	0.6	0.7	0.8	1.0	1.5	2	2.5	3	3.5
0	0.9048	0.8187	0.7408	0.6703	0.6065	0.5488	0.4966	0.4493	0.3679	0.2231	0.1353	0.0821	0.0498	0.0302
1	0.0905	0.1637	0.2222	0.2681	0.3033	0.3293	0.3476	0.3595	0.3679	0.3347	0.2707	0.2052	0.1494	0.1057
2	0.0045	0.0164	0.0333	0.0536	0.0758	0.0988	0.1217	0.1438	0.1839	0.2510	0.2707	0.2565	0.2240	0.1850
3	0.0002	0.0011	0.0033	0.0072	0.0126	0.0198	0.0284	0.0383	0.0613	0.1255	0.1804	0.2138	0.2240	0.2158
4	0.0000	0.0001	0.0003	0.0007	0.0016	0.0030	0.0050	0.0077	0.0153	0.0471	0.0902	0.1336	0.1680	0.1888
5		0.0000	0.0000	0.0001	0.0002	0.0004	0.0007	0.0012	0.0031	0.0141	0.0361	0.0668	0.1008	0.1322
6				0.0000	0.0000	0.0000	0.0001	0.0002	0.0005	0.0035	0.0120	0.0278	0.0504	0.0771
7							0.0000	0.0000	0.0001	0.0008	0.0034	0.0099	0.0216	0.0385
8									0.0000	0.0001	0.0009	0.0031	0.0081	0.0169
9										0.0000	0.0002	0.0009	0.0027	0.0066
10										0.0000	0.0000	0.0002	0.0008	0.0023
11												0.0000	0.0002	0.0007
12													0.0001	0.0002
13													0.0000	0.0001
14														0.0000

续附表 1

m \ λ	4	4.5	5	6	7	8	9	10	11	12	13	14	15	16
0	0.0183	0.0111	0.0067	0.0025	0.0009	0.0003	0.0001	0.0000	0.0000	0.0000				
1	0.0733	0.0500	0.0337	0.0149	0.0064	0.0027	0.0011	0.0005	0.0002	0.0001	0.0000	0.0000		
2	0.1465	0.1125	0.0842	0.0446	0.0223	0.0107	0.0050	0.0023	0.0010	0.0004	0.0002	0.0001	0.0000	0.0000
3	0.1954	0.1687	0.1404	0.0892	0.0521	0.0286	0.0150	0.0076	0.0037	0.0018	0.0008	0.0004	0.0002	0.0001
4	0.1954	0.1898	0.1755	0.1339	0.0912	0.0573	0.0337	0.0189	0.0102	0.0053	0.0027	0.0013	0.0006	0.0003
5	0.1563	0.1708	0.1755	0.1606	0.1277	0.0916	0.0607	0.0378	0.0224	0.0127	0.0070	0.0037	0.0019	0.0010
6	0.1042	0.1281	0.1462	0.1606	0.1490	0.1221	0.0911	0.0631	0.0411	0.0255	0.0152	0.0087	0.0048	0.0026
7	0.0595	0.0824	0.1044	0.1377	0.1490	0.1396	0.1171	0.0901	0.0646	0.0437	0.0281	0.0174	0.0104	0.0060
8	0.0298	0.0463	0.0653	0.1033	0.1304	0.1396	0.1318	0.1126	0.0888	0.0655	0.0457	0.0304	0.0194	0.0120
9	0.0132	0.0232	0.0363	0.0688	0.1014	0.1241	0.1318	0.1251	0.1085	0.0874	0.0661	0.0473	0.0324	0.0213
10	0.0053	0.0104	0.0181	0.0413	0.0710	0.0993	0.1186	0.1251	0.1194	0.1048	0.0859	0.0663	0.0486	0.0341
11	0.0019	0.0043	0.0082	0.0225	0.0452	0.0722	0.0970	0.1137	0.1194	0.1144	0.1015	0.0844	0.0663	0.0496
12	0.0006	0.0016	0.0034	0.0113	0.0263	0.0481	0.0728	0.0948	0.1094	0.1144	0.1099	0.0984	0.0829	0.0661
13	0.0002	0.0006	0.0013	0.0052	0.0142	0.0296	0.0504	0.0729	0.0926	0.1056	0.1099	0.1060	0.0956	0.0814
14	0.0001	0.0002	0.0005	0.0022	0.0071	0.0169	0.0324	0.0521	0.0728	0.0905	0.1021	0.1060	0.1024	0.0930
15	0.0000	0.0001	0.0002	0.0009	0.0033	0.0090	0.0194	0.0347	0.0534	0.0724	0.0885	0.0989	0.1024	0.0992
16		0.0000	0.0000	0.0003	0.0014	0.0045	0.0109	0.0217	0.0367	0.0543	0.0719	0.0866	0.0960	0.0992
17				0.0001	0.0006	0.0021	0.0058	0.0128	0.0237	0.0383	0.0550	0.0713	0.0847	0.0934
18				0.0000	0.0002	0.0009	0.0029	0.0071	0.0145	0.0255	0.0397	0.0554	0.0706	0.0830
19					0.0001	0.0004	0.0014	0.0037	0.0084	0.0161	0.0272	0.0409	0.0557	0.0699
20					0.0000	0.0002	0.0006	0.0019	0.0046	0.0097	0.0177	0.0286	0.0418	0.0559
21						0.0001	0.0003	0.0009	0.0024	0.0055	0.0109	0.0191	0.0299	0.0426
22						0.0000	0.0001	0.0004	0.0012	0.0030	0.0065	0.0121	0.0204	0.0310
23							0.0000	0.0002	0.0006	0.0016	0.0037	0.0074	0.0133	0.0216
24								0.0001	0.0003	0.0008	0.0020	0.0043	0.0083	0.0144
25								0.0000	0.0001	0.0004	0.0010	0.0024	0.0050	0.0092
26									0.0000	0.0002	0.0005	0.0013	0.0029	0.0057
27										0.0001	0.0002	0.0007	0.0016	0.0034
28										0.0000	0.0001	0.0003	0.0009	0.0019
29											0.0001	0.0002	0.0004	0.0011
30											0.0000	0.0001	0.0002	0.0006
31												0.0000	0.0001	0.0003
32													0.0001	0.0001
33													0.0000	0.0001
34														0.0000

续附表 1

λ=20				λ=30				λ=40				λ=50			
m	p	m	p	m	p	m	p	m	p	m	p	m	p	m	p
4	0.0000			11	0.0000			18	0.0000			25	0.0000	53	0.0501
5	0.0001			12	0.0001			19	0.0001			26	0.0001	54	0.0464
6	0.0002			13	0.0002			20	0.0002			27	0.0001	55	0.0422
7	0.0005			14	0.0005			21	0.0004	46	0.0382	28	0.0002	56	0.0376
8	0.0013			15	0.0010			22	0.0007	47	0.0325	29	0.0004	57	0.0330
9	0.0029			16	0.0019			23	0.0012	48	0.0271	30	0.0007	58	0.0285
10	0.0058			17	0.0034			24	0.0019	49	0.0221	31	0.0011	59	0.0241
11	0.0106			18	0.0057	39	0.0186	25	0.0031	50	0.0177	32	0.0017	60	0.0201
12	0.0176			19	0.0089	40	0.0139	26	0.0047	51	0.0139	33	0.0026	61	0.0165
13	0.0271			20	0.0134	41	0.0102	27	0.0070	52	0.0107	34	0.0038	62	0.0133
14	0.0387	32	0.0034	21	0.0192	42	0.0073	28	0.0100	53	0.0081	35	0.0054	63	0.0105
15	0.0516	33	0.0020	22	0.0261	43	0.0051	29	0.0138	54	0.0060	36	0.0075	64	0.0082
16	0.0646	34	0.0012	23	0.0341	44	0.0035	30	0.0185	55	0.0043	37	0.0102	65	0.0063
17	0.0760	35	0.0007	24	0.0426	45	0.0023	31	0.0238	56	0.0031	38	0.0134	66	0.0048
18	0.0844	36	0.0004	25	0.0511	46	0.0015	32	0.0298	57	0.0022	39	0.0172	67	0.0036
19	0.0888	37	0.0002	26	0.0590	47	0.0010	33	0.0361	58	0.0015	40	0.0215	68	0.0026
20	0.0888	38	0.0001	27	0.0655	48	0.0006	34	0.0425	59	0.0010	41	0.0262	69	0.0019
21	0.0846	39	0.0001	28	0.0702	49	0.0004	35	0.0485	60	0.0007	42	0.0312	70	0.0014
22	0.0769	40	0.0000	29	0.0726	50	0.0002	36	0.0539	61	0.0004	43	0.0363	71	0.0010
23	0.0669			30	0.0726	51	0.0001	37	0.0583	62	0.0003	44	0.0412	72	0.0007
24	0.0557			31	0.0703	52	0.0001	38	0.0614	63	0.0002	45	0.0458	73	0.0005
25	0.0446			32	0.0659	53	0.0000	39	0.0629	64	0.0001	46	0.0498	74	0.0003
26	0.0343			33	0.0599			40	0.0629	65	0.0001	47	0.0530	75	0.0002
27	0.0254			34	0.0529			41	0.0614	66	0.0000	48	0.0552	76	0.0001
28	0.0181			35	0.0453			42	0.0585			49	0.0563	77	0.0001
29	0.0125			36	0.0378			43	0.0544			50	0.0563	78	0.0001
30	0.0083			37	0.0306			44	0.0495			51	0.0552	79	0.0000
31	0.0054			38	0.0242			45	0.0440			52	0.0531		

附表 2　标准正态分布函数值表

$$\Phi(x) = P\{\xi \leqslant x\} = \int_{-\infty}^{x} \varphi(t)\,\mathrm{d}t$$

$$= \frac{1}{\sqrt{2\pi}} \int_{-\infty}^{x} \mathrm{e}^{-t^2/2}\,\mathrm{d}t$$

$$\Phi(-x) = 1 - \Phi(x)$$

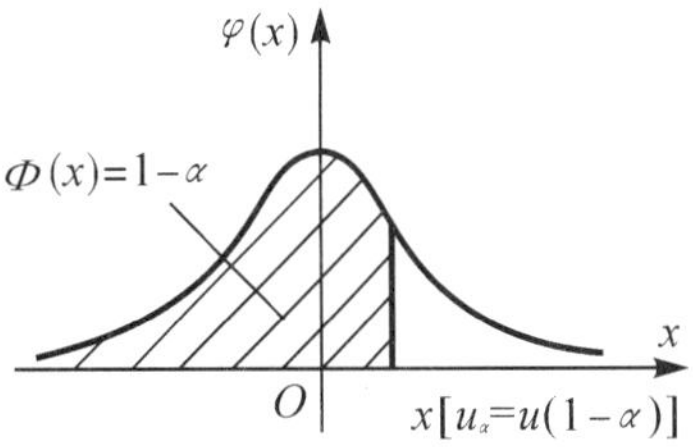

Φ(x) \ x x	0.00	0.01	0.02	0.03	0.04	0.05	0.06	0.07	0.08	0.09
0.0	0.5000	0.5040	0.5080	0.5120	0.5160	0.5199	0.5239	0.5279	0.5319	0.5359
0.1	0.5398	0.5438	0.5478	0.5517	0.5557	0.5596	0.5636	0.5675	0.5714	0.5753
0.2	0.5793	0.5832	0.5871	0.5910	0.5948	0.5987	0.6026	0.6064	0.6103	0.6141
0.3	0.6179	0.6217	0.6255	0.6293	0.6331	0.6368	0.6406	0.6443	0.6480	0.6517
0.4	0.6554	0.6591	0.6628	0.6664	0.6700	0.6736	0.6772	0.6808	0.6844	0.6879
0.5	0.6915	0.6950	0.6985	0.7019	0.7054	0.7088	0.7123	0.7157	0.7190	0.7224
0.6	0.7257	0.7291	0.7324	0.7357	0.7389	0.7422	0.7454	0.7486	0.7517	0.7549
0.7	0.7580	0.7611	0.7642	0.7673	0.7704	0.7734	0.7764	0.7794	0.7823	0.7852
0.8	0.7881	0.7910	0.7939	0.7967	0.7995	0.8023	0.8051	0.8078	0.8106	0.8133
0.9	0.8159	0.8186	0.8212	0.8238	0.8264	0.8289	0.8315	0.8340	0.8365	0.8389
1.0	0.8413	0.8438	0.8461	0.8485	0.8508	0.8531	0.8554	0.8577	0.8599	0.8621
1.1	0.8643	0.8665	0.8686	0.8708	0.8729	0.8749	0.8770	0.8790	0.8810	0.8830
1.2	0.8849	0.8869	0.8888	0.8907	0.8925	0.8944	0.8962	0.8980	0.8997	0.9015
1.3	0.9032	0.9049	0.9066	0.9082	0.9099	0.9115	0.9131	0.9147	0.9162	0.9177
1.4	0.9192	0.9207	0.9222	0.9236	0.9251	0.9265	0.9279	0.9292	0.9306	0.9319
1.5	0.9332	0.9345	0.9357	0.9370	0.9382	0.9394	0.9406	0.9418	0.9429	0.9441
1.6	0.9452	0.9463	0.9474	0.9484	0.9495	0.9505	0.9515	0.9525	0.9535	0.9545
1.7	0.9554	0.9564	0.9573	0.9582	0.9591	0.9599	0.9608	0.9616	0.9625	0.9633
1.8	0.9641	0.9649	0.9656	0.9664	0.9671	0.9678	0.9686	0.9693	0.9699	0.9706
1.9	0.9713	0.9719	0.9726	0.9732	0.9738	0.9744	0.9750	0.9756	0.9761	0.9767
2.0	0.9772	0.9778	0.9783	0.9788	0.9793	0.9798	0.9803	0.9808	0.9812	0.9817
2.1	0.9821	0.9826	0.9830	0.9834	0.9838	0.9842	0.9846	0.9850	0.9854	0.9857
2.2	0.9861	0.9864	0.9868	0.9871	0.9875	0.9878	0.9881	0.9884	0.9887	0.9890
2.3	0.9893	0.9896	0.9898	0.9901	0.9904	0.9906	0.9909	0.9911	0.9913	0.9916
2.4	0.9918	0.9920	0.9922	0.9925	0.9927	0.9929	0.9931	0.9932	0.9934	0.9936
2.5	0.9938	0.9940	0.9941	0.9943	0.9945	0.9946	0.9948	0.9949	0.9951	0.9952

续附表2

$\Phi(x)$ \ x	0.00	0.01	0.02	0.03	0.04	0.05	0.06	0.07	0.08	0.09
2.6	0.9953	0.9955	0.9956	0.9957	0.9959	0.9960	0.9961	0.9962	0.9963	0.9964
2.7	0.9965	0.9966	0.9967	0.9968	0.9969	0.9970	0.9971	0.9972	0.9973	0.9974
2.8	0.9974	0.9975	0.9976	0.9977	0.9977	0.9978	0.9979	0.9979	0.9980	0.9981
2.9	0.9981	0.9982	0.9982	0.9983	0.9984	0.9984	0.9985	0.9985	0.9986	0.9986
3.0	0.9987	0.9990	0.9993	0.9995	0.9997	0.9998	0.9998	0.9999	0.9999	1.0000

注：本表最后一行自左至右依次是 $\Phi(3.0)$，$\Phi(3.1)$，…，$\Phi(3.9)$ 的值.

附表 3 χ^2 分布临界值表

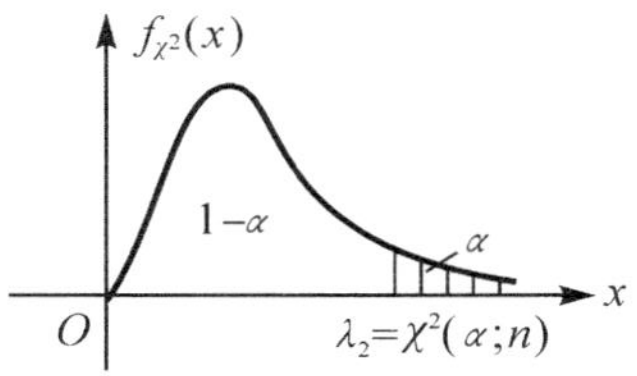

$P\{\chi^2 \geqslant \lambda_2\}=\alpha$

自由度	临界概率(α)及其相应的临界值											
n	α=0.995	0.99	0.975	0.95	0.90	0.75	0.25	0.10	0.05	0.025	0.01	0.005
1	0.0000	0.0002	0.0010	0.0039	0.0158	0.1015	1.3233	2.7055	3.8415	5.0239	6.6349	7.8794
2	0.0100	0.0201	0.0506	0.1026	0.2107	0.5754	2.7726	4.6052	5.9915	7.3778	9.2103	10.5966
3	0.0717	0.1148	0.2158	0.3518	0.5844	1.2125	4.1083	6.2514	7.8147	9.3484	11.3449	12.8382
4	0.2070	0.2971	0.4844	0.7107	1.0636	1.9226	5.3853	7.7794	9.4877	11.1433	13.2767	14.8603
5	0.4117	0.5543	0.8312	1.1455	1.6103	2.6746	6.6257	9.2364	11.0705	12.8325	15.0863	16.7496
6	0.6757	0.8721	1.2373	1.6354	2.2041	3.4546	7.8408	10.6446	12.5916	14.4494	16.8119	18.5476
7	0.9893	1.2390	1.6899	2.1673	2.8331	4.2549	9.0371	12.0170	14.0671	16.0128	18.4753	20.2777
8	1.3444	1.6465	2.1797	2.7326	3.4895	5.0706	10.2189	13.3616	15.5073	17.5345	20.0902	21.9550
9	1.7349	2.0879	2.7004	3.3251	4.1682	5.8988	11.3888	14.6837	16.9190	19.0228	21.6660	23.5894
10	2.1559	2.5582	3.2470	3.9403	4.8652	6.7372	12.5489	15.9872	18.3070	20.4832	23.2093	25.1882
11	2.6032	3.0535	3.8157	4.5748	5.5778	7.5841	13.7007	17.2750	19.6751	21.9200	24.7250	26.7568
12	3.0738	3.5706	4.4038	5.2260	6.3038	8.4384	14.8454	18.5493	21.0261	23.3367	26.2170	28.2995
13	3.5650	4.1069	5.0088	5.8919	7.0415	9.2991	15.9839	19.8119	22.3620	24.7356	27.6882	29.8195
14	4.0747	4.6604	5.6287	6.5706	7.7895	10.1653	17.1169	21.0641	23.6848	26.1189	29.1412	31.3193
15	4.6009	5.2293	6.2621	7.2609	8.5468	11.0365	18.2451	22.3071	24.9958	27.4884	30.5779	32.8013
16	5.1422	5.8122	6.9077	7.9616	9.3122	11.9122	19.3689	23.5418	26.2962	28.8454	31.9999	34.2672
17	5.6972	6.4078	7.5642	8.6718	10.0852	12.7919	20.4887	24.7690	27.5871	30.1910	33.4087	35.7185
18	6.2648	7.0149	8.2307	9.3905	10.8649	13.6753	21.6049	25.9894	28.8693	31.5264	34.8053	37.1565

续附表 3

自由度 n	临界概率(α)及其相应的临界值											
	α=0.995	0.99	0.975	0.95	0.90	0.75	0.25	0.10	0.05	0.025	0.01	0.005
19	6.8440	7.6327	8.9065	10.1170	11.6509	14.5620	22.7178	27.2036	30.1435	32.8523	36.1909	38.5823
20	7.4338	8.2604	9.5908	10.8508	12.4426	15.4518	23.8277	28.4120	31.4104	34.1696	37.5662	39.9968
21	8.0337	8.8972	10.2829	11.5913	13.2396	16.3444	24.9348	29.6151	32.6706	35.4789	38.9322	41.4011
22	8.6427	9.5425	10.9823	12.3380	14.0415	17.2396	26.0393	30.8133	33.9244	36.7807	40.2894	42.7957
23	9.2604	10.1957	11.6886	13.0905	14.8480	18.1373	27.1413	32.0069	35.1725	38.0756	41.6384	44.1813
24	9.8862	10.8564	12.4012	13.8484	15.6587	19.0373	28.2412	33.1962	36.4150	39.3641	42.9798	45.5585
25	10.5197	11.5240	13.1197	14.6114	16.4734	19.9393	29.3389	34.3816	37.6525	40.6465	44.3141	46.9279
26	11.1602	12.1981	13.8439	15.3792	17.2919	20.8434	30.4346	35.5632	38.8851	41.9232	45.6417	48.2899
27	11.8076	12.8785	14.5734	16.1514	18.1139	21.7494	31.5284	36.7412	40.1133	43.1945	46.9629	49.6449
28	12.4613	13.5647	15.3079	16.9279	18.9392	22.6572	32.6205	37.9159	41.3371	44.4608	48.2782	50.9934
29	13.1211	14.2565	16.0471	17.7084	19.7677	23.5666	33.7109	39.0875	42.5570	45.7223	49.5879	52.3356
30	13.7867	14.9535	16.7908	18.4927	20.5992	24.4776	34.7997	40.2560	43.7730	46.9792	50.8922	53.6720
31	14.4578	15.6555	17.5387	19.2806	21.4336	25.3901	35.8871	41.4217	44.9853	48.2319	52.1914	55.0027
32	15.1340	16.3622	18.2908	20.0719	22.2706	26.3041	36.9730	42.5847	46.1943	49.4804	53.4858	56.3281
33	15.8153	17.0735	19.0467	20.8665	23.1102	27.2194	38.0575	43.7452	47.3999	50.7251	54.7755	57.6484
34	16.5013	17.7891	19.8063	21.6643	23.9523	28.1361	39.1408	44.9032	48.6024	51.9660	56.0609	58.9639
35	17.1918	18.5089	20.5694	22.4650	24.7967	29.0540	40.2228	46.0588	49.8018	53.2033	57.3421	60.2748
36	17.8867	19.2327	21.3359	23.2686	25.6433	29.9730	41.3036	47.2122	50.9985	54.4373	58.6192	61.5812
37	18.5858	19.9602	22.1056	24.0749	26.4921	30.8933	42.3833	48.3634	52.1923	55.6680	59.8925	62.8833
38	19.2889	20.6914	22.8785	24.8839	27.3430	31.8146	43.4619	49.5126	53.3835	56.8955	61.1621	64.1814
39	19.9959	21.4262	23.6543	25.6954	28.1958	32.7369	44.5395	50.6598	54.5722	58.1201	62.4281	65.4756
40	20.7065	22.1643	24.4330	26.5093	29.0505	33.6603	45.6160	51.8051	55.7585	59.3417	63.6907	66.7660

附表 4　t 分布临界值表

$$P\{T \geqslant \lambda_2\} = \alpha$$

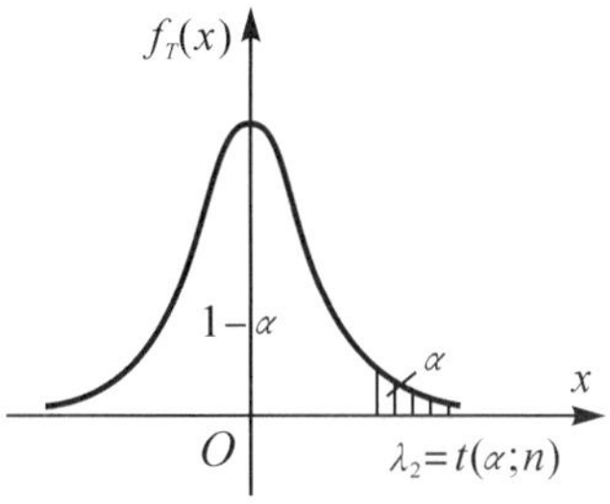

自由度 n	临界概率(α)及其相应的临界值					
	$\alpha=0.25$	$\alpha=0.10$	$\alpha=0.05$	$\alpha=0.025$	$\alpha=0.01$	$\alpha=0.005$
1	1.0000	3.0777	6.3138	12.7062	31.8205	63.6567
2	0.8165	1.8856	2.9200	4.3027	6.9646	9.9248
3	0.7649	1.6377	2.3534	3.1824	4.5407	5.8409
4	0.7407	1.5332	2.1318	2.7764	3.7469	4.6041
5	0.7267	1.4759	2.0150	2.5706	3.3649	4.0321
6	0.7176	1.4398	1.9432	2.4469	3.1427	3.7074
7	0.7111	1.4149	1.8946	2.3646	2.9980	3.4995
8	0.7064	1.3968	1.8595	2.3060	2.8965	3.3554
9	0.7027	1.3830	1.8331	2.2622	2.8214	3.2498
10	0.6998	1.3722	1.8125	2.2281	2.7638	3.1693
11	0.6974	1.3634	1.7959	2.2010	2.7181	3.1058
12	0.6955	1.3562	1.7823	2.1788	2.6810	3.0545
13	0.6938	1.3502	1.7709	2.1604	2.6503	3.0123
14	0.6924	1.3450	1.7613	2.1448	2.6245	2.9768
15	0.6912	1.3406	1.7531	2.1314	2.6025	2.9467
16	0.6901	1.3368	1.7459	2.1199	2.5835	2.9208
17	0.6892	1.3334	1.7396	2.1098	2.5669	2.8982
18	0.6884	1.3304	1.7341	2.1009	2.5524	2.8784
19	0.6876	1.3277	1.7291	2.0930	2.5395	2.8609
20	0.6870	1.3253	1.7247	2.0860	2.5280	2.8453
21	0.6864	1.3232	1.7207	2.0796	2.5176	2.8314
22	0.6858	1.3212	1.7171	2.0739	2.5083	2.8188
23	0.6853	1.3195	1.7139	2.0687	2.4999	2.8073
24	0.6848	1.3178	1.7109	2.0639	2.4922	2.7969
25	0.6844	1.3163	1.7081	2.0595	2.4851	2.7874
26	0.6840	1.3150	1.7056	2.0555	2.4786	2.7787
27	0.6837	1.3137	1.7033	2.0518	2.4727	2.7707
28	0.6834	1.3125	1.7011	2.0484	2.4671	2.7633
29	0.6830	1.3114	1.6991	2.0452	2.4620	2.7564
30	0.6828	1.3104	1.6973	2.0423	2.4573	2.7500
31	0.6825	1.3095	1.6955	2.0395	2.4528	2.7440
32	0.6822	1.3086	1.6939	2.0369	2.4487	2.7385
33	0.6820	1.3077	1.6924	2.0345	2.4448	2.7333
34	0.6818	1.3070	1.6909	2.0322	2.4411	2.7284
35	0.6816	1.3062	1.6896	2.0301	2.4377	2.7238

附表 5　F 分布临界值表

$$P\{F \geqslant \lambda_2\} = \alpha, \qquad F(1-\alpha;m,n) = \frac{1}{F(\alpha;n,m)}$$

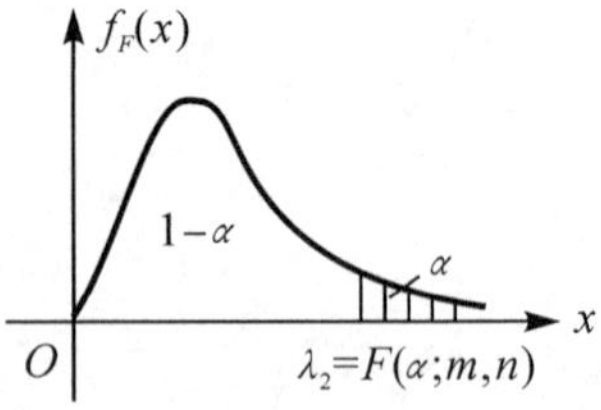

$\alpha = 0.10$										
n \ m	1	2	3	4	5	6	7	8	9	10
1	39.8635	49.5000	53.5932	55.8330	57.2401	58.2044	58.9060	59.4390	59.8576	60.1950
2	8.5263	9.0000	9.1618	9.2434	9.2926	9.3255	9.3491	9.3668	9.3805	9.3916
3	5.5383	5.4624	5.3908	5.3426	5.3092	5.2847	5.2662	5.2517	5.2400	5.2304
4	4.5448	4.3246	4.1909	4.1072	4.0506	4.0097	3.9790	3.9549	3.9357	3.9199
5	4.0604	3.7797	3.6195	3.5202	3.4530	3.4045	3.3679	3.3393	3.3163	3.2974
6	3.7759	3.4633	3.2888	3.1808	3.1075	3.0546	3.0145	2.9830	2.9577	2.9369
7	3.5894	3.2574	3.0741	2.9605	2.8833	2.8274	2.7849	2.7516	2.7247	2.7025
8	3.4579	3.1131	2.9238	2.8064	2.7264	2.6683	2.6241	2.5893	2.5612	2.5380
9	3.3603	3.0065	2.8129	2.6927	2.6106	2.5509	2.5053	2.4694	2.4403	2.4163
10	3.2850	2.9245	2.7277	2.6053	2.5216	2.4606	2.4140	2.3772	2.3473	2.3226
11	3.2252	2.8595	2.6602	2.5362	2.4512	2.3891	2.3416	2.3040	2.2735	2.2482
12	3.1765	2.8068	2.6055	2.4801	2.3940	2.3310	2.2828	2.2446	2.2135	2.1878
13	3.1362	2.7632	2.5603	2.4337	2.3467	2.2830	2.2341	2.1953	2.1638	2.1376
14	3.1022	2.7265	2.5222	2.3947	2.3069	2.2426	2.1931	2.1539	2.1220	2.0954
15	3.0732	2.6952	2.4898	2.3614	2.2730	2.2081	2.1582	2.1185	2.0862	2.0593
16	3.0481	2.6682	2.4618	2.3327	2.2438	2.1783	2.1280	2.0880	2.0553	2.0281
17	3.0262	2.6446	2.4374	2.3077	2.2183	2.1524	2.1017	2.0613	2.0284	2.0009
18	3.0070	2.6239	2.4160	2.2858	2.1958	2.1296	2.0785	2.0379	2.0047	1.9770
19	2.9899	2.6056	2.3970	2.2663	2.1760	2.1094	2.0580	2.0171	1.9836	1.9557
20	2.9747	2.5893	2.3801	2.2489	2.1582	2.0913	2.0397	1.9985	1.9649	1.9367
21	2.9610	2.5746	2.3649	2.2333	2.1423	2.0751	2.0233	1.9819	1.9480	1.9197
22	2.9486	2.5613	2.3512	2.2193	2.1279	2.0605	2.0084	1.9668	1.9327	1.9043
23	2.9374	2.5493	2.3387	2.2065	2.1149	2.0472	1.9949	1.9531	1.9189	1.8903
24	2.9271	2.5383	2.3274	2.1949	2.1030	2.0351	1.9826	1.9407	1.9063	1.8775
25	2.9177	2.5283	2.3170	2.1842	2.0922	2.0241	1.9714	1.9292	1.8947	1.8658
26	2.9091	2.5191	2.3075	2.1745	2.0822	2.0139	1.9610	1.9188	1.8841	1.8550
27	2.9012	2.5106	2.2987	2.1655	2.0730	2.0045	1.9515	1.9091	1.8743	1.8451
28	2.8938	2.5028	2.2906	2.1571	2.0645	1.9959	1.9427	1.9001	1.8652	1.8359
29	2.8870	2.4955	2.2831	2.1494	2.0566	1.9878	1.9345	1.8918	1.8568	1.8274
30	2.8807	2.4887	2.2761	2.1422	2.0492	1.9803	1.9269	1.8841	1.8490	1.8195
40	2.8354	2.4404	2.2261	2.0909	1.9968	1.9269	1.8725	1.8289	1.7929	1.7627
50	2.8087	2.4120	2.1967	2.0608	1.9660	1.8954	1.8405	1.7963	1.7598	1.7291
60	2.7911	2.3933	2.1774	2.0410	1.9457	1.8747	1.8194	1.7748	1.7380	1.7070
120	2.7478	2.3473	2.1300	1.9923	1.8959	1.8238	1.7675	1.7220	1.6842	1.6524
∞	2.7056	2.3026	2.0839	1.9449	1.8473	1.7742	1.7168	1.6703	1.6316	1.5988

续附表 5

n \ m	12	15	20	25	30	40	50	60	120	∞
	$\alpha = 0.10$									
1	60.7052	61.2203	61.7403	62.0545	62.2650	62.5291	62.6881	62.7943	63.0606	63.3249
2	9.4081	9.4247	9.4413	9.4513	9.4579	9.4662	9.4712	9.4746	9.4829	9.4911
3	5.2156	5.2003	5.1845	5.1747	5.1681	5.1597	5.1546	5.1512	5.1425	5.1338
4	3.8955	3.8704	3.8443	3.8283	3.8174	3.8036	3.7952	3.7896	3.7753	3.7609
5	3.2682	3.2380	3.2067	3.1873	3.1741	3.1573	3.1471	3.1402	3.1228	3.1052
6	2.9047	2.8712	2.8363	2.8147	2.8000	2.7812	2.7697	2.7620	2.7423	2.7224
7	2.6681	2.6322	2.5947	2.5714	2.5555	2.5351	2.5226	2.5142	2.4928	2.4711
8	2.5020	2.4642	2.4246	2.3999	2.3830	2.3614	2.3481	2.3391	2.3162	2.2929
9	2.3789	2.3396	2.2983	2.2725	2.2547	2.2320	2.2180	2.2085	2.1843	2.1595
10	2.2841	2.2435	2.2007	2.1739	2.1554	2.1317	2.1171	2.1072	2.0818	2.0557
11	2.2087	2.1671	2.1230	2.0953	2.0762	2.0516	2.0364	2.0261	1.9997	1.9724
12	2.1474	2.1049	2.0597	2.0312	2.0115	1.9861	1.9704	1.9597	1.9323	1.9040
13	2.0966	2.0532	2.0070	1.9778	1.9576	1.9315	1.9153	1.9043	1.8759	1.8466
14	2.0537	2.0095	1.9625	1.9326	1.9119	1.8852	1.8686	1.8572	1.8280	1.7977
15	2.0171	1.9722	1.9243	1.8939	1.8728	1.8454	1.8284	1.8168	1.7867	1.7554
16	1.9854	1.9399	1.8913	1.8603	1.8388	1.8108	1.7934	1.7816	1.7507	1.7186
17	1.9577	1.9117	1.8624	1.8309	1.8090	1.7805	1.7628	1.7506	1.7191	1.6861
18	1.9333	1.8868	1.8368	1.8049	1.7827	1.7537	1.7356	1.7232	1.6910	1.6571
19	1.9117	1.8647	1.8142	1.7818	1.7592	1.7298	1.7114	1.6988	1.6659	1.6312
20	1.8924	1.8449	1.7938	1.7611	1.7382	1.7083	1.6896	1.6768	1.6433	1.6078
21	1.8750	1.8271	1.7756	1.7424	1.7193	1.6890	1.6700	1.6569	1.6228	1.5866
22	1.8593	1.8111	1.7590	1.7255	1.7021	1.6714	1.6521	1.6389	1.6041	1.5673
23	1.8450	1.7964	1.7439	1.7101	1.6864	1.6554	1.6358	1.6224	1.5871	1.5495
24	1.8319	1.7831	1.7302	1.6960	1.6721	1.6407	1.6209	1.6073	1.5715	1.5332
25	1.8200	1.7708	1.7175	1.6831	1.6589	1.6272	1.6072	1.5934	1.5570	1.5181
26	1.8090	1.7596	1.7059	1.6712	1.6468	1.6147	1.5945	1.5805	1.5437	1.5041
27	1.7989	1.7492	1.6951	1.6602	1.6356	1.6032	1.5827	1.5686	1.5313	1.4911
28	1.7895	1.7395	1.6852	1.6500	1.6252	1.5925	1.5718	1.5575	1.5198	1.4789
29	1.7808	1.7306	1.6759	1.6405	1.6155	1.5825	1.5617	1.5472	1.5090	1.4676
30	1.7727	1.7223	1.6673	1.6316	1.6065	1.5732	1.5522	1.5376	1.4989	1.4569
40	1.7146	1.6624	1.6052	1.5677	1.5411	1.5056	1.4830	1.4672	1.4248	1.3775
50	1.6802	1.6269	1.5681	1.5294	1.5018	1.4648	1.4409	1.4242	1.3789	1.3273
60	1.6574	1.6034	1.5435	1.5039	1.4755	1.4373	1.4126	1.3952	1.3476	1.2922
120	1.6012	1.5450	1.4821	1.4399	1.4094	1.3676	1.3400	1.3203	1.2646	1.1936
∞	1.5458	1.4872	1.4207	1.3753	1.3419	1.2952	1.2634	1.2401	1.1687	1.0191

续附表 5

$\alpha=0.05$										
n \ m	1	2	3	4	5	6	7	8	9	10
1	161. 447	199. 500	215. 707	224. 583	230. 161	233. 986	236. 768	238. 882	240. 543	241. 881
2	18. 5128	19. 0000	19. 1643	19. 2468	19. 2964	19. 3295	19. 3532	19. 3710	19. 3848	19. 3959
3	10. 1280	9. 5521	9. 2766	9. 1172	9. 0135	8. 9406	8. 8867	8. 8452	8. 8123	8. 7855
4	7. 7086	6. 9443	6. 5914	6. 3882	6. 2561	6. 1631	6. 0942	6. 0410	5. 9988	5. 9644
5	6. 6079	5. 7861	5. 4095	5. 1922	5. 0503	4. 9503	4. 8759	4. 8183	4. 7725	4. 7351
6	5. 9874	5. 1433	4. 7571	4. 5337	4. 3874	4. 2839	4. 2067	4. 1468	4. 0990	4. 0600
7	5. 5914	4. 7374	4. 3468	4. 1203	3. 9715	3. 8660	3. 7870	3. 7257	3. 6767	3. 6365
8	5. 3177	4. 4590	4. 0662	3. 8379	3. 6875	3. 5806	3. 5005	3. 4381	3. 3881	3. 3472
9	5. 1174	4. 2565	3. 8625	3. 6331	3. 4817	3. 3738	3. 2927	3. 2296	3. 1789	3. 1373
10	4. 9646	4. 1028	3. 7083	3. 4780	3. 3258	3. 2172	3. 1355	3. 0717	3. 0204	2. 9782
11	4. 8443	3. 9823	3. 5874	3. 3567	3. 2039	3. 0946	3. 0123	2. 9480	2. 8962	2. 8536
12	4. 7472	3. 8853	3. 4903	3. 2592	3. 1059	2. 9961	2. 9134	2. 8486	2. 7964	2. 7534
13	4. 6672	3. 8056	3. 4105	3. 1791	3. 0254	2. 9153	2. 8321	2. 7669	2. 7144	2. 6710
14	4. 6001	3. 7389	3. 3439	3. 1122	2. 9582	2. 8477	2. 7642	2. 6987	2. 6458	2. 6022
15	4. 5431	3. 6823	3. 2874	3. 0556	2. 9013	2. 7905	2. 7066	2. 6408	2. 5876	2. 5437
16	4. 4940	3. 6337	3. 2389	3. 0069	2. 8524	2. 7413	2. 6572	2. 5911	2. 5377	2. 4935
17	4. 4513	3. 5915	3. 1968	2. 9647	2. 8100	2. 6987	2. 6143	2. 5480	2. 4943	2. 4499
18	4. 4139	3. 5546	3. 1599	2. 9277	2. 7729	2. 6613	2. 5767	2. 5102	2. 4563	2. 4117
19	4. 3807	3. 5219	3. 1274	2. 8951	2. 7401	2. 6283	2. 5435	2. 4768	2. 4227	2. 3779
20	4. 3512	3. 4928	3. 0984	2. 8661	2. 7109	2. 5990	2. 5140	2. 4471	2. 3928	2. 3479
21	4. 3248	3. 4668	3. 0725	2. 8401	2. 6848	2. 5727	2. 4876	2. 4205	2. 3660	2. 3210
22	4. 3009	3. 4434	3. 0491	2. 8167	2. 6613	2. 5491	2. 4638	2. 3965	2. 3419	2. 2967
23	4. 2793	3. 4221	3. 0280	2. 7955	2. 6400	2. 5277	2. 4422	2. 3748	2. 3201	2. 2747
24	4. 2597	3. 4028	3. 0088	2. 7763	2. 6207	2. 5082	2. 4226	2. 3551	2. 3002	2. 2547
25	4. 2417	3. 3852	2. 9912	2. 7587	2. 6030	2. 4904	2. 4047	2. 3371	2. 2821	2. 2365
26	4. 2252	3. 3690	2. 9752	2. 7426	2. 5868	2. 4741	2. 3883	2. 3205	2. 2655	2. 2197
27	4. 2100	3. 3541	2. 9604	2. 7278	2. 5719	2. 4591	2. 3732	2. 3053	2. 2501	2. 2043
28	4. 1960	3. 3404	2. 9467	2. 7141	2. 5581	2. 4453	2. 3593	2. 2913	2. 2360	2. 1900
29	4. 1830	3. 3277	2. 9340	2. 7014	2. 5454	2. 4324	2. 3463	2. 2783	2. 2229	2. 1768
30	4. 1709	3. 3158	2. 9223	2. 6896	2. 5336	2. 4205	2. 3343	2. 2662	2. 2107	2. 1646
40	4. 0847	3. 2317	2. 8387	2. 6060	2. 4495	2. 3359	2. 2490	2. 1802	2. 1240	2. 0772
50	4. 0343	3. 1826	2. 7900	2. 5572	2. 4004	2. 2864	2. 1992	2. 1299	2. 0734	2. 0261
60	4. 0012	3. 1504	2. 7581	2. 5252	2. 3683	2. 2541	2. 1665	2. 0970	2. 0401	1. 9926
120	3. 9201	3. 0718	2. 6802	2. 4472	2. 2899	2. 1750	2. 0868	2. 0164	1. 9588	1. 9105
∞	3. 8416	2. 9958	2. 6050	2. 3720	2. 2142	2. 0987	2. 0097	1. 9385	1. 8800	1. 8308

续附表 5

n \ m	12	15	20	25	30	40	50	60	120	∞
					$\alpha=0.05$					
1	243.906	245.949	248.013	249.260	250.095	251.143	251.774	252.195	253.252	254.301
2	19.4125	19.4291	19.4458	19.4558	19.4624	19.4707	19.4757	19.4791	19.4874	19.4956
3	8.7446	8.7029	8.6602	8.6341	8.6166	8.5944	8.5810	8.5720	8.5494	8.5267
4	5.9117	5.8578	5.8025	5.7687	5.7459	5.7170	5.6995	5.6877	5.6581	5.6284
5	4.6777	4.6188	4.5581	4.5209	4.4957	4.4638	4.4444	4.4314	4.3985	4.3654
6	3.9999	3.9381	3.8742	3.8348	3.8082	3.7743	3.7537	3.7398	3.7047	3.6693
7	3.5747	3.5107	3.4445	3.4036	3.3758	3.3404	3.3189	3.3043	3.2674	3.2302
8	3.2839	3.2184	3.1503	3.1081	3.0794	3.0428	3.0204	3.0053	2.9669	2.9281
9	3.0729	3.0061	2.9365	2.8932	2.8637	2.8259	2.8028	2.7872	2.7475	2.7072
10	2.9130	2.8450	2.7740	2.7298	2.6996	2.6609	2.6371	2.6211	2.5801	2.5384
11	2.7876	2.7186	2.6464	2.6014	2.5705	2.5309	2.5066	2.4901	2.4480	2.4050
12	2.6866	2.6169	2.5436	2.4977	2.4663	2.4259	2.4010	2.3842	2.3410	2.2967
13	2.6037	2.5331	2.4589	2.4123	2.3803	2.3392	2.3138	2.2966	2.2524	2.2070
14	2.5342	2.4630	2.3879	2.3407	2.3082	2.2664	2.2405	2.2229	2.1778	2.1313
15	2.4753	2.4034	2.3275	2.2797	2.2468	2.2043	2.1780	2.1601	2.1141	2.0664
16	2.4247	2.3522	2.2756	2.2272	2.1938	2.1507	2.1240	2.1058	2.0589	2.0102
17	2.3807	2.3077	2.2304	2.1815	2.1477	2.1040	2.0769	2.0584	2.0107	1.9610
18	2.3421	2.2686	2.1906	2.1413	2.1071	2.0629	2.0354	2.0166	1.9681	1.9175
19	2.3080	2.2341	2.1555	2.1057	2.0712	2.0264	1.9986	1.9795	1.9302	1.8787
20	2.2776	2.2033	2.1242	2.0739	2.0391	1.9938	1.9656	1.9464	1.8963	1.8438
21	2.2504	2.1757	2.0960	2.0454	2.0102	1.9645	1.9360	1.9165	1.8657	1.8124
22	2.2258	2.1508	2.0707	2.0196	1.9842	1.9380	1.9092	1.8894	1.8380	1.7838
23	2.2036	2.1282	2.0476	1.9963	1.9605	1.9139	1.8848	1.8648	1.8128	1.7577
24	2.1834	2.1077	2.0267	1.9750	1.9390	1.8920	1.8625	1.8424	1.7896	1.7338
25	2.1649	2.0889	2.0075	1.9554	1.9192	1.8718	1.8421	1.8217	1.7684	1.7117
26	2.1479	2.0716	1.9898	1.9375	1.9010	1.8533	1.8233	1.8027	1.7488	1.6913
27	2.1323	2.0558	1.9736	1.9210	1.8842	1.8361	1.8059	1.7851	1.7306	1.6724
28	2.1179	2.0411	1.9586	1.9057	1.8687	1.8203	1.7898	1.7689	1.7138	1.6548
29	2.1045	2.0275	1.9446	1.8915	1.8543	1.8055	1.7748	1.7537	1.6981	1.6384
30	2.0921	2.0148	1.9317	1.8782	1.8409	1.7918	1.7609	1.7396	1.6835	1.6230
40	2.0035	1.9245	1.8389	1.7835	1.7444	1.6928	1.6600	1.6373	1.5766	1.5098
50	1.9515	1.8714	1.7841	1.7273	1.6872	1.6337	1.5995	1.5757	1.5115	1.4392
60	1.9174	1.8364	1.7480	1.6902	1.6491	1.5943	1.5590	1.5343	1.4673	1.3903
120	1.8337	1.7505	1.6587	1.5980	1.5543	1.4952	1.4565	1.4290	1.3519	1.2553
∞	1.7523	1.6665	1.5706	1.5062	1.4592	1.3941	1.3502	1.3182	1.2216	1.0246

续附表 5

$\alpha = 0.025$										
$n \backslash m$	1	2	3	4	5	6	7	8	9	10
1	647. 789	799. 500	864. 163	899. 583	921. 847	937. 111	948. 216	956. 656	963. 284	968. 627
2	38. 5063	39. 0000	39. 1655	39. 2484	39. 2982	39. 3315	39. 3552	39. 3730	39. 3869	39. 3980
3	17. 4434	16. 0441	15. 4392	15. 1010	14. 8848	14. 7347	14. 6244	14. 5399	14. 4731	14. 4189
4	12. 2179	10. 6491	9. 9792	9. 6045	9. 3645	9. 1973	9. 0741	8. 9796	8. 9047	8. 8439
5	10. 0070	8. 4336	7. 7636	7. 3879	7. 1464	6. 9777	6. 8531	6. 7572	6. 6811	6. 6192
6	8. 8131	7. 2599	6. 5988	6. 2272	5. 9876	5. 8198	5. 6955	5. 5996	5. 5234	5. 4613
7	8. 0727	6. 5415	5. 8898	5. 5226	5. 2852	5. 1186	4. 9949	4. 8993	4. 8232	4. 7611
8	7. 5709	6. 0595	5. 4160	5. 0526	4. 8173	4. 6517	4. 5286	4. 4333	4. 3572	4. 2951
9	7. 2093	5. 7147	5. 0781	4. 7181	4. 4844	4. 3197	4. 1970	4. 1020	4. 0260	3. 9639
10	6. 9367	5. 4564	4. 8256	4. 4683	4. 2361	4. 0721	3. 9498	3. 8549	3. 7790	3. 7168
11	6. 7241	5. 2559	4. 6300	4. 2751	4. 0440	3. 8807	3. 7586	3. 6638	3. 5879	3. 5257
12	6. 5538	5. 0959	4. 4742	4. 1212	3. 8911	3. 7283	3. 6065	3. 5118	3. 4358	3. 3736
13	6. 4143	4. 9653	4. 3472	3. 9959	3. 7667	3. 6043	3. 4827	3. 3880	3. 3120	3. 2497
14	6. 2979	4. 8567	4. 2417	3. 8919	3. 6634	3. 5014	3. 3799	3. 2853	3. 2093	3. 1469
15	6. 1995	4. 7650	4. 1528	3. 8043	3. 5764	3. 4147	3. 2934	3. 1987	3. 1227	3. 0602
16	6. 1151	4. 6867	4. 0768	3. 7294	3. 5021	3. 3406	3. 2194	3. 1248	3. 0488	2. 9862
17	6. 0420	4. 6189	4. 0112	3. 6648	3. 4379	3. 2767	3. 1556	3. 0610	2. 9849	2. 9222
18	5. 9781	4. 5597	3. 9539	3. 6083	3. 3820	3. 2209	3. 0999	3. 0053	2. 9291	2. 8664
19	5. 9216	4. 5075	3. 9034	3. 5587	3. 3327	3. 1718	3. 0509	2. 9563	2. 8801	2. 8172
20	5. 8715	4. 4613	3. 8587	3. 5147	3. 2891	3. 1283	3. 0074	2. 9128	2. 8365	2. 7737
21	5. 8266	4. 4199	3. 8188	3. 4754	3. 2501	3. 0895	2. 9686	2. 8740	2. 7977	2. 7348
22	5. 7863	4. 3828	3. 7829	3. 4401	3. 2151	3. 0546	2. 9338	2. 8392	2. 7628	2. 6998
23	5. 7498	4. 3492	3. 7505	3. 4083	3. 1835	3. 0232	2. 9023	2. 8077	2. 7313	2. 6682
24	5. 7166	4. 3187	3. 7211	3. 3794	3. 1548	2. 9946	2. 8738	2. 7791	2. 7027	2. 6396
25	5. 6864	4. 2909	3. 6943	3. 3530	3. 1287	2. 9685	2. 8478	2. 7531	2. 6766	2. 6135
26	5. 6586	4. 2655	3. 6697	3. 3289	3. 1048	2. 9447	2. 8240	2. 7293	2. 6528	2. 5896
27	5. 6331	4. 2421	3. 6472	3. 3067	3. 0828	2. 9228	2. 8021	2. 7074	2. 6309	2. 5676
28	5. 6096	4. 2205	3. 6264	3. 2863	3. 0626	2. 9027	2. 7820	2. 6872	2. 6106	2. 5473
29	5. 5878	4. 2006	3. 6072	3. 2674	3. 0438	2. 8840	2. 7633	2. 6686	2. 5919	2. 5286
30	5. 5675	4. 1821	3. 5894	3. 2499	3. 0265	2. 8667	2. 7460	2. 6513	2. 5746	2. 5112
40	5. 4239	4. 0510	3. 4633	3. 1261	2. 9037	2. 7444	2. 6238	2. 5289	2. 4519	2. 3882
50	5. 3403	3. 9749	3. 3902	3. 0544	2. 8327	2. 6736	2. 5530	2. 4579	2. 3808	2. 3168
60	5. 2856	3. 9253	3. 3425	3. 0077	2. 7863	2. 6274	2. 5068	2. 4117	2. 3344	2. 2702
120	5. 1523	3. 8046	3. 2269	2. 8943	2. 6740	2. 5154	2. 3948	2. 2994	2. 2217	2. 1570
∞	5. 0240	3. 6890	3. 1163	2. 7859	2. 5666	2. 4084	2. 2877	2. 1919	2. 1138	2. 0484

续附表 5

$\alpha=0.025$										
n \ m	12	15	20	25	30	40	50	60	120	∞
1	976.707	984.866	993.102	998.080	1001.40	1005.60	1008.10	1009.80	1014.00	1018.20
2	39.4146	39.4313	39.4479	39.4579	39.4650	39.4730	39.4780	39.4810	39.4900	39.4980
3	14.3366	14.2527	14.1674	14.1155	14.0810	14.0370	14.0100	13.9920	13.9470	13.9030
4	8.7512	8.6565	8.5599	8.5010	8.4613	8.4111	8.3808	8.3604	8.3092	8.2579
5	6.5245	6.4277	6.3286	6.2679	6.2269	6.1750	6.1436	6.1225	6.0693	6.0160
6	5.3662	5.2687	5.1684	5.1069	5.0652	5.0125	4.9804	4.9589	4.9044	4.8498
7	4.6658	4.5678	4.4667	4.4045	4.3624	4.3089	4.2763	4.2544	4.1989	4.1430
8	4.1997	4.1012	3.9995	3.9367	3.8940	3.8398	3.8067	3.7844	3.7279	3.6709
9	3.8682	3.7694	3.6669	3.6035	3.5604	3.5055	3.4719	3.4493	3.3918	3.3336
10	3.6209	3.5217	3.4185	3.3546	3.3110	3.2554	3.2214	3.1984	3.1399	3.0805
11	3.4296	3.3299	3.2261	3.1616	3.1176	3.0613	3.0268	3.0035	2.9441	2.8835
12	3.2773	3.1772	3.0728	3.0077	2.9633	2.9063	2.8714	2.8478	2.7874	2.7257
13	3.1532	3.0527	2.9477	2.8821	2.8372	2.7797	2.7443	2.7204	2.6590	2.5962
14	3.0502	2.9493	2.8437	2.7777	2.7324	2.6742	2.6384	2.6142	2.5519	2.4880
15	2.9633	2.8621	2.7559	2.6894	2.6437	2.5850	2.5488	2.5242	2.4611	2.3962
16	2.8890	2.7875	2.6808	2.6138	2.5678	2.5085	2.4719	2.4471	2.3831	2.3171
17	2.8249	2.7230	2.6158	2.5484	2.5020	2.4422	2.4053	2.3801	2.3153	2.2483
18	2.7689	2.6667	2.5590	2.4912	2.4445	2.3842	2.3468	2.3214	2.2558	2.1878
19	2.7196	2.6171	2.5089	2.4408	2.3937	2.3329	2.2952	2.2696	2.2032	2.1341
20	2.6758	2.5731	2.4645	2.3959	2.3486	2.2873	2.2493	2.2234	2.1562	2.0862
21	2.6368	2.5338	2.4247	2.3558	2.3082	2.2465	2.2081	2.1819	2.1141	2.0431
22	2.6017	2.4984	2.3890	2.3198	2.2718	2.2097	2.1710	2.1446	2.0760	2.0041
23	2.5699	2.4665	2.3567	2.2871	2.2389	2.1763	2.1374	2.1107	2.0415	1.9687
24	2.5411	2.4374	2.3273	2.2574	2.2090	2.1460	2.1067	2.0799	2.0099	1.9362
25	2.5149	2.4110	2.3005	2.2303	2.1816	2.1183	2.0787	2.0516	1.9811	1.9065
26	2.4908	2.3867	2.2759	2.2054	2.1565	2.0928	2.0530	2.0257	1.9545	1.8790
27	2.4688	2.3644	2.2533	2.1826	2.1334	2.0693	2.0293	2.0018	1.9299	1.8537
28	2.4484	2.3438	2.2324	2.1615	2.1121	2.0477	2.0073	1.9797	1.9072	1.8301
29	2.4295	2.3248	2.2131	2.1419	2.0923	2.0276	1.9870	1.9591	1.8861	1.8082
30	2.4120	2.3072	2.1952	2.1237	2.0739	2.0089	1.9681	1.9400	1.8664	1.7877
40	2.2882	2.1819	2.0677	1.9943	1.9429	1.8752	1.8324	1.8028	1.7242	1.6382
50	2.2162	2.1090	1.9933	1.9186	1.8659	1.7963	1.7520	1.7211	1.6386	1.5465
60	2.1692	2.0613	1.9445	1.8687	1.8152	1.7440	1.6985	1.6668	1.5810	1.4834
120	2.0548	1.9450	1.8249	1.7462	1.6899	1.6141	1.5649	1.5299	1.4327	1.3122
∞	1.9449	1.8327	1.7086	1.6260	1.5661	1.4837	1.4286	1.3885	1.2686	1.0293

续附表 5

$\alpha=0.01$										
n \ m	1	2	3	4	5	6	7	8	9	10
1	4052.20	4999.50	5403.40	5624.60	5763.60	5859.0	5928.40	5981.10	6022.50	6055.80
2	98.5030	99.0000	99.1660	99.2490	99.2990	99.3330	99.3560	99.3740	99.3880	99.3990
3	34.1160	30.8170	29.4570	28.710	28.2370	27.9110	27.6720	27.4890	27.3450	27.2290
4	21.1980	18.0000	16.6940	15.9770	15.5220	15.2070	14.9760	14.7990	14.6590	14.5460
5	16.2580	13.2740	12.060	11.3920	10.9670	10.6720	10.4560	10.2890	10.1580	10.0510
6	13.7450	10.9250	9.7795	9.1483	8.7459	8.4661	8.2600	8.1017	7.97610	7.8741
7	12.2460	9.5466	8.4513	7.8466	7.4604	7.1914	6.9928	6.8400	6.7188	6.6201
8	11.2590	8.6491	7.5910	7.0061	6.6318	6.3707	6.1776	6.0289	5.9106	5.8143
9	10.5610	8.0215	6.9919	6.4221	6.0569	5.8018	5.6129	5.4671	5.3511	5.2565
10	10.0440	7.5594	6.5523	5.9943	5.6363	5.3858	5.2001	5.0567	4.9424	4.8491
11	9.6460	7.2057	6.2167	5.6683	5.3160	5.0692	4.8861	4.7445	4.6315	4.5393
12	9.3302	6.9266	5.9525	5.4120	5.0643	4.8206	4.6395	4.4994	4.3875	4.2961
13	9.0738	6.7010	5.7394	5.2053	4.8616	4.6204	4.4410	4.3021	4.1911	4.1003
14	8.8616	6.5149	5.5639	5.0354	4.6950	4.4558	4.2779	4.1399	4.0297	3.9394
15	8.6831	6.3589	5.4170	4.8932	4.5556	4.3183	4.1415	4.0045	3.8948	3.8049
16	8.5310	6.2262	5.2922	4.7726	4.4374	4.2016	4.0259	3.8896	3.7804	3.6909
17	8.3997	6.1121	5.1850	4.6690	4.3359	4.1015	3.9267	3.7910	3.6822	3.5931
18	8.2854	6.0129	5.0919	4.5790	4.2479	4.0146	3.8406	3.7054	3.5971	3.5082
19	8.1849	5.9259	5.0103	4.5003	4.1708	3.9386	3.7653	3.6305	3.5225	3.4338
20	8.0960	5.8489	4.9382	4.4307	4.1027	3.8714	3.6987	3.5644	3.4567	3.3682
21	8.0166	5.7804	4.8740	4.3688	4.0421	3.8117	3.6396	3.5056	3.3981	3.3098
22	7.9454	5.7190	4.8166	4.3134	3.9880	3.7583	3.5867	3.4530	3.3458	3.2576
23	7.8811	5.6637	4.7649	4.2636	3.9392	3.7102	3.5390	3.4057	3.2986	3.2106
24	7.8229	5.6136	4.7181	4.2184	3.8951	3.6667	3.4959	3.3629	3.2560	3.1681
25	7.7698	5.5680	4.6755	4.1774	3.8550	3.6272	3.4568	3.3239	3.2172	3.1294
26	7.7213	5.5263	4.6366	4.1400	3.8183	3.5911	3.4210	3.2884	3.1818	3.0941
27	7.6767	5.4881	4.6009	4.1056	3.7848	3.5580	3.3882	3.2558	3.1494	3.0618
28	7.6356	5.4529	4.5681	4.0740	3.7539	3.5276	3.3581	3.2259	3.1195	3.0320
29	7.5977	5.4204	4.5378	4.0449	3.7254	3.4995	3.3303	3.1982	3.0920	3.0045
30	7.5625	5.3903	4.5097	4.0179	3.6990	3.4735	3.3045	3.1726	3.0665	2.9791
40	7.3141	5.1785	4.3126	3.8283	3.5138	3.2910	3.1238	2.9930	2.8876	2.8005
50	7.1706	5.0566	4.1993	3.7195	3.4077	3.1864	3.0202	2.8900	2.7850	2.6981
60	7.0771	4.9774	4.1259	3.6490	3.3389	3.1187	2.9530	2.8233	2.7185	2.6318
120	6.8509	4.7865	3.9491	3.4795	3.1735	2.9559	2.7918	2.6629	2.5586	2.4721
∞	6.6351	4.6054	3.7818	3.3194	3.0174	2.8022	2.6395	2.5115	2.4075	2.3211

续附表 5

$\alpha=0.01$										
n \ m	12	15	20	25	30	40	50	60	120	∞
1	6106.30	6157.30	6208.70	6239.80	6260.60	6286.80	6302.50	6313.00	6339.40	6365.50
2	99.4160	99.4330	99.4490	99.4590	99.4660	99.4740	99.4790	99.4820	99.4910	99.4990
3	27.0520	26.8720	26.6900	26.5790	26.5050	26.4110	26.3540	26.3160	26.2210	26.1260
4	14.3740	14.1980	14.0200	13.9110	13.8380	13.7450	13.690	13.6520	13.558	13.4640
5	9.8883	9.7222	9.5526	9.4491	9.3793	9.2912	9.2378	9.2020	9.1118	9.0215
6	7.7183	7.5590	7.3958	7.2960	7.2285	7.1432	7.0915	7.0567	6.9690	6.8811
7	6.4691	6.3143	6.1554	6.0580	5.9920	5.9084	5.8577	5.8236	5.7373	5.6506
8	5.6667	5.5151	5.3591	5.2631	5.1981	5.1156	5.0654	5.0316	4.9461	4.8599
9	5.1114	4.9621	4.8080	4.7130	4.6486	4.5666	4.5167	4.4831	4.3978	4.3116
10	4.7059	4.5581	4.4054	4.3111	4.2469	4.1653	4.1155	4.0819	3.9965	3.9100
11	4.3974	4.2509	4.0990	4.0051	3.9411	3.8596	3.8097	3.7761	3.6904	3.6035
12	4.1553	4.0096	3.8584	3.7647	3.7008	3.6192	3.5692	3.5355	3.4494	3.3619
13	3.9603	3.8154	3.6646	3.5710	3.5070	3.4253	3.3752	3.3413	3.2548	3.1665
14	3.8001	3.6557	3.5052	3.4116	3.3476	3.2656	3.2153	3.1813	3.0942	3.0051
15	3.6662	3.5222	3.3719	3.2782	3.2141	3.1319	3.0814	3.0471	2.9595	2.8695
16	3.5527	3.4089	3.2587	3.1650	3.1007	3.0182	2.9675	2.9330	2.8447	2.7540
17	3.4552	3.3117	3.1615	3.0676	3.0032	2.9205	2.8694	2.8348	2.7459	2.6542
18	3.3706	3.2273	3.0771	2.9831	2.9185	2.8354	2.7841	2.7493	2.6597	2.5671
19	3.2965	3.1533	3.0031	2.9089	2.8442	2.7608	2.7093	2.6742	2.5839	2.4904
20	3.2311	3.0880	2.9377	2.8434	2.7785	2.6947	2.6430	2.6077	2.5168	2.4224
21	3.1730	3.030	2.8796	2.7850	2.7200	2.6359	2.5838	2.5484	2.4568	2.3615
22	3.1209	2.9779	2.8274	2.7328	2.6675	2.5831	2.5308	2.4951	2.4029	2.3067
23	3.0740	2.9311	2.7805	2.6856	2.6202	2.5355	2.4829	2.4471	2.3542	2.2571
24	3.0316	2.8887	2.7380	2.6430	2.5773	2.4923	2.4395	2.4035	2.310	2.2119
25	2.9931	2.8502	2.6993	2.6041	2.5383	2.4530	2.3999	2.3637	2.2696	2.1706
26	2.9578	2.8150	2.6640	2.5686	2.5026	2.4170	2.3637	2.3273	2.2325	2.1327
27	2.9256	2.7827	2.6316	2.5360	2.4699	2.3840	2.3304	2.2938	2.1985	2.0978
28	2.8959	2.7530	2.6017	2.5060	2.4397	2.3535	2.2997	2.2629	2.1670	2.0655
29	2.8685	2.7256	2.5742	2.4783	2.4118	2.3253	2.2714	2.2344	2.1379	2.0355
30	2.8431	2.7002	2.5487	2.4526	2.3860	2.2992	2.2450	2.2079	2.1108	2.0075
40	2.6648	2.5216	2.3689	2.2714	2.2034	2.1142	2.0581	2.0194	1.9172	1.8061
50	2.5625	2.4190	2.2652	2.1667	2.0976	2.0066	1.9490	1.9090	1.8026	1.6847
60	2.4961	2.3523	2.1978	2.0984	2.0285	1.9360	1.8772	1.8363	1.7263	1.6023
120	2.3363	2.1915	2.0346	1.9325	1.860	1.7628	1.7000	1.6557	1.5330	1.3827
∞	2.1849	2.0387	1.8785	1.7728	1.6966	1.5925	1.5233	1.4732	1.3249	1.0349

续附表 5

$\alpha = 0.005$										
n \ m	1	2	3	4	5	6	7	8	9	10
1	16211.0	19999.0	21615.0	22500.0	23056.0	23437.0	23715.0	23925.0	24091.0	24224.0
2	198.500	199.00	199.170	199.250	199.300	199.330	199.360	199.370	199.390	199.400
3	55.5520	49.7990	47.4670	46.1950	45.3920	44.8380	44.4340	44.1260	43.8820	43.6860
4	31.3330	26.2840	24.2590	23.1550	22.4560	21.9750	21.6220	21.3520	21.1390	20.9670
5	22.7850	18.3140	16.5300	15.5560	14.9400	14.5130	14.2000	13.9610	13.7720	13.6181
6	18.6350	14.5440	12.9170	12.0280	11.4640	11.0730	10.7860	10.5660	10.3910	0.2500
7	16.2360	12.4040	10.8820	10.0500	9.5221	9.1553	8.8854	8.6781	8.5138	8.3803
8	14.6880	11.0420	9.5965	8.8051	8.3018	7.9520	7.6941	7.4959	7.3386	7.2106
9	13.6140	10.1070	8.7171	7.9559	7.4712	7.1339	6.8849	6.6933	6.5411	6.4172
10	12.8260	9.4270	8.0807	7.3428	6.8724	6.5446	6.3025	6.1159	5.9676	5.8467
11	12.2260	8.9122	7.6004	6.8809	6.4217	6.1016	5.8648	5.6821	5.5368	5.4183
12	11.7540	8.5096	7.2258	6.5211	6.0711	5.7570	5.5245	5.3451	5.2021	5.0855
13	11.3740	8.1865	6.9258	6.2335	5.7910	5.4819	5.2529	5.0761	4.9351	4.8199
14	11.0600	7.9216	6.6804	5.9984	5.5623	5.2574	5.0313	4.8566	4.7173	4.6034
15	10.7980	7.7008	6.4760	5.8029	5.3721	5.0708	4.8473	4.6744	4.5364	4.4235
16	10.5750	7.5138	6.3034	5.6378	5.2117	4.9134	4.6920	4.5207	4.3838	4.2719
17	10.3840	7.3536	6.1556	5.4967	5.0746	4.7789	4.5594	4.3894	4.2535	4.1424
18	10.2180	7.2148	6.0278	5.3746	4.9560	4.6627	4.4448	4.2759	4.1410	4.0305
19	10.0730	7.0935	5.9161	5.2681	4.8526	4.5614	4.3448	4.1770	4.0428	3.9329
20	9.9439	6.9865	5.8177	5.1743	4.7616	4.4721	4.2569	4.0900	3.9564	3.8470
21	9.8295	6.8914	5.7304	5.0911	4.6809	4.3931	4.1789	4.0128	3.8799	3.7709
22	9.7271	6.8064	5.6524	5.0168	4.6088	4.3225	4.1094	3.9440	3.8116	3.7030
23	9.6348	6.7300	5.5823	4.950	4.5441	4.2591	4.0469	3.8822	3.7502	3.6420
24	9.5513	6.6609	5.5190	4.8898	4.4857	4.2019	3.9905	3.8264	3.6949	3.5870
25	9.4753	6.5982	5.4615	4.8351	4.4327	4.1500	3.9394	3.7758	3.6447	3.5370
26	9.4059	6.5409	5.4091	4.7852	4.3844	4.1027	3.8928	3.7297	3.5989	3.4916
27	9.3423	6.4885	5.3611	4.7396	4.3402	4.0594	3.8501	3.6875	3.5571	3.4499
28	9.2838	6.4403	5.3170	4.6977	4.2996	4.0197	3.8110	3.6487	3.5186	3.4117
29	9.2297	6.3958	5.2764	4.6591	4.2622	3.9831	3.7749	3.6131	3.4832	3.3765
30	9.1797	6.3547	5.2388	4.6234	4.2276	3.9492	3.7416	3.5801	3.4505	3.3440
40	8.8279	6.0664	4.9758	4.3738	3.9860	3.7129	3.5088	3.3498	3.2220	3.1167
50	8.6258	5.9016	4.8259	4.2316	3.8486	3.5785	3.3765	3.2189	3.0920	2.9875
60	8.4946	5.7950	4.7290	4.1399	3.7599	3.4918	3.2911	3.1344	3.0083	2.9042
120	8.1788	5.5393	4.4972	3.9207	3.5482	3.2849	3.0870	2.9330	2.8083	2.7052
∞	7.8798	5.2986	4.2796	3.7153	3.3502	3.0915	42.897	2.7446	2.6213	2.5190

续附表 5

$\alpha=0.005$										
n \ m	12	15	20	25	30	40	50	60	120	∞
1	24426.0	24630.0	24836.0	24960.0	25044.0	25148.0	25211.0	25253.0	25359.0	25464.0
2	199.420	199.430	199.450	199.460	199.470	199.470	199.480	199.480	199.490	199.500
3	43.3870	43.0850	42.7780	42.5910	42.4660	42.3080	42.2130	42.1490	41.9890	41.8280
4	20.7050	20.4380	20.1670	20.0020	19.8920	19.7520	19.6670	19.6110	19.4680	19.3250
5	13.3840	13.1460	12.9030	12.7550	12.6560	12.5300	12.4540	12.4020	12.2740	12.1440
6	10.0340	9.8140	9.5888	9.4511	9.3582	9.2408	9.1697	9.1219	9.0015	8.8793
7	8.1764	7.9678	7.7540	7.6230	7.5345	7.4224	7.3544	7.3088	7.1933	7.0760
8	7.0149	6.8143	6.6082	6.4817	6.3961	6.2875	6.2215	6.1772	6.0649	5.9506
9	6.2274	6.0325	5.8318	5.7084	5.6248	5.5186	5.4539	5.4104	5.3001	5.1875
10	5.6613	5.4707	5.2740	5.1528	5.0706	4.9659	4.9022	4.8592	4.7501	4.6385
11	5.2363	5.0489	4.8552	4.7356	4.6543	4.5508	4.4876	4.4450	4.3367	4.2255
12	4.9062	4.7213	4.5299	4.4115	4.3309	4.2282	4.1653	4.1229	4.0149	3.9039
13	4.6429	4.4600	4.2703	4.1528	4.0727	3.9704	3.9078	3.8655	3.7577	3.6465
14	4.4281	4.2468	4.0585	3.9417	3.8619	3.7600	3.6975	3.6552	3.5473	3.4359
15	4.2497	4.0698	3.8826	3.7662	3.6867	3.5850	3.5225	3.4803	3.3722	3.2602
16	4.0994	3.9205	3.7342	3.6182	3.5389	3.4372	3.3747	3.3324	3.2240	3.1115
17	3.9709	3.7929	3.6073	3.4916	3.4124	3.3108	3.2482	3.2058	3.0971	2.9839
18	3.8599	3.6827	3.4977	3.3822	3.3030	3.2014	3.1387	3.0962	2.9871	2.8732
19	3.7631	3.5866	3.4020	3.2867	3.2075	3.1058	3.0430	3.0004	2.8908	2.7762
20	3.6779	3.5020	3.3178	3.2025	3.1234	3.0215	2.9586	2.9159	2.8058	2.6904
21	3.6024	3.4270	3.2431	3.1279	3.0488	2.9467	2.8837	2.8408	2.7302	2.6140
22	3.5350	3.3600	3.1764	3.0613	2.9821	2.8799	2.8167	2.7736	2.6625	2.5455
23	3.4745	3.2999	3.1165	3.0014	2.9221	2.8197	2.7564	2.7132	2.6015	2.4837
24	3.4199	3.2456	3.0624	2.9472	2.8679	2.7654	2.7018	2.6585	2.5463	2.4276
25	3.3704	3.1963	3.0133	2.8981	2.8187	2.7160	2.6522	2.6088	2.4961	2.3765
26	3.3252	3.1515	2.9685	2.8533	2.7738	2.6709	2.6070	2.5633	2.4501	2.3297
27	3.2839	3.1104	2.9275	2.8123	2.7327	2.6296	2.5655	2.5217	2.4079	2.2867
28	3.2460	3.0727	2.8899	2.7746	2.6949	2.5916	2.5273	2.4834	2.3690	2.2470
29	3.2110	3.0379	2.8551	2.7398	2.6600	2.5565	2.4921	2.4479	2.3331	2.2102
30	3.1787	3.0057	2.8230	2.7076	2.6278	2.5241	2.4594	2.4151	2.2998	2.1760
40	2.9531	2.7811	2.5984	2.4823	2.4015	2.2958	2.2295	2.1838	2.0636	1.9318
50	2.8247	2.6531	2.4702	2.3533	2.2717	2.1644	2.0967	2.0499	1.9254	1.7863
60	2.7419	2.5705	2.3872	2.2697	2.1874	2.0789	2.0100	1.9622	1.8341	1.6885
120	2.5439	2.3727	2.1881	2.0686	1.9840	1.8709	1.7981	1.7469	1.6055	1.4311
∞	2.3585	2.1870	2.0001	1.8773	1.7893	1.6694	1.5900	1.5328	1.3640	1.0122